강구조설계

신 태 송

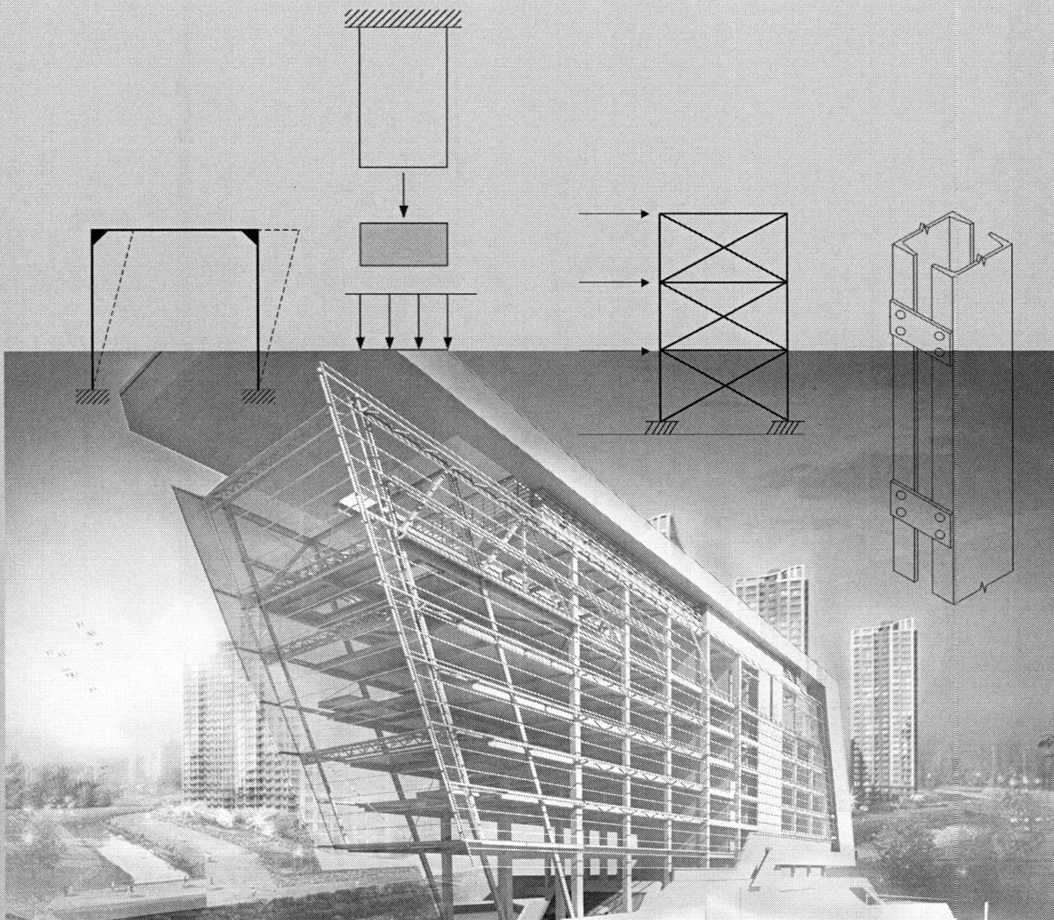

기 문 당

머리말

구조용 재료가 개발됨에 따라 건축구조물의 크기, 형식 등이 변천·발전되어 왔다. 특히 강구조 재료의 출현으로 압축저항에 의존하던 구조형식의 한계점을 극복하고 인장저항을 활용하게 됨으로써 장스팬화, 고층화가 급속히 진전되었다. 또한 강구조물은 공장생산과 부품화로 생산성 및 시공성이 향상되었으며, IT산업의 특성에 잘 접목시켜 사회적·시대적 요구에 잘 부합되는 구조물로 국내·외적으로 건설시장의 점유율을 확장·증대시키고 있다.

국제적으로 강구조 설계법은 전통적인 허용응력도 설계법에서 한계상태 설계법으로 미국에서는 1986년에 유럽에서는 1992년에 전환되었다. 특히 유럽은 이전에 각국의 설계법이 독립적으로 존재하였으나, 유럽코드를 제정하면서 유럽통합기준으로 확대 적용되었다. 초판을 제정한 후 새로운 학설과 기술을 받아들여 꾸준히 개정 보완하고 있으며, 특히 미국은 5년마다 정기적으로 개정하고 있다. 우리나라 강구조 한계상태 설계법은 1997년에 처음으로 제정되었으며, 미국기준과 밀접한 관계를 맺고 있어 미국 기준 개정사항을 반영하고 국내 기술현황을 고려할 필요성에 의해 2009년과 2016년에 각각 개정되었다.

이 책의 특징은 강구조물의 소개, 강구조 이론의 학문적 배경 설명, 기준식의 설계개념, 기준식 정리, 각국 기준들의 비교, 이론에 대한 수치, 예제 풀이 등으로 구성하여 강구조 이론과 실무 적용의 이해를 효과적으로 달성하도록 하였다.

주된 내용은 1장에서 강구조물의 역사적 발전 단계를 소개하고 강재의 기계적 성질을 다루며, 2장에서 단면력과 응력도의 정의를 정리하고, 3장에서 한계상태 설계법의 개념과 원칙을 소개하며, 4장에서 강구조 설계의 기본사항인 단면적, 단면 특성 및 강재단면의 분류에 대하여 다룬다. 전통적인 핵심 구조이론이며 한계상태 설계법의 기초를 이루고 있는 소성설계, 전단응력, 비틀림, 골조의 안정성은 5장부터 8장에 걸쳐 다루어 설계법을 적용하기 전에 미리 숙지하도록 하여 부재설계 시 도움이 되도록 한다. 9장 이후는 설계법에 의한 부재설계 ; 즉 인장재, 압축재, 휨재 및 조합력과 비틀림을 받는 부재에 관한 구조설계 이론 및 예제를 통하여 설계능력을 숙지한다. 13장은 접합부설계를 다룬다. 강의 및 학습 순서는 크게 두 부문, 즉 1~8장과 9~13장으로 나눌 수 있다. 4.4의 국부좌굴 부분은 5장 소성설계 뒤에 설명하는 것이 바람직할 것이다. 왜냐하면 소성이론을 알아야 이해할 수 있기 때문이다. 또한 13장 접합부설계는 다른 부재설계 부분들과 비교하여 상대적으로 내용이 상세하고 예제가 다양하여 분량이 많은 편이다. 독자들의 편의에 따라 13장 접합부 설계를, 부재설계 9~12장 이전에 다루는 것도 합리적이다. 각장의 예제들은 공학적이면서도 특히 사용자 친화적인 소프트웨어인 MathCAD를 활용하여 작성하였기 때문에 독자들의 프로그래밍 연습 및 향후 실무에도 적극 활용할 수 있다.

이 책은 학부생, 대학원생들의 학습교재 및 참고문헌 또는 구조실무자들의 기술 참고자료로 활용될 수 있기를 기대한다. 20여 년간 강의를 하며 연구와 기술, 기준과 실무 분야의 내용을 시간의 흐름과 함께 수정 · 보완하여 정리 · 요약하였다.

그동안 이 책의 원고정리 및 삽화 등에 수고해준 동명대학교 학부생 및 대학원생들에게 고마움을 표하며, 출간되기까지 편집을 맡아주신 기문당에 감사드린다.

2017년 2월

2016년 말 개정되어 2018년부터 의무 적용되는 KS 신규격 강재로 인하여 예제 문제를 전면개정하게 되었으며, 더불어 13장 접합부가 다소 수정 · 보완되었다. 2판 출간에 수고해주신 기문당 출판사에 감사드린다.

2019년 2월

차례

제1장

서론

1.1 | 강구조의 역사

강구조의 발달을 역사적으로 살펴본다.

강재가 초기에 장식적 요소로 사용되기 시작하였고 차츰 목재 등의 대체 재료로 활용되었다. 강재가 본격적인 구조재료로 자리를 잡으면서 구조형식이 개발되었고 오늘날 초고층 구조물에 이르기까지 발전해 왔다.

(1) 장식적 기능요소

강재료의 초기 사용은 가열된 강을 두드려 단련한 단조강으로 주로 장식요소로 한정되었다.

그림 1.1.1
White Gate, Wales (1726)

울타리 장식요소로 이용된 예를 다음 그림에서 볼 수 있다.

(2) 구조재료로서 주철이용

기둥, 아치 등에 주철로 만든 강구조재를 초기에 사용하였다. 기존 석조 및 조적조에서 적용한 장식효과가 그대로 유지되어 왔으며 주철과 단철을 동시에 사용하였다.

그림 1.1.2
Library Ste Genevi ve, Paris, France (1843–50)

(3) 프레임구조 등장

접합부가 완전 강접으로 형성된 최초의 강 프레임구조가 1858년 등장하였다. 또한 다층 프레임구조물로는 1872년 최초로 만들어졌다.

그림 1.1.3
Green Boat House, Sheerness, UK (1858)

그림 1.1.4
Meiner Chocolate Factory, Noisiel
-sur-Marne, France(1872)

(4) 대형구조물

장스팬, 고층화 등의 새로운 영역으로의 확장에 대응하는 대형구조물이 등장하기 시작한다.

그림 1.1.5
73m 지붕스팬- St Pancras, London, UK (1868)

그림 1.1.6 ▶
Galerie des Machines, Paris, France (1889)

그림 1.1.7 ▶▶
Eiffel Tower, 324m, Paris, France (1889)

(5) 고층구조물

강구조 고층건물이 1879년부터 미국을 중심으로 발전된다.

그림 1.1.8
Leiter Building, Chicago, USA (1879)

(6) 초고층구조물

50층 또는 200m 이상인 건물(건축법 제2조)들이 나타나면서 주변환경 및 스카이라인에 영향을 크게 미치게 되었다.

그림 1.1.9 ◀◀
Reliance Building (1894)

그림 1.1.10 ◀
52-story Woolworth Building (1913)

그림 1.1.11 ◀◀
320m high Chrysler Building (stainless steel clad)

그림 1.1.12 ◀
380m high Empire State Building, New York, USA (1930)

그림 1.1.13 ▶
110 story 442m, Willis Tower, Chicago, USA (1974)

그림 1.1.14 ▶▶
대한생명 63빌딩, 60층, 249m, 서울 (1985)

그림 1.1.15 ▶
타워펠리스, 75층, 267.3m 서울 (2004)

그림 1.1.16 ▶▶
Shanghai Tower, 128층, 632m Shanghai (2015)

그림 1.1.17 ◀◀
Burj Khalifa, 163층, 828m, Dubai (2010)

그림 1.1.18 ◀
롯데월드타워, 123층, 555m 서울 (2017)

*관련학회 및 협회의 웹사이트

- 한국 | 강구조학회(www.kssc.or.kr), 건축학회(www.aik.or.kr), 토목학회(www.ksce.or.kr)
- 미국 | AISI(www.steel.org), ASCE(www.asce.org), AISC(www.aisc. org)
- 유럽 | 스웨덴 SBI(www.sbi.se)
  영국 BCSA(www.steelconstruction.org)
  독일 DAST(www.deutscherstahlbau.de)
  유럽 ECCS(www.steelconstruct.com)
- 일본 | JSSC(www.jssc.or.jp)
- 기타 | www.emporis.com　www.structurae.de
  www.skyscraperpage.com　www.ctbuh.org
  www.youtube.com

1.2 강구조의 특징

구조물에 사용되는 모든 건설재료는 각자 주된 적용범위를 갖는다. 구조재료를 선택하는 결정적인 요인은 다음과 같다.

- 기술적인 측면에서 수행 가능성
- 기술적인 측면에서 목적 부합성
- 공기
- 경제성
- 미적인 효과

이런 관점을 평가하기 위하여 강구조의 전형적인 특징을 고려해야 하며 다음과 같은 사항이 이에 속한다.

(1) 공업 생산성

강구조에서 사용되는 기성품(압연형강, 판재 등)은 공장에서 공업생산 되어진다. 그래서 제품의 품질이 보장되며, 기후와 같은 현장조건에 무관하다. 이러한 생산품은 제작 시 오차가 작아 명시치수가 아주 정확히 유지된다. 강판과 형강으로 구성된 개개의 부재는 공작기계로 기후와 무관하게 공장에서 미소한 오차범위 내에서 생산되기 때문에 또한 정확도를 유지할 수 있다.

(2) 강도

강재는 모든 종류의 하중에 대하여 높은 역학적 강도(강도비)를 지니고 있다. 자중이 비교적 작기 때문에 비교하기 위한 관련 값 항복강도/밀도(F_y/γ)가 크다. 같은 하중이 작용할 때 다른 재료에 비해 재료의 중량이 줄어든다. 이로써 기초를 작게 하고, 층고를 낮추고, 단면 크기를 줄일 수 있다. 하중을 많이 받는 곳이나 대형 span을 요하는 구조물에서 특히 강구조가 고강도를 발휘하여 유리하다.

Material	F_y	γ	F_y/γ	Mat/Concrete
Unit	MPa	kN/m^3	m	
Steel	275	78.5	3503	4.00
Concrete	21	24	875	1.00
Timber	10	6	1667	1.90

표 1.2.1
구조재료별 강도비 비교

응력도 단위 변환

$Pa=N/m^2$, $MPa=N/mm^2$

$1MPa=1N/mm^2=[1\times(1/1000)kN/(1/10)^2\ cm^2]=1/10\ kN/cm^2$

$240MPa=24kN/cm^2$

(3) 재료성질의 파악

재료의 성질을 아주 간단하게 실제에 가깝게 이론적으로 파악할 수 있다. 그래서 강의 재료적 특성과 관련하여 비교적 안전도를 작게 할 수 있다. 유럽기준에 따르면 강의 안전계수는 1.1이나 콘크리트는 1.5로 높게 규정되어 있다. 일반적으로 탄성범위 내에 하중이 머무르기 때문에 사용성 상태에서 처짐을 매우 정확히 조사할 수 있다. 처짐은 탄성계수의 영향을 받으며 콘크리트보다 강재의 탄성계수(E)값을 정확히 이론적으로 파악할 수 있다 ($\delta=\int\frac{M\overline{M}}{EI}dx$).

(4) 가공의 용이성

압연형강, 판재는 기성제품으로 쉽게 가공될 수 있다. 직선부재이므로 다양한 건물형태를 만들 수 있고, 미적인 관점에서도 자유롭다.

(5) 연결/접합재

고정접합방법(용접)과 가변접합방법(볼트)이 있다. 이로써 부분적인 요소의 공장 선조립이 가능하며 개개부재들을 현장에서 나중에 조립할 수 있다.

(6) 유연성

접합기술에 근거하여 또한 구조물을 변경할 수 있다. 용도 변경에 따른 필수적인 변경이 손쉽게 이루어질 수 있다. 더 나아가서 보수보강도 적당한 노력으로 수행할 수 있어 구조물의 수명을 연장시킬 수 있다. 부분적으로 해체하여 필요한 경우 재활용할 수 있다.

(7) 조립

현장 조립시 일반적으로 크레인만 필요로 한다. 크레인의 용량은 개개 부재의 중량에 적합해야 한다. 특별한 경우만 비계가 필요시 된다. 조립은 생산품과 교통이 비교적 떨어져 있어도 가능하다. 강구조부재의 필리그란 구조로 인하여 현장에서 작은 공간만을 필요로 한다.

(8) 공기

모든 부재들이 공장에서 미리 제작되기 때문에 조립 시 공기가 매우 짧다.

(9) 방청

부식은 표면에 화학적인 침투로 재료가 분해 · 파괴되는 것을 의미한다. 강재에 산화철이 형성되는데 이것을 녹이라고 한다. 원인으로는 산소와 물이 동시에 침투하는 것이다. 두 물질 중 하나만으로는 녹을 발생시키기에 불충분하다. 임계 상대습도는 약 70%에 머문다. 건조한 상태(사막)에서 철은 실제적으로 녹슬지 않는다. 마찬가지로 물에 지속적으로 잠겨 있는 경우 산소공급이 없다면 위험하지 않다. 청정공기에서는 아주 높은 습도에서만 약간의 방청이 필요하며, 반대로 공해 및 해안지대에서는 높은 방청조치가 필요하다.

부식은 강재의 단면적을 감소시켜 강도를 저하시키는 결과를 초래한다. 주요 구조체 및 박판구조물에서 특히 방청조치가 중요시 된다. 적합한 방법을 선택하여 목적에 부합하는 안전한 방청을 할 수 있다.

산화철 반응식

$$2Fe + H_2O + 2O_2 \rightarrow Fe_2O_3 + 2(OH^-)$$

1) 녹을 막기 위한 구조형태

표면적 작게, 물이나 오염이 쌓이는 것 방지

① **단면선택 (표면적과 연결조립부재를 줄일 것)**

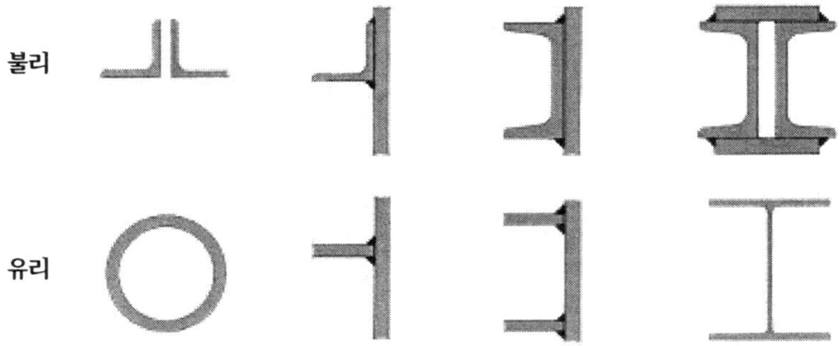

그림 1.2.1
단면선택

② 물, 먼지 등이 쌓이지 않는 형태 유도

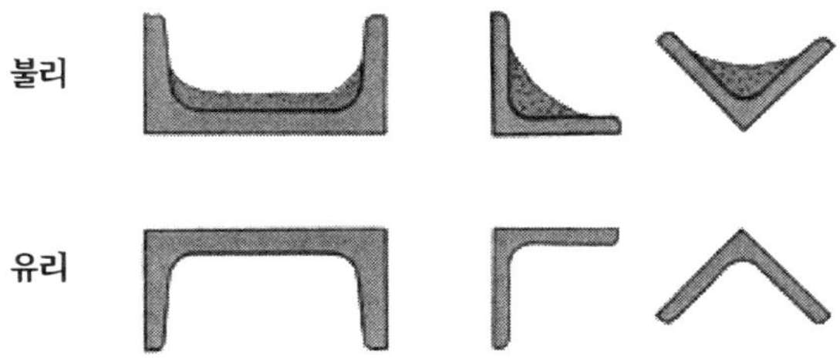

그림 1.2.2
흙, 먼지 등이 쌓이지 않는 형터

③ 점용접을 피할 것

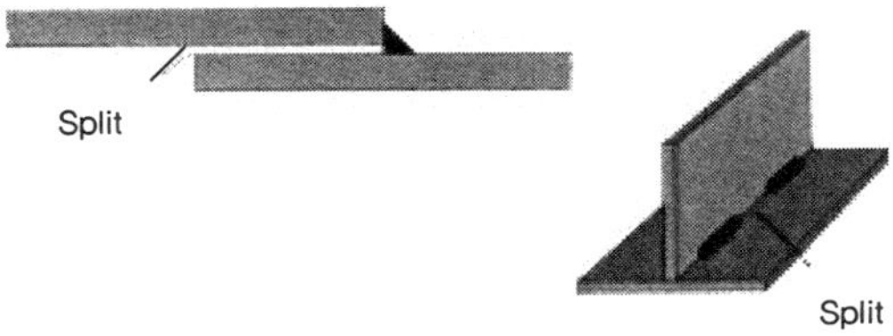

그림 1.2.3
점용접

④ 모서리 개방

그림 1.2.4
모서리 개방 형태

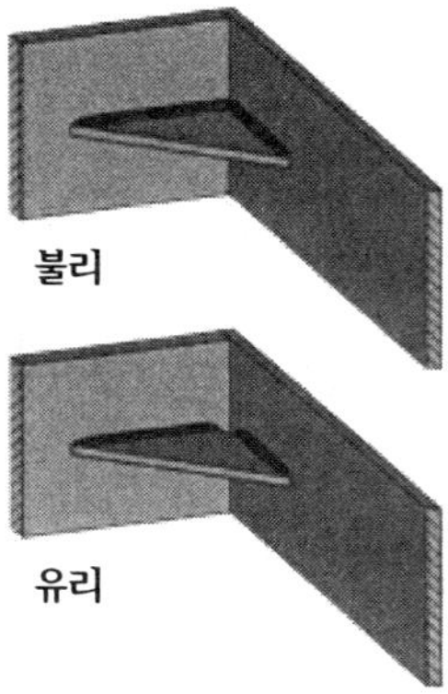

2) 적당한 방청시스템 선택

피막에는 도막, 스프레이, 코팅 등의 방법이 있으며 보통 4번에 걸쳐서 칠한다. 한 층의 두께는 40μm 내지 80μm로 하여 총 120μm 내지 320μm이 되도록 한다.

그림 1.2.5
아연도금의 방청기간

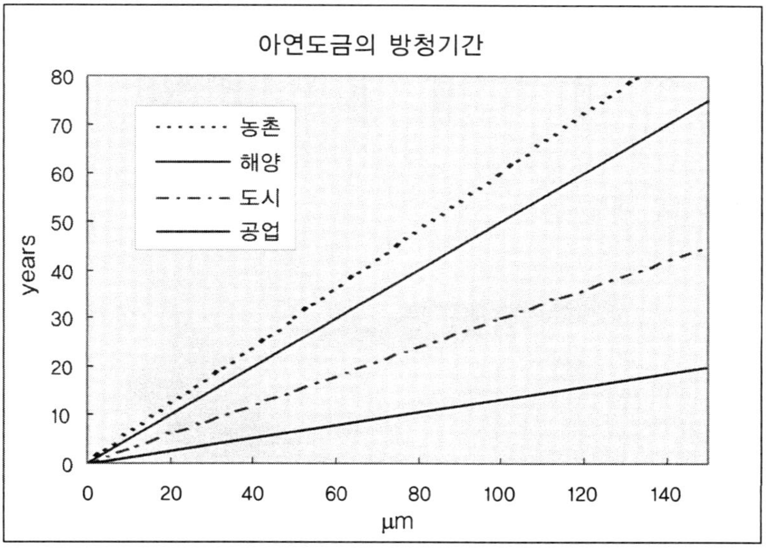

또한, 도금으로는 아연도금이 주로 사용되며 도금에 필요한 도금 bath의 규모에 따라 부재 크기에 제한이 있어 필요시 부재를 분절하여 도금하여야 한다. 방청 시 미적인 시각에서 색깔을 고려할 수도 있다. 예를 들면 Duplex System은 아연도금에 도장을 추가한 방법으로 방청, 내구성, 외관 등을 고려한 조치로 점점 사용이 증대되고 있다.

또한 특수 처리강으로 녹 발생을 제거할 수 있다. 합금 스테인리스강은 강재에 비해 고가이나 내식성이 강하여 앵커로 사용된다. 스테인리스강은 외부장식 마감재에서 구조부재로 그 적용성이 날로 확대되고 있다. 무도장 내후성강은 초기에 표면에 녹을 발생시키나 이후 시간의 흐름에 비해 녹 진전이 매우 적어 안정상태에 머문다. 교량 등의 구조물에서 주로 사용된다.

(10) 내화성

철골은 열전달이 좋아서 화염의 직접적인 공격 시 무내화 철골의 가열속도는 매우 높다. 철골의 항복강도와 탄성계수가 고온에서 급격히 떨어지기 때문에 고온에서의 안전성이 위협을 받게 된다. 화재 시 철골의 예상온도는 커다란 의미를 지닌다. 그것은 가연성 재료의 양과 관계가 있다. 임계온도에 도달하는 시간도 중요하다. 임계온도는 약 500℃~600℃에 달한다. 다음은 국제기준에 따른 표준 가열온도곡선을 나타낸다.

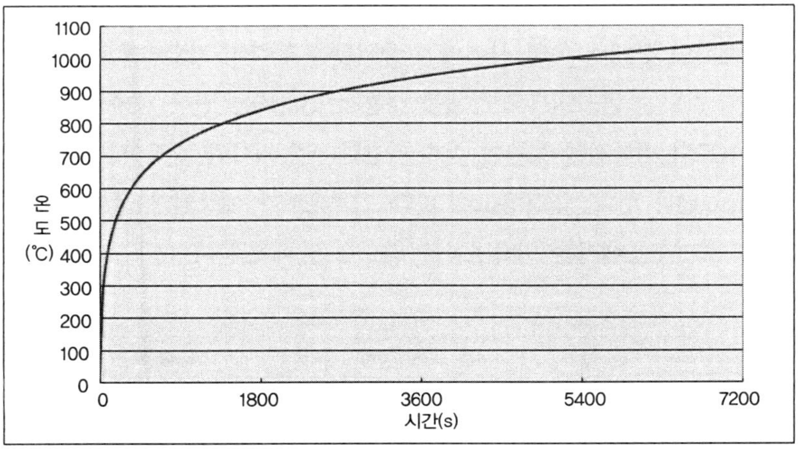

그림 1.2.6
표준 가열온도곡선

건축법규에 따르면 예방조치로써 내화구조가 요구된다. 일반적으로 건물의 종류와 층수에 따라 단계가 나누어진다. 단층건물에서는 일반적으로 특별한 내화를 요하지 않는다.

그림 1.2.7
상승온도에 의한 강재의 성질

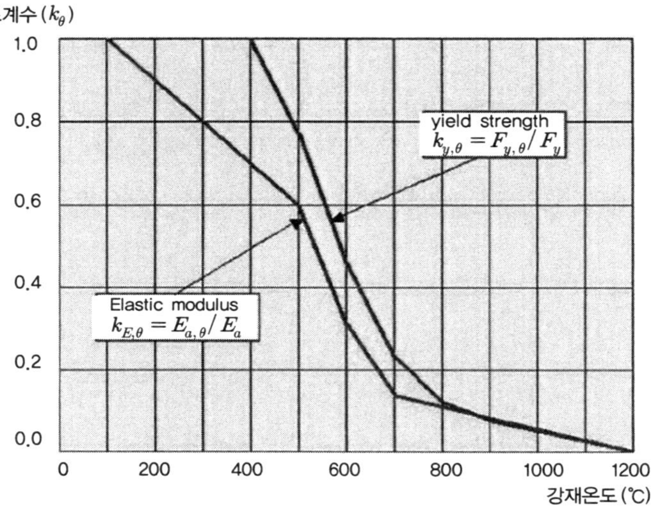

내화등급 1시간부터 3시간까지의 내화 요구성능은 적절한 조치를 통하여 도달된다. 일반적으로 강구조부재는 화재 시 페인팅, 피막, 피복으로 보호되어진다. 이것들은 강재에서 화염의 직접적인 공격을 방해하며 강재와 화염 사이의 완충역할을 통하여 가열속도를 늦추게 된다.

효과적인 방법 중의 하나는 콘크리트로 강재를 부분적으로 또는 전부 감싸는 것이다. 부가적으로 강재와 콘크리트의 역학적인 성능이 함께 작용한다면 커다란 장점이 된다. 이를 합성구조(composite structure)라 한다. 건물용도에 따라 임계온도가 예상되지 않으면 내화구조를 필요로 하지 않는다. 합성구조에서는 내화조치를 필요로 하지 않는다.

표 1.2.2
내화구조의 인정 및 관리기준
(건교부 고시 제 2005-122호)

	4층 또는 20m	12층 또는 50m	
	이 하	이 하	이 상
보, 기둥	1시간	2시간	3시간

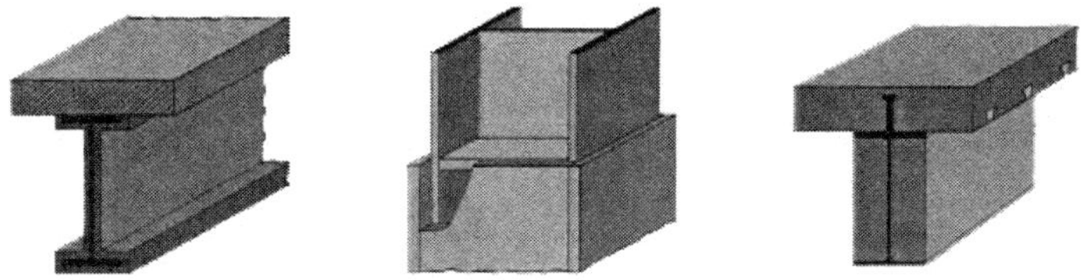

(a) 뿜칠형 내화피막　(b) 상자형 내화피복　(c) 합성보

그림 1.2.8
내화방법

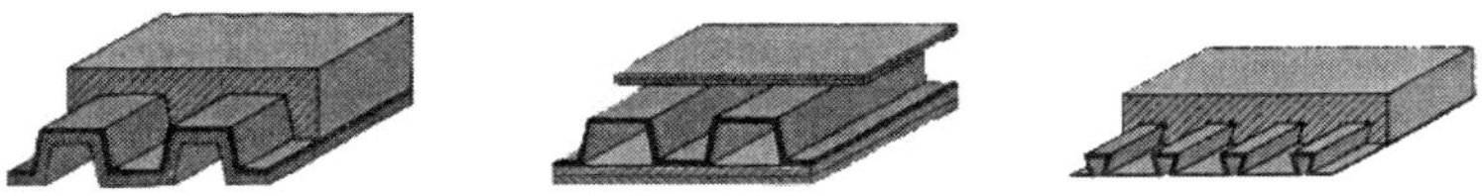

(a)　(b)　(c)

그림 1.2.9
데크플레이트를 이용한 바닥구조의 내화방법

표 1.2.3
구조물의 적용범위

적용범위	생산그룹	적용예
건축물	단층 다층 고층	상업건물, 전시건물 주거건물, 사무소건물 주차건물
특수구조	장스팬	실외경기장, 실내경기장
산업건물	Hall	제조공장, 기계공장, track
	산업시설물, Plant	발전소, 제철소
교량	도로교, 보행자교, 철도교	
크레인구조	크레인 보	
철탑구조	고정단 힌지단	관제탑, 방송탑, 송전탑
굴뚝		
비계구조		
silo		

1.3 | 강재

1.3.1 재질

강재에 대한 내용은 금속 재료학에서 상세하게 다루고 있다. 여기서는 단지 건축구조에 필요한 내용만 간단히 언급한다.

강재는 성형방법에 따라 나눌 수 있다. 압연강재(hot-rolled steel)는 1200 내지 1300℃ 적열 상태의 강괴를 롤러 사이에 통과하여 일정한 형태로 만든 강재이다. 냉간성형강재(cold-formed steel)는 강판을 상온에서 롤성형 또는 프레스성형으로 가공하여 만든 강재이다. 그밖에도 주물에 의한 주강(casting steel)과 강괴를 절단하여 만든 단조품인 단강(forging steel)이 있다.

산업규격에 의한 강재의 규격은 다음과 같다.

표 1.3.1 주요 구조용 강재의 재질 규격

번 호	명 칭	강 종
KS D 3503	일반구조용 압연강재	SS275
KS D 3515	용접 구조용 압연강재	SM275A, B, C, D, -TMC SM355A, B, C, D, -TMC SM420A, B, C, D, -TMC SM460B, C, -TMC
KS D 3529	용접구조용 내후성 열간 압연강재	SMA275AW, AP, BW, BP, CW, CP SMA355AW, AP, BW, BP, CW, CP
KS D 3861	건축구조용 압연강재	SN275A, B, C SN355B, C
KS D 3866	건축구조용 열간압연 형강	SHN275, SHN355
KS D 5994	건축구조용 고성능 압연강재	HSA650

표 1.3.2
냉간 가공재 및 주강의 재질 규격

번 호	명 칭	강 종
KS D 3530	일반구조용 경량 형강	SSC275
KS D 3558	일반구조용 용접 경량 H형강	SWH275, SWH275L
KS D 3602	강제 갑판(데크플레이트)	SDP1, 2, 3
KS D 3632	건축구조용 탄소 강관	SNT275E, SNT355E, SNT275A, SNT355A
KS D 3864	건축구조용 각형 탄소 강관	SNRT295E, SNRT360E, SNRT295A, SNRT360A

표 1.3.3
용접하지 않는 부분에 사용되는 강재의 재질 규격

번 호	명 칭	강 종
KS D 3503	일반구조용 압연강재	SS315, SS410
KS D 3566	일반구조용 탄소 강관	SGT275, SGT355
KS D 3568	일반구조용 각형 강관	SRT275, SRT355
KS D 3710	탄소강 단강품	SF490A, SF540A

표 1.3.4
볼트, 고력볼트 등의 제품 규격(접합재료)

번 호	명 칭	강 종
KS B 1002	육각볼트	강도등급 : 4.6, 4.8, 5.8, 8.8
KS B 1010	마찰접합용 고장력 육각볼트, 육각너트, 평와셔의 세트	F8T용 : F8T, F10T(F8), F35 F10T용 : F10T, F10, F35 F13T용[1] : F13T, F13, F35
KS B 1012	육각너트	보통형
KS B 1016	기초볼트	모양 : L형, J형, LA형, LJ형 강도등급 구분 : 4.6, 6.8, 8.8
KS B 1324	스프링와셔	
KS B 1326	평와셔	
KS F 4512 KS F 4513	건축용 턴버클 볼트 건축용 턴버클 몸체	S, E, D ST, PT
KS F 4521	건축용 턴버클	

주) 1)은 KS B 1010에 의하여 수소지연파괴민감도에 대하여 합격된 시험성적표가 첨부된 제품에 한하여 사용하여야 한다.

＊강재기호

– SM 275A : S=Steel
M=제품형상, 용도, 강종
275=최저 항복강도 (MPa=N/mm^2)
A=강재의 품질(A,B,C,D), 충격흡수에너지, 용접의 양호성

- SM : 강판, 강대 및 형강으로 적용두께 100mm 이하로 제한하고 있으나 150mm 이하까지 필요 시 제조할 수 있음.
- SMA : 내후성강, 강재 자체의 성분을 바꿔서 내부식성을 확보한 강재로 대기나 해양 등의 자연 부식환경에 대한 저항력을 높인 내후성강
- SN : 건축구조용 압연강재, 내진성과 용접성 개선을 위하여 일반 구조용강재에서 규정하고 있지 않은 항복점의 상하한치, 항복비의 상한치를 규정하고 있어(80%이하) 소성변형 능력을 유지하는 성능을 확보함.
- SHN : 건축구조용 열간압연 형강재, SN 강에 준하는 성능을 발휘하는 강(항복비 85%이하)
- FR : 내화강재, 고온 시의 내력 유지 성능이 우수한 강재로 600도의 고온에서 항복점이 상온의 2/3 이상 유지할 수 있는 성능을 확보함. 화재 발생 시 철골 구조물의 급격한 강도 하락 방지, 내화 피복두께 절감 효과
- HSA : 건축구조용 고성능 압연강재, 인장강도 800MPa, 항복강도 650MPa 이상되는 초고강도 강재로 용접성과 내진성능이 우수함.

1.3.2 형상 및 치수

주요 단면의 형상 및 치수는 다음과 같이 표기하며 부록에 단면성능표를 참조 바란다.

환강(봉강), Solid Round : $\phi - d$

강관 : D×t

평강 : B×t

강판, Plate : PL−t

ㄱ형강, Angle : A×B×t

I, H 형강 : H−H×B×t_1×t_2

ㄷ−형강 : ㄷ−H×B×t_1×t_2

T−형강 : T−H×B×t_1×t_2

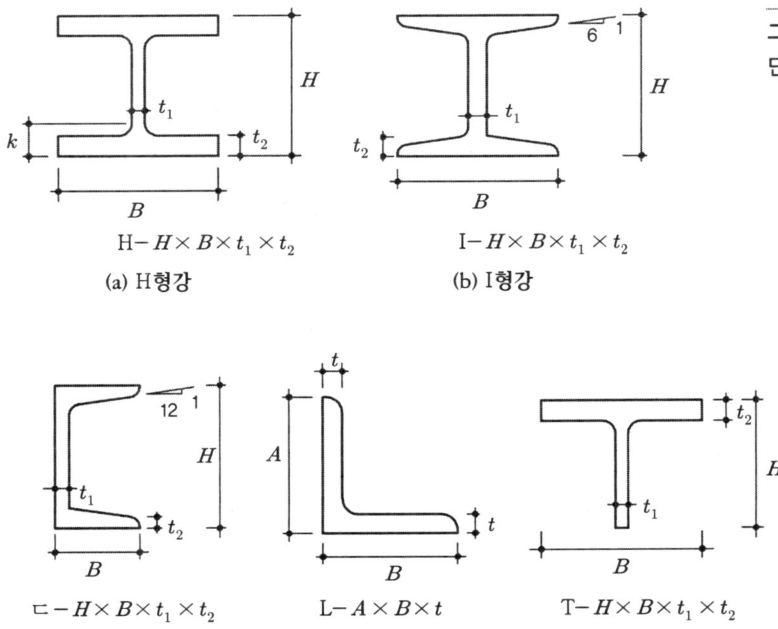

H−$H\times B\times t_1\times t_2$

(a) H형강

I−$H\times B\times t_1\times t_2$

(b) I형강

ㄷ−$H\times B\times t_1\times t_2$

(c) ㄷ형강

L−$A\times B\times t$

(d) L형강

T−$H\times B\times t_1\times t_2$

(e) T형강

그림 1.3.1
단면 형상

1.3.3 재료의 강도

(1) 구조용 강재

표 1.3.5
주요 구조용 강재의 재료강도, MPa

<table>
<tr><th>강도</th><th>강재기호
판두께</th><th>SS275</th><th>SM275
SMA275</th><th>SM355
SMA355</th><th>SM420</th><th>SM460</th><th>SN275</th><th>SN355</th><th>SHN275</th><th>SHN355</th></tr>
<tr><td rowspan="4">F_y</td><td>16mm 이하</td><td>275</td><td>275</td><td>355</td><td>420</td><td>460</td><td rowspan="2">275</td><td rowspan="2">355</td><td rowspan="3">275</td><td rowspan="3">355</td></tr>
<tr><td>16mm 초과
40mm 이하</td><td>265</td><td>265</td><td>345</td><td>410</td><td>450</td></tr>
<tr><td>40mm 초과
75mm 이하</td><td rowspan="2">245</td><td>255</td><td>335</td><td>400</td><td>430</td><td rowspan="2">255</td><td rowspan="2">335</td></tr>
<tr><td>75mm 초과
100mm 이하</td><td>245</td><td>325</td><td>390</td><td>420</td><td>–</td><td>–</td></tr>
<tr><td rowspan="2">F_u</td><td>75mm 이하</td><td rowspan="2">410</td><td rowspan="2">410</td><td rowspan="2">490</td><td rowspan="2">520</td><td rowspan="2">570</td><td rowspan="2">410</td><td rowspan="2">490</td><td>410</td><td>490</td></tr>
<tr><td>75mm 초과
100mm 이하</td><td>–</td><td>–</td></tr>
</table>

강도	강재기호 판두께	HSA650	SM275-TMC	SM355-TMC	SM420-TMC	SM460-TMC
F_y	80mm 이하	650	275	355	420	460
F_u	80mm 이하	800	410	490	520	570

표 1.3.6
냉간가공재 및 주강의 재료강도, MPa

<table>
<tr><th colspan="2">강재기호</th><th>SSC275
SWH275</th><th>SGT275
SRT275
SNT275</th><th>SNT355</th><th>SNRT275A</th><th>SNRT295E</th><th>SNRT355A</th></tr>
<tr><td colspan="2">판두께(mm)</td><td>2.3~6.0[1)]</td><td colspan="2">2.3~40.0[1)]</td><td colspan="3">6.0~40.0[2)]</td></tr>
<tr><td rowspan="2">강도</td><td>F_y</td><td>275</td><td>275</td><td>335</td><td>275</td><td>295</td><td>355</td></tr>
<tr><td>F_u</td><td>410</td><td>410</td><td>490</td><td>410</td><td>400</td><td>490</td></tr>
</table>

주) 1) SWH275의 판두께는 12mm 이하
2) SGT275, SRT275, SNRT295E의 판두께는 22mm 이하

강 도	판두께 \ 강재종별	SS315	SS410	SGT275 SRT275[1]	SGT355 SRT355[1]	SF490A	SF540A
F_y	16mm 이하	315	410	275	355	245	275
	16mm 초과 40mm 이하	305	400				
	40mm 초과 100mm 이하	295	–	–	–	–	–
F_u	40mm 이하	490	540	410	500	490	540
	40mm 초과 100mm 이하		–	–	–	–	–

주) 1) SRT275와 SRT355의 판두께는 30mm 이하

표 1.3.7 용접하지 않는 부분에 사용하는 강재의 재료강도, MPa

- 두께 16mm 기준 : 초과 시 항복강도가 감소함.
- TMC강(thermo mechanical control process steels) : 열가공제어강으로 80mm 이하의 강에서 항복강도의 감소 없이 그대로 기준값(16mm 이하의 항복강도)을 적용한다. 전단면에 두께방향으로 균등한 온도 분포처리를 하여 기계적 성질을 높게 유지하도록 하는 특성이 있으며, 특히 극후판에서 주로 사용성이 필요하다.

(2) 접합재료의 강도

가) 고장력볼트

최소강도 \ 볼트등급	F8T	F10T	F13T
F_y	640	900	1170
F_u	800	1000	1300

표 1.3.8 고장력볼트의 재료강도, MPa

고력볼트의 표기방법이 유럽기준(Eurocode 3, Part 1-8)에서 F10T는 (10.9)로 F8T는 (8.8)로 나타내며 처음 숫자는 인장강도(MPa)의 1/100를, 소수점 이하 숫자는 인장강도에 대한 항복강도의 비율을 의미한다. 이를 활용하면 재료의 강도를 쉽게 인식할 수 있다.

F10T는 유럽식 표기(10.9) :

$$F_u = 10 \cdot 100\text{MPa} = 1000\text{MPa}, \quad F_y = 1000 \cdot 0.9\text{MPa} = 900\text{MPa}$$

F8T는 유럽식 표기(8.8) :

$$F_u = 8 \cdot 100\text{MPa} = 800\text{MPa}, \quad F_y = 800 \cdot 0.8\text{MPa} = 640\text{MPa}$$

나) 일반볼트

일반볼트의 항복강도와 인장강도는 다음과 같다.

표 1.3.9
일반볼트의 재료강도, MPa

강도 구분	4.6[1]
F_y	240
F_u	400

주) 1) KS B 1002에 따른 강도 구분

다) 용접재료의 강도

표 1.3.10
용접재료의 강도, MPa

용접재료	강도(MPa)		적용 가능 강종
	F_u	F_y	
KS D 7004 연강용 피복아크 용접봉	420	345	인장강도 400MPa급 연강
KS D 7006 고장력강용 피복아크 용접봉	490	390	인장강도 490MPa~780MPa 고장력강
	520	410	
	570	490	
	610	500	
	690	550	
	750	620	
	780	665	

표 1.3.10
용접재료의 강도, MPa (계속)

용접재료	강도(MPa)		적용 가능 강종
	F_u	F_y	
KS D 7104 연강, 고장력강 및 저온용 강용 아크용접 플럭스 코어선	420	340	인장강도 400MPa급 연강 인장강도 490MPa, 540MPa, 590MPa급 고장력강
	490	390	
	540	430	
	590	490	
KS D 7025 연강 및 고장력강용 아크용접 솔리드와이어	420	345	인장강도 400MPa급 연강 인장강도 490MPa, 590MPa급 고장력강
	490	390	
	570	490	
KS B 0531 탄소강 및 저합금강용 서브머지드아크 용착금속의 품질구분 및 시험방법	410	300	탄소강 및 저합금강 (고장력강, 내열강 및 내후성강)
	490	390	
	570	490	
	610	500	
	690	550	
	780	670	
내후성 강용 : KS D 7101 ; 피복아크용접봉 KS D 7106 ; 탄산가스아크용접 솔리드와이어 KS D 7109 ; 탄산가스아크용접 플럭스충전와이어	490	390	인장강도 490MPa~570MPa급 내후성 고장력강
	570	490	

1.3.4 기계적 성질

(1) 강재의 재료정수

구조용 강재의 재료정수는 표 1.3.11과 같다.

표 1.3.11
강재의 재료정수

재 료 \ 정 수	탄성계수 E_s(MPa)	전단탄성계수 G(MPa)	포아송비 ν	선팽창계수 α(1/℃)
강 재	210,000	81,000	0.3	0.000012

(2) 응력도-변형도 곡선(stress-strain curve)

그림 1.3.2
SS275과 SM355 강재

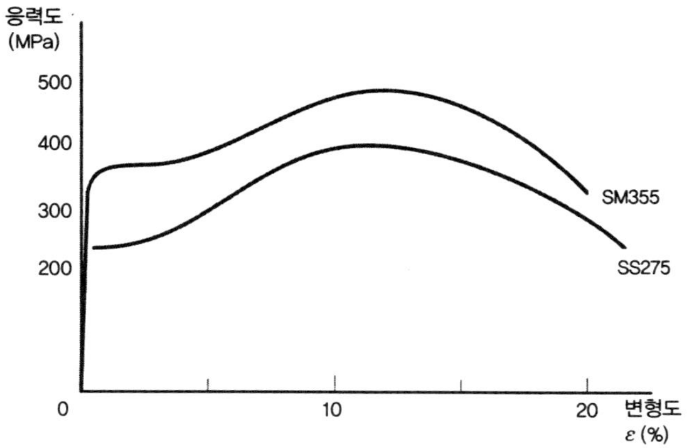

그림 1.3.3
항복점

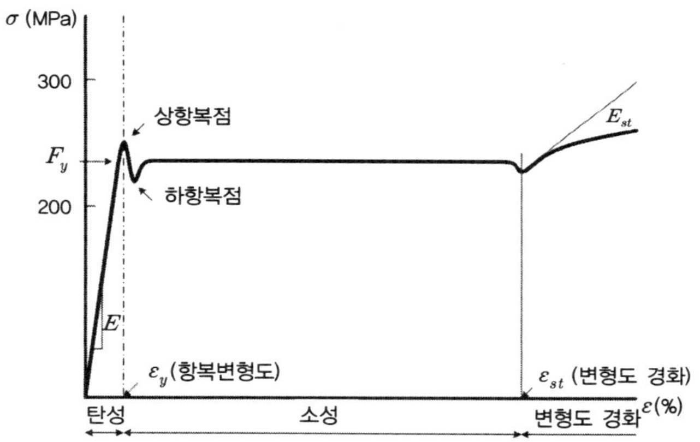

그림 1.3.4
응력도-변형도 곡선
0.2% offset

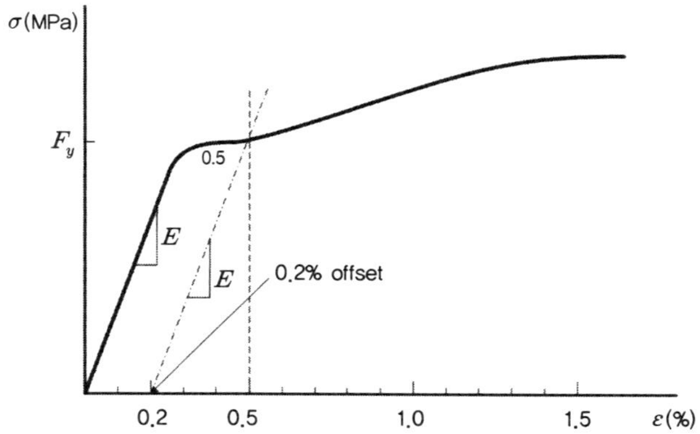

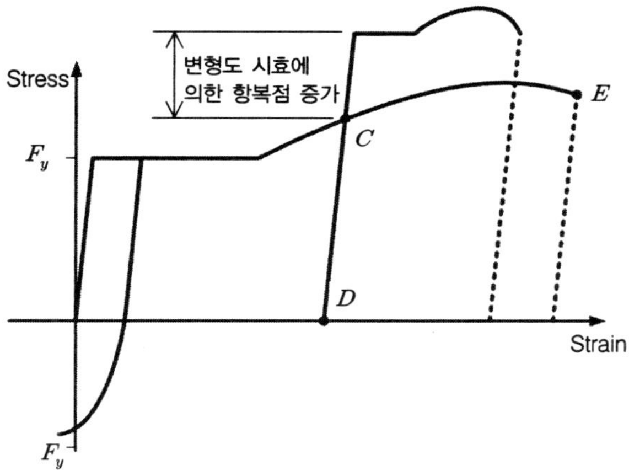

그림 1.3.5
변형도 시효

가) 비례한도(Proportional limit) : 응력도와 변형도가 선형관계를 유지하는 한계. 응력도와 변형도 사이에 후크의 법칙이 성립되는 구간.

나) 상항복점, 하항복점(Yield point) : 응력이 증가하지 않는 상태에서 변형도가 크게 증가하기 시작하는 지점을 나타내며 탄성영역의 끝부분과 소성영역의 초기단계 사이에서 나타남.

다) 항복강도(F_y, Yield strength) : 일정한 하중 하에는 변형이 계속 증가하여 평탄한 지대(Plateau)를 나타내는 응력도를 지칭하며 항복했다는 의미로 지칭함. 재료의 강도를 특징짓는 중요한 응력도 값.

라) 인장강도(F_u, Ultimate strength) : 인장시험에서 시험편이 지탱할 수 있는 최대응력도를 나타내며 이를 지나면 파괴함.

마) 탄성계수(E, Modulus of Elasticity) : 비례한도 내에서 변형도에 대한 응력도의 비를 나타내는 직선의 기울기이며, 강재의 탄성계수 E는 205,000N/mm^2.

바) 0.2% 내력(강관, 고장력강) : 응력도 변형도 관계에서 항복점이 뚜렷이 나타나지 않는 경우, 제하(unloading)시에 0.2% 영구 변형도를 가지는 점에서 탄성계수와 평행한 직선이 만나는 곳의 응력도를 항복강도로 정의하는 방법. 열처리로 가공하는 강관이나 고장력강에서 나타나는 특성.

사) 변형도 시효(strain ageing) : 소성변형 후 1주 또는 10일 후에 다시 인장력을 가하면 응력도가 상승하는 현상, 냉간성형강에서 나타나는 현상.

아) 바우싱어 효과(Bauschinger) : 소성변형상태에서 반대방향인 압축력을 가하면 탄성비례를 유지하며 내려가지만 비례한도가 현저히 저하되는 현상.

자) 연신율(ductility) : 파단 직전까지 변형하는 정도.

(3) 피로강도(fatigue)

인장과 압축이 반복적으로 작용하는 지진하중 또는 차량하중에서 10^4회 이상 반복가력 시 재료의 항복점 이하에서 부재가 파단하는 현상을 피로라 한다. 반복횟수가 증가할수록 강도는 저하되다가 10^7회 이상되면 일정한 강도에서 머무르는데, 이를 피로한도, 내구한도라 한다.

S－반복응력, N－반복횟수

그림 1.3.6
S–N 그래프

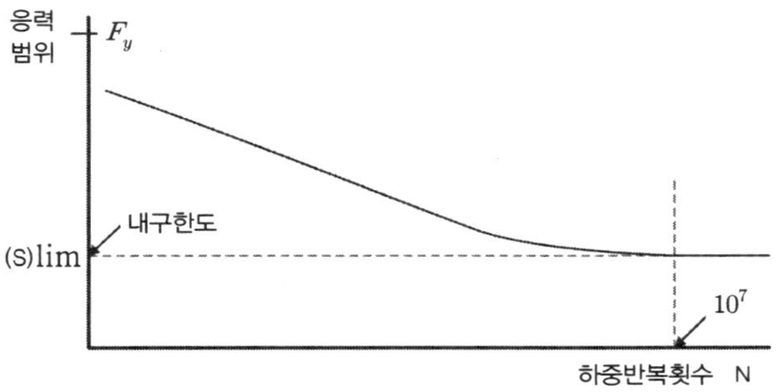

1.3.5 형강의 치수 비교

경제적인 제작과 사용을 위하여 모든 profile은 일정한 단계별로 생산되어진다. 단면리스트는 구조기술자와 생산자 간의 협의에 의한 것이다. 구조기술자는 가능하면 구조적인 요구에 완전히 부합하는 치수를 원하기 때문에 치수등급을 촘촘히 하기를 바란다. 그러나 경제적인 측면에서 단면치수의 단계가 제한을 받는다. 각각의 profile은 생산시 롤러의 재조정을 필요로 한다. 그밖에 생산량이 증가하면 창고비용이 증가하는 단점이 있다. 이를 고려하여 형상의 치수를 일정한 단계별로 구분하여 표준화하고 있다. 여기서는 I형강과 H형강을 비교하여 특징을 설명한다.

I형강은 폭이 좁고 플랜지 끝이 rounding되어 있는 것이 특징이다. 그밖에는 모두 H형강에 속한다. 유럽의 경우는 플랜지 폭의 넓이에 따라 세 가지로 구분한다. 좁은 폭, 중간 폭, 넓은 폭(narrow, middle, wide)이 있다.

재료의 경제성은 단면적에 대한 단면계수의 비 S_x/A로 평가할 수 있다. 또한 플랜지 폭의 영향은 강축에 대한 약축의 단면계수비 S_y/S_x 로 표시할 수 있다.

단면계수 S_x가 유사한 폭이 좁은 I형강과 폭이 넓은 H형강의 단면을 선택하여 단면적에 대한 단면계수비를 조사하였다. x축에 대한 S_x/A는 I형강이 약간 많은 값을 약축인 y축에 대한 S_y/A는 폭이 넓은 H형강이 두 배 가까이 큰 값을 나타내었다. 즉 강축방향 모멘트에 대하여는 두 형상 모두 비슷한 경제성을 보이나, 약축방향 모멘트에 대하여는 폭이 넓은 H형강이 폭이 좁은 I형강보다 훨씬 경제성이 더 우수함을 알 수 있다.

	S_x	A	S_x/A	S_y	S_y/A	S_y/S_x
unit	cm^3	cm^2	cm	cm^3	cm	–
I 300×150	849	83.47	10.17	118	1.41	0.139
H 250×250	867	92.18	9.41	292	3.17	0.337

표 1.3.12
I형강과 H형강의 단면계수 비교

일축방향 모멘트, 이축방향 모멘트가 작용하는 부재에 따라 단면치수를 결정할 때 방향에 따른 단면계수가 중요한 요인이 된다. 즉 일축방향 모멘트 작용 시 폭이 좁은 단면을, 이축방향 모멘트 작용 시 폭이 넓은 단면이 경제적이다.

| 예제 1.1 |

다음 표 1.3.12와 같이 단면형상을 구분했을 때 단면의 경제성을 비교하기 위한 단면적(A)와 단면계수(S_x, S_y)의 관계를 그래프로 나타내어라.

| 풀이 |

표 1.3.13
I형강과 H형강의 폭에 따른 형상구분

H(높이)	I형강(폭)	H형강의 폭 B		
		narrow	middle	wide
100	75	50	×	100
125	75	60	×	125
150	75	75	100	150
175	(180×)100	90	×	175
200	100	100	150	200
250	125	125	(244×)175	250
300	150	150	(294×)200	300
350	150	×	(340×)250	×
400	150	200	(390×)300	×
450	175	200		(440×)300
500	×	200		(488×)300
600	190	200		(588×)300
700				300
800				300
900				300

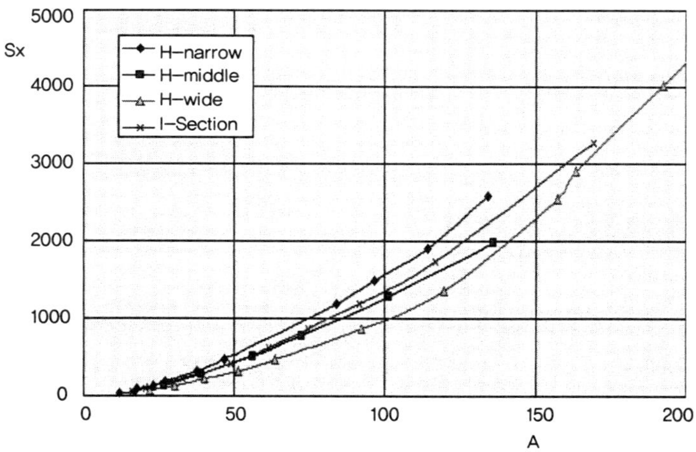

그림 1.3.7
단면형상별 단면적에 대한 x축 단면계수의 비교

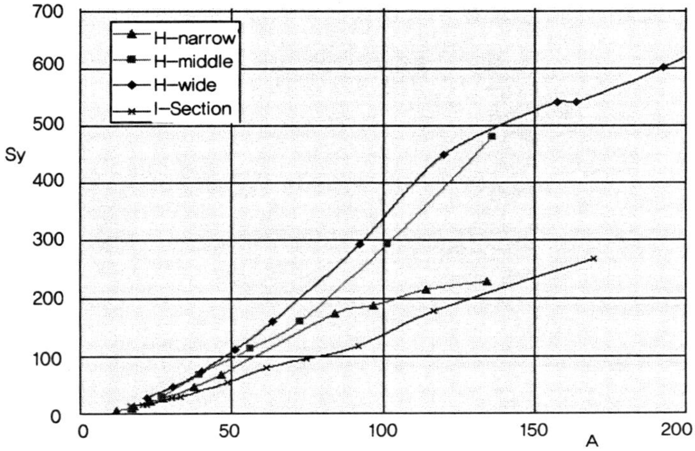

그림 1.3.8
단면형상별 단면적에 대한 y축 단면계수의 비교

| 예제 1.2 |

강재의 제작과정을 설명하라.

| 풀이 |

철광석과 연료탄을 고로(blast furnace)에 넣어 쇳물을 만드는 **제선공정**, 불순물을 포함하고 있는 쇳물을 전로(converter)에 넣고 2차 정련을 하여 순수한 쇳물인 강철을 만드는 **제강공정**, 액체상태인 강철이 주형(mould)에 투입되고 연속주조기를 통과하면서 중간소재로 만들어지는 **연주공정**, 마지막으로 중간소재를 압연과정을 통하여 선재나 판재로 만드는 **압연공정**으로 나누어진다.

그림 1.3.9
강재의 제작과정

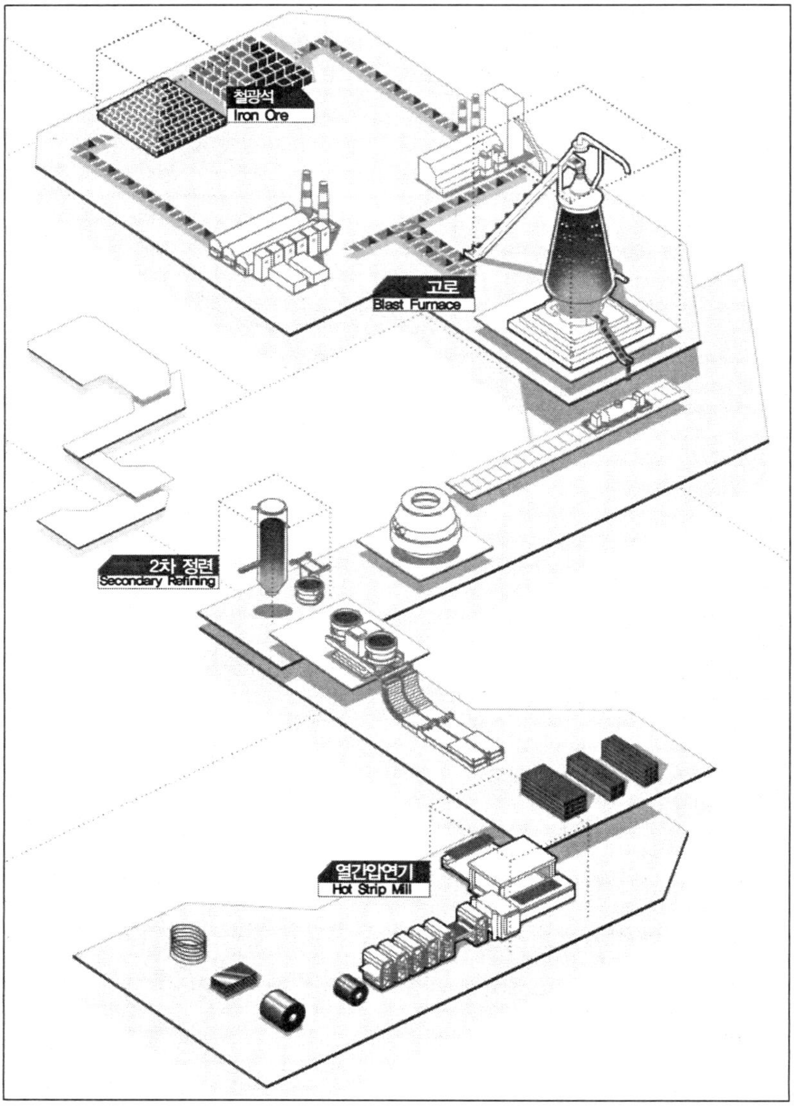

• 압연강재의 잔류응력

고온 1200 ~ 1300℃에서 롤성형 가공된 압연형강은 서서히 냉각된다. 성형이 완료된 상태의 온도는 800 ~ 1000℃가 보통이다. 웨브와 플랜지가 교차하는 부분은 다른 단면 부분보다 더 오래 고온이 유지된다. 반면 플랜지의 끝단은 가장 빨리 냉각된다.

이러한 냉각의 차이는 잔류응력(residual stress)으로 단면의 마지막 상태에 남아 있다. 물론 잔류응력의 합은 영이다. 이 잔류응력은 하중을 받는 강구조부재의 거동에 영향을 미친다.

그림 1.3.10
압연형강의 냉각상태

1.4 구조요소, 부재

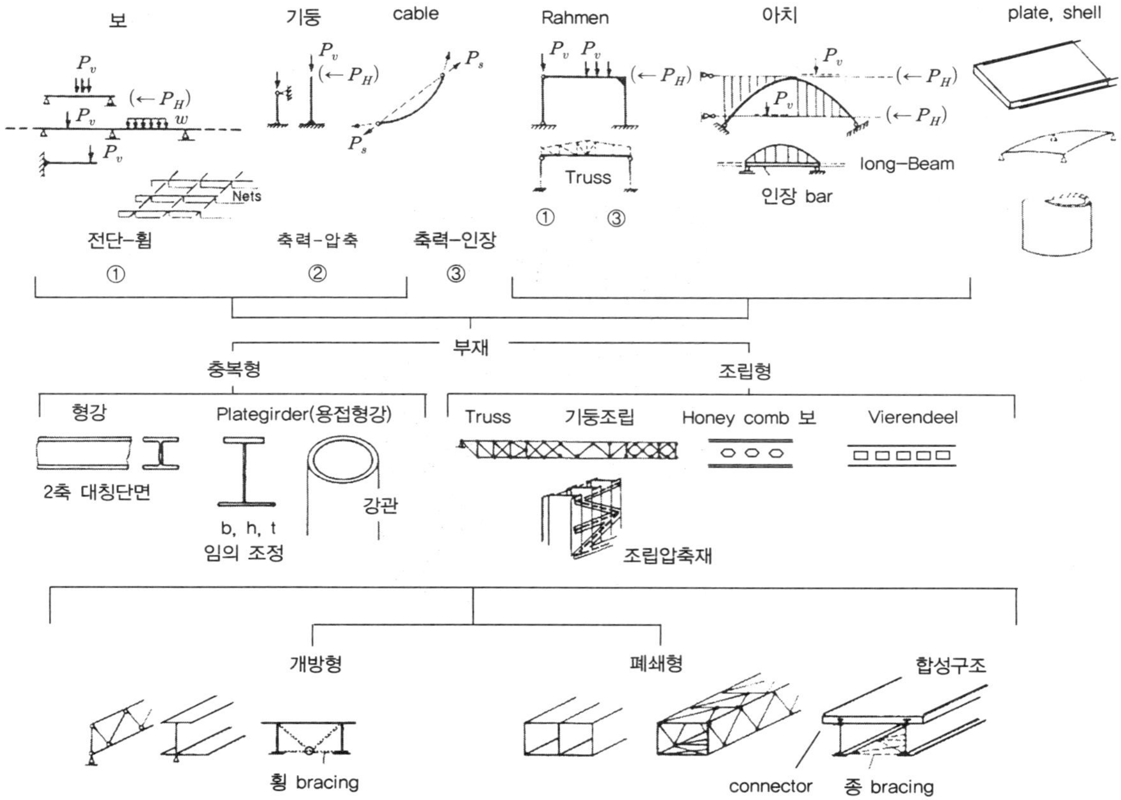

그림 1.4.1
부재의 분류

표 1.4.1 부재의 보강방법 및 접합방법

<table>
<tr><th>보강방법</th><th colspan="2">접합재</th></tr>
<tr><td rowspan="8">1. 두께 증가

2. Strip
강성 증대 티

3. Rib
(Deckplate)

4. Stiffener
(좌굴방지용 지지대)
(하중가력 지지대)

5. Diaphragm
(지점부근의 지지용)
(단면형태의 유지용)

6. Bracing
(좌굴방지용 지지)
(횡하중 전달용)</td><td>1. 맞댐판</td><td>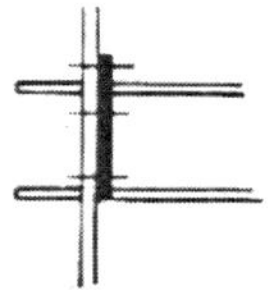</td></tr>
<tr><td>2. 덧판
Cover Plate
끼움판</td><td>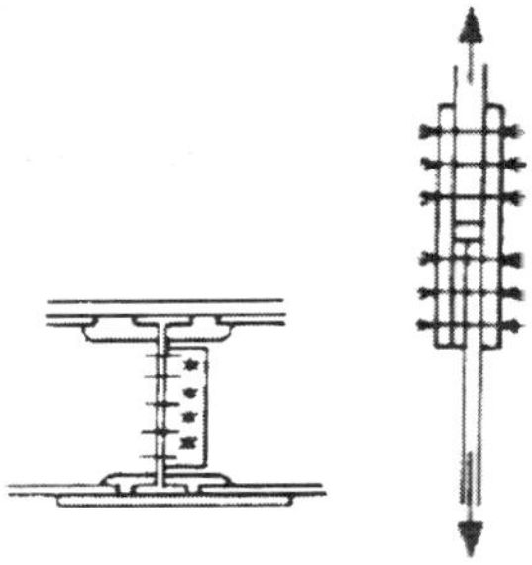</td></tr>
<tr><td>3. Gusset Plate</td><td></td></tr>
<tr><td>4. Flange</td><td></td></tr>
<tr><td>5. Angle</td><td></td></tr>
<tr><td>6. Shear connector</td><td>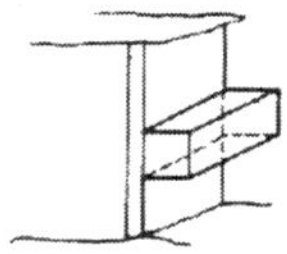</td></tr>
<tr><td>7. Welding throat</td><td></td></tr>
<tr><td>8. Bolt
접합

맞댄이음

접합부

절점</td><td>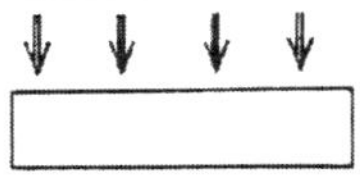
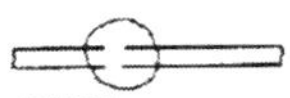
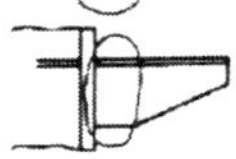
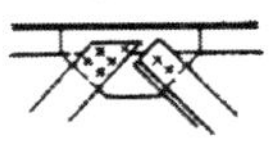</td></tr>
</table>

그림 1.4.2
강구조부재의 요소

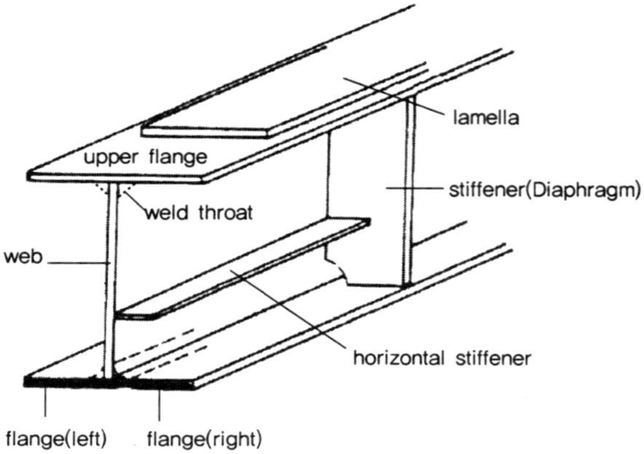

제 2 장

단면력과 응력도

2.1 | 단면력

부재의 임의 점에서 단면력을 여섯 가지로 나타낼 수 있다. 내부의 하중으로부터 힘이 평형 조건을 이룬다. 좌표축으로써 오른손 법칙을 그림과 같이 적용한다.

다음과 같은 단면력이 존재할 때 왼쪽 단면으로부터 플러스 방향을 표시하면 그림 2.1.1, 2.1.2와 같다.

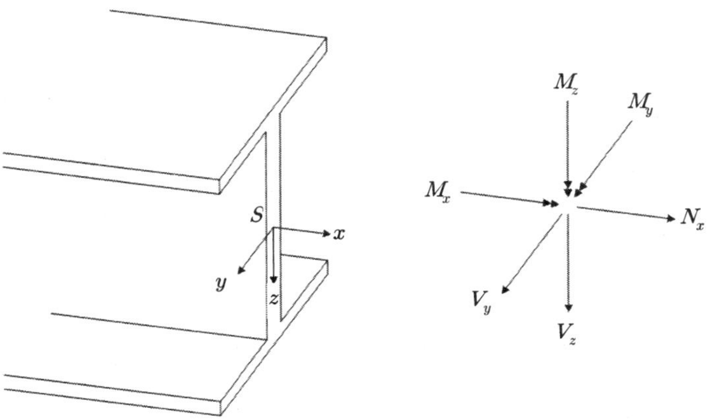

그림 2.1.1
좌표축과 단면력(부재력)

(1) 축력

$$N = N_x$$

(2) 두 개의 전단력 V_y, V_z

이름에서 나타난 바와 같이 부재축 방향에 직각으로 단면 방향으로 힘이 작용한다.

체계적인 부호규정

그림 2.1.2
절단면 위치의 고려

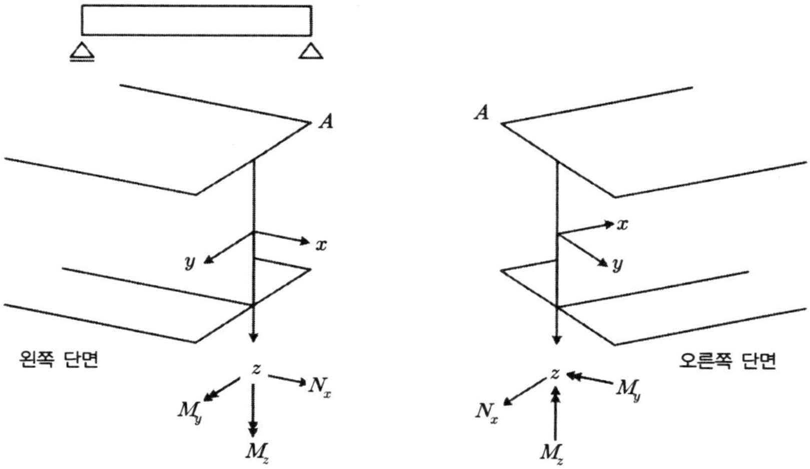

$+M_y$일 때	$\sigma_A = -$	압축
$+M_z$일 때	$\sigma_A = +$	인장
$+N$일 때	$\sigma_A = +$	인장

전단력으로부터

$+V_z$일 때	$\sigma_A = -$	$+M_y$
$+V_y$일 때	$\sigma_A = -$	$-M_z$

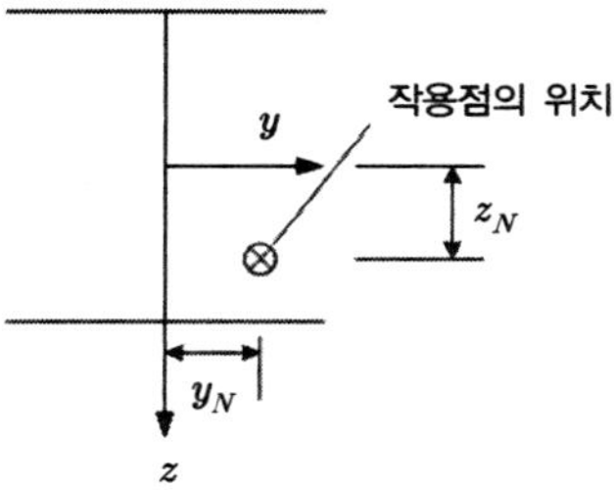

$$+N \rightarrow +M_y = N \cdot z_N = M_y$$

$$+N \rightarrow +M_z = -N \cdot y_N = M_z$$

(3) 모멘트 M_X, M_Y, M_Z

$$M_X = M_T$$

M_X 모멘트는 X 방향으로 작용하며, 즉 부재축 방향으로 작용하며 이를 비틀림모멘트(Torsion)라 부른다.

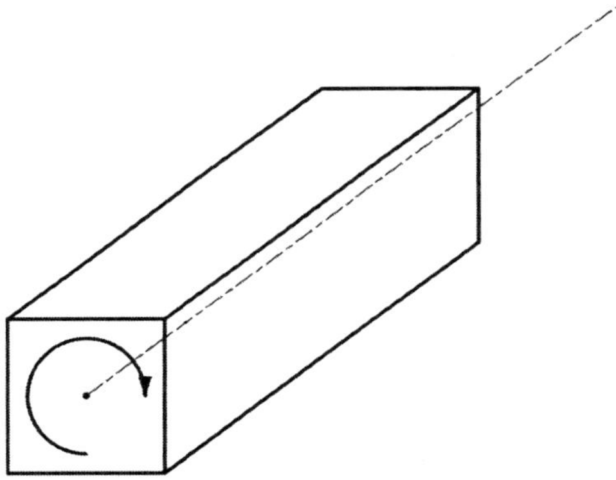

그림 2.1.3
비틀림 모멘트

M_Y 와 M_Z 는 휨모멘트라 불린다. 휨모멘트의 회전 방향 정의는 오른손의 엄지손가락이 부재 축방향을 향할 때 주먹을 쥔 나머지 손가락이 휨모멘트의 회전 방향을 나타낸다.

2.2 응력도

그림 2.2.1
기호표시

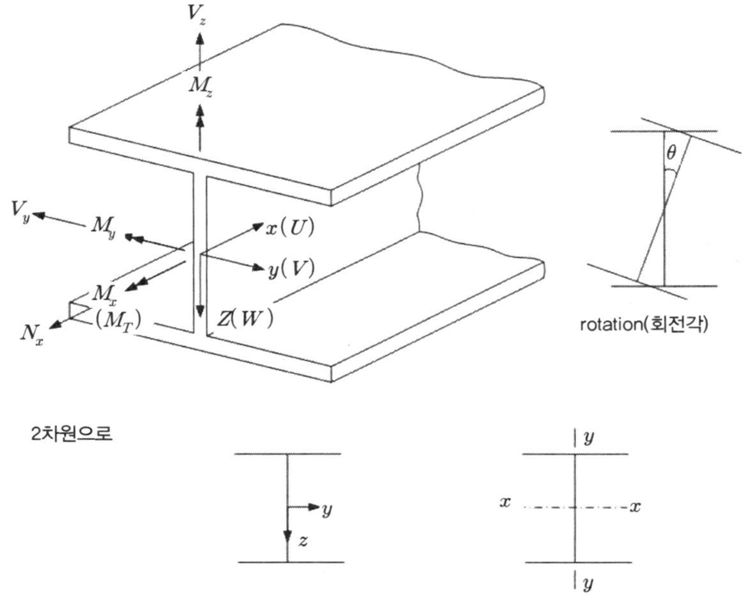

단면성능	단면성능에서의 기호	
단면1차모멘트	S_z	
	S_y	S_x
단면2차모멘트	I_z	I_y
	I_y	I_x
	I_{yz}	I_{xy}
	I_w	C_M

응력도는 다음과 같이 정의된다.

σ =수직응력도 : 단면에 수직방향 응력도

τ =전단응력도 : 단면에 평행인 응력도

응력도를 계산할 때 다음과 같은 상황을 전제로 한다.

① 단면은 평면을 유지한다 ; 베르누이 정리

② 후크의 법칙을 적용한다 ; ($\sigma(z) = \varepsilon E$)

③ 중심축이 시스템 축이다.

④ 단면 형태를 유지한다.

⑤ 등방성 재료이다.

⑥ 미소변형 범위에 한한다.

N, M_y, M_z 로부터 σ 발생

V_z, V_y 로부터 τ 발생

M_x 로부터 τ_t 발생

단면력과 그로부터 발생하는 응력도의 관계

$\sigma = \varepsilon E$

축력 N :

$$N = \int_A \sigma dA$$

$$N = A \cdot \sigma, \ \sigma = N/A$$

모멘트 M_y, M_z :

$$M_y = \int \sigma z dA = \sigma S_y, \sigma = \frac{M_y}{S_y} = \frac{M_y}{I_y} z$$

$$M_z = \int \sigma y dA = \sigma S_z, \sigma = \frac{M_z}{S_z} = \frac{M_z}{I_z} y$$

2축 모멘트(y, z가 양의 부호인 좌표)

$$\sigma = \frac{M_y}{I_y} z - \frac{M_z}{I_z} y$$

| 예제 2.1 |

계단난간의 응력도 분포를 나타내어라.

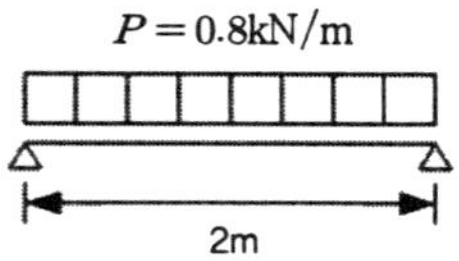

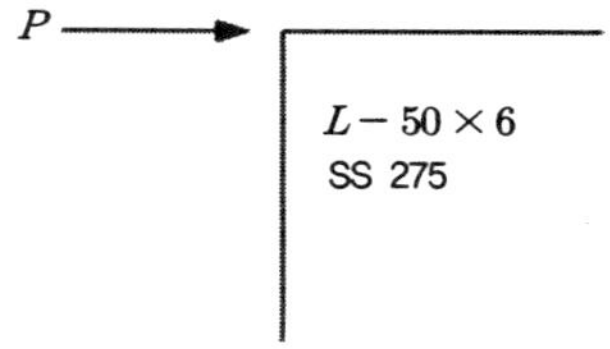

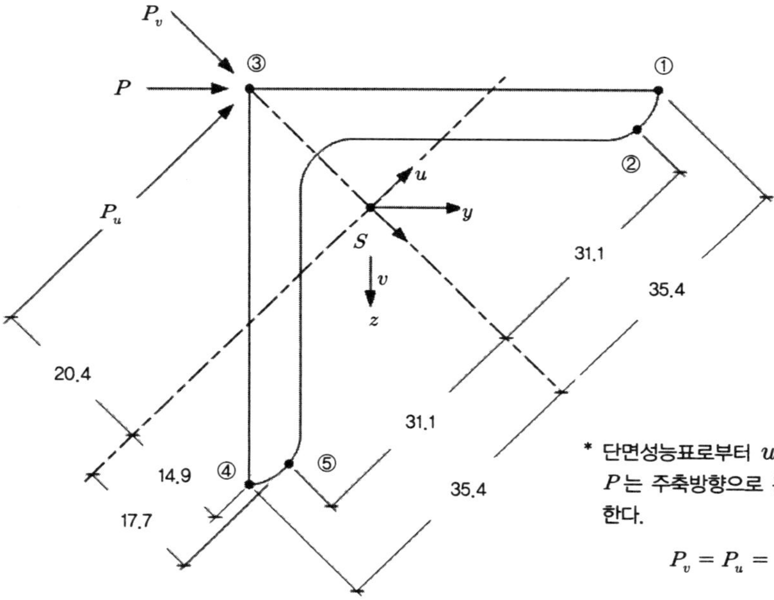

* 단면성능표로부터 u, v가 주축.
P는 주축방향으로 분해되어야 한다.

$$P_v = P_u = \frac{P}{\sqrt{2}}$$

응력도 $\sigma = \dfrac{M_u}{I_u}v - \dfrac{M_v}{I_v}u$

단면성능표로부터 $I_u = 5.24\text{cm}^4$, $I_v = 20.4\text{cm}^4$

P_v가 양일 때 모멘트는 양수

$$M_u = \frac{0.8}{\sqrt{2}} \frac{2^2 \cdot 100}{8} = 28.3\text{kN} \cdot \text{cm}$$

P_u가 양일 때 모멘트는 음수 $= -28.3\text{kN} \cdot \text{cm}$

| 풀이 |

$$\sigma_1 = \frac{28.3}{5.24}1.49 + \frac{28.3}{20.4}3.54 = 12.96\text{kN/cm}^2 = 129.6\text{MPa}$$

$$\sigma_2 = \frac{28.3}{5.24}1.77 + \frac{28.3}{20.4}3.11 = 13.87\text{kN/cm}^2 = 138.7\text{MPa}$$

$$\sigma_3 = -\frac{28.3}{5.24}(2.04) + 0 = -11.02\text{kN/cm}^2 = -110.2\text{MPa}$$

$$\sigma_4 = \frac{28.3}{5.24}1.49 - \frac{28.3}{20.4}3.54 = 3.14\text{kN/cm}^2 = 31.4\text{MPa}$$

$$\sigma_5 = \frac{28.3}{5.24}1.77 - \frac{28.3}{20.4}3.11 = 5.25\text{kN/cm}^2 = 52.5\text{MPa}$$

주축이 아닌 Z축에 대한 응력분포를 구한다면 잘못된 해석이다.

$$S_z = 3.55\text{cm}^3,\ M = \frac{Pl^2}{8} = \frac{0.8}{8}400 = 40\text{kN}\cdot\text{cm}$$

$$\max\sigma = \frac{40}{3.55} = 11.27\text{kN/cm}^2 = 112.7\text{MPa}$$

<u>응력도 분포</u>

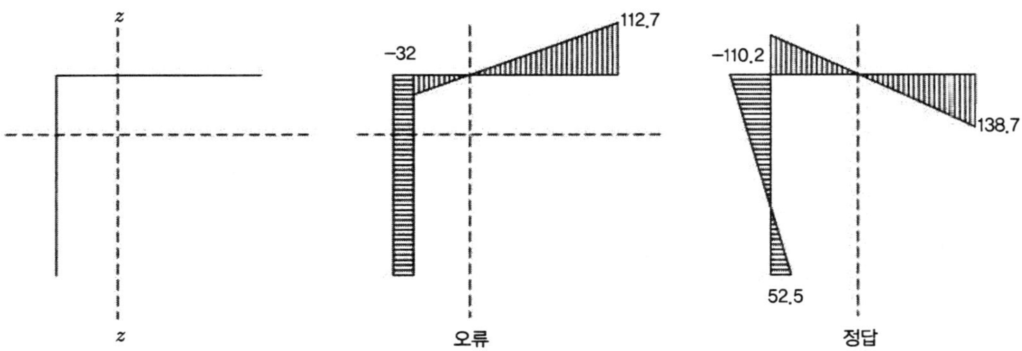

제 3 장

한계상태 설계법

3.1 | 설계 기본 원칙

3.1.1 허용응력도 설계법

허용응력도 설계법(Allowable Stress Design : ASD)에서는 전체안전계수(Global Safety Factor)개념으로 안전율을 취급한다.

$f_a = F_y / \nu = F_y / 1.5$

예) SS275 : $f_a = 275/1.5 = 183\text{MPa}$

그러나 안전계수는 부분 안전계수(Partial S.F)들의 곱으로 고려된다.

$\nu = \nu_1 \ \nu_2 \ \nu_3 \ \nu_4$

ν_1 : 하중 크기의 불안전성 (자중, 두께, 마찰, 바람, 눈)

ν_2 : 구조해석 이론의 불안전성 (단면적, 이상화된 가설, 하중집중)

ν_3 : 제작 오차

ν_4 : 저항값의 불안전성 (오차, 재료 성질의 분산)

그림 3.1.1
허용응력 설계법

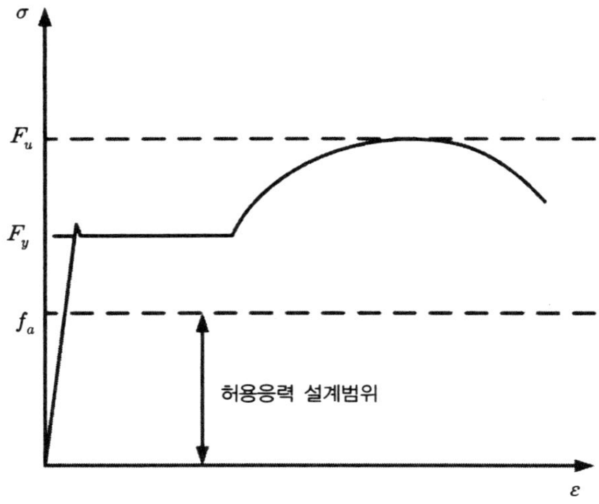

3.1.2 한계상태 설계법 (LSD=Limit State Design, LRFD=Load Resistance Factor Design)

(1) 강도 한계상태 (Strength Limit State)

구조물이 모든 계수하중 조합에 대하여 안전성과 최대 하중 지지력을 초과하지 않는 한계상태

(2) 사용성 한계상태 (Serviceability Limit State)

구조물이 사용하중상태에서 구조성능을 유지할 수 있는 한계상태

3.2 | 강도 한계상태 설계

항복의 시작, 소성힌지의 발생, 골조 전체 또는 부재의 불안전성, 기둥좌굴, 횡방향 비틀림 좌굴, 국부좌굴, 인장부재의 전단면적 항복, 인장파괴, 접합부 파단, 구조체 파괴, 피로 균열 파괴, 취성파괴, 전도 등의 상태에 도달하는 강도설계를 의미한다.

각 구조부재나 조립재의 설계강도(ϕR_n)는 소요강도($\Sigma \gamma_i Q_i$) 이상이어야 한다.

$$\Sigma \gamma_i Q_i \leq \phi R_n$$

i : 하중의 형태 (D, L, W, S, E)

γ_i : 하중의 계수 (Load Factor), 1.0 이상

Q_i : 하중의 효과 (공칭하중, Nominal Load)

$\Sigma \gamma_i Q_i$: 계수하중

소요강도 (Required Strength) : $\Sigma \gamma_i Q_i$로부터 요구되는 부재의 강도

ϕ : 강도저감계수 (Resistance Factor), 1.0 이하

R_n : 공칭저항 (Nominal Resistance)

ϕR_n : 설계강도 (Design Strength)

γ 와 ϕ는 안전도 개념에서 언급한 여러 불확실성을 확률 통계적으로 평가하여 판단하며 부분 안전계수와 유사한 개념이라고 볼 수 있다.

그림 3.2.1에서 하중효과 Q는 평균값 Q_m에 하중계수 γ(1.0보다 크다)를 곱하여 신뢰성 95%를 갖는 최대 γQ 값을 나타내며, 저항 R의 평균값 R_m에 저감계수 ϕ(1.0보다 작다)를 곱해 신뢰성 95%인 최소 ϕR 값을 나타낸다. 즉 설계식에서는 최대 소요강도인 γQ 값은 최소 저항값인 ϕR 보다 클 수 없도록 설계강도를 설정해야 한다.

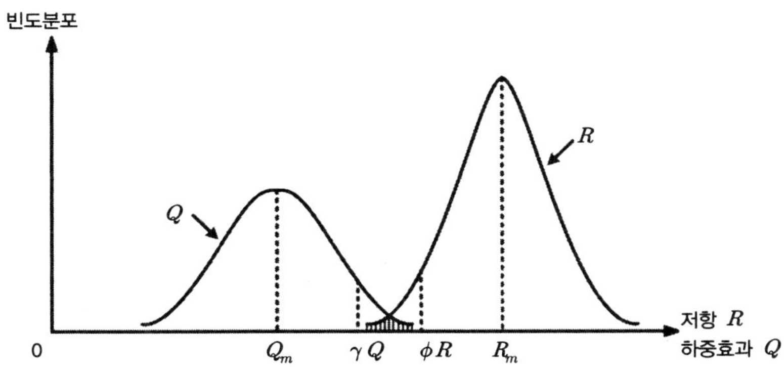

그림 3.2.1
하중효과 Q와 저항 R의 빈도분포

3.3 하중과 하중의 조합

(Loads and Load Combinations)

3.3.1 공칭하중, 하중계수 및 하중조합

(Nominal Loads, Load Factors and Load Combinations)

(1) 공칭하중

공칭하중은 건축학회 2000년 건축물 하중기준 및 해설에 따른다.

공칭하중의 종류는 고정하중(D), 활하중(L), 지붕의 활하중(L_r), 풍하중(W), 적설하중(S), 지진하중(E), 강우하중(R), 수압(F), 토압(H), 온도하중(T)이 있다.

(2) 하중계수 및 하중조합

하중계수와 하중조합은 아래 표시한 바와 같고 아래의 하중조합 중에서 가장 불리한 경우에 따라 부재의 소요강도를 결정해야 한다.

$$1.4(D+F) \quad (1)$$

$$1.2(D+F+T)+1.6(L)+0.5(L_r \text{ 또는 } S \text{ 또는 } R) \quad (2)$$

$$1.2D+1.6(L_r \text{ 또는 } S \text{ 또는 } R)+(L \text{ 또는 } 0.65W) \quad (3)$$

$$1.2D+1.3W+L+0.5(L_r \text{ 또는 } S \text{ 또는 } R) \quad (4)$$

$$1.2D+1.0E+L+0.2S \quad (5)$$

$$0.9D+1.3W \quad (6)$$

$$0.9D+1.0E \quad (7)$$

(3) ~ (5)식에서 L에 대한 하중계수는 차고 및 공공집회장을 제외하고, 활하중이 5.0kN/m^2 이하인 장소에 대하여 0.5를 사용할 수 있다. 지하수압 · 토압 또는 분말 및 입자형 재료의 횡압력에 의한 하중 H가 존재할 때는 다음의 하중계수를 적용하여 조합하여야 한다.

① H가 단독으로 작용하거나 H의 하중효과가 다른 하중효과를 증대시키는 경우에는 하중계수를 1.6으로 하여야 한다.

② H의 하중효과가 영구적이면서 다른 하중효과를 상쇄하는 경우에는 하중계수를 0.9로 하여야 한다.

③ H의 하중효과가 영구적이지 않으면서 다른 하중효과를 상쇄하는 경우에는 하중계수를 0으로 하여야 한다.

＊다른 설계법과의 비교

비교 1) 허용응력도 설계법(Allowable Stress Design : ASD)
- 하중계수(Load Factors)의 개념이 없다.
- 안전율에 대한 ASD와 LRFD의 차이점은 전체안전계수, 부분안전계수의 개념으로 분리된다는 점이다.

비교 2) Eurocord 3 (EC 3), 유럽코드
- $1.35D+1.5(L/W/E/S$ 중 하나를 선택함)
- $1.35D+1.35(L+W+E+S)$ 변동하중이 여러 개 조합되는 경우 조합계수 0.9를 추가한다(1.35=1.5 × 0.9).

3.3.2 충격(Impulse)

충격이 발생하는 적재하중을 지지하는 구조물은 공칭적재하중을 다음과 같이 증대시켜야 한다.

충격하중 $=(1+\varphi)L$

승강기의 지지부	100%
운전실 조작 주행크레인 지지보와 그 연결부	25%
펜던트 조작 주행크레인 지지보와 그 연결부	10%
축구동 또는 모터구동의 경미한 기계 지지부	20%
피스톤운동기기 또는 동력구동장치의 지지부	50%
바닥과 발코니를 지지하는 행거	33%

3.3.3 크레인 주행로의 수평력

크레인을 설치하는 크레인 보에서는 다음과 같이 수평하중을 고려해야 한다.

가) 주행로 레일의 직각방향 : 크레인 양중하중과 크레인 트롤리 무게의 합의 20% 이상

나) 주행방향 : 크레인의 최대 차륜하중의 10% 이상

3.4 | 사용성 한계상태 설계 (Serviceability Limit States)

3.4.1 일반사항

(1) **SLS 목적** : 건물의 사용성을 일정한 기준 이상으로 확보. (건물의 기능, 외관, 유지관리, 내구성)

(2) **하중계수 :** 모든 하중에 사용되는 하중계수는 1.0으로 한다.

(3) **사용성 한계상태 :**

가) 과도한 국부손상 – 미끄러짐, 균열 …… 부재부식 …… 유지관리문제

나) 과도한 처짐이나 회전 …… 보/바닥판 처짐, 지붕 바닥판 처짐 …… 외관, 기능, 배수기능 장애 …… 비구조요소 손상

다) 과도한 진동 – 바람, 적재하중, 기계작동에 의한 진동 …… 거주자에게 불쾌감 : 인간의 감각은 건물에 손상을 주는 거동보다 훨씬 적은 수준의 구조물의 거동까지 감지.

3.4.2 치올림(Camber)

바닥보, 트러스의 경우에는 처짐 제한 초과 시 적절한 초기 치올림을 한다.

3.4.3 팽창과 수축

(1) 강재 …… 온도에 따른 열팽창 …… 구속시 응력 발생

(2) 신축이음(Expansion Joint) …… 긴 건물(60m), 건물군의 연결부

(3) 콘크리트 크리프 현상, 건조수축, 강재의 항복 …… 부재치수 변화, 온도변화의 영향보다 크다.

3.4.4 처짐(Deflection)

(1) 사용성 하중에 의한 과도처짐이나 회전으로 사용성이 저해되지 않도록 설계
구조물의 외관과 기능 및 배수기능에 나쁜 영향을 주고 비구조 요소에 손상을 줄 수 있다.

(2) 허용응력도 설계법 : 안전율 개념에 따라 구조부재를 일정범위 이내로 설계하면 국부손상 방지

- 처짐 : 처짐제한, —층간변위, — 진동 : 최소 고유진동수

(3) **처짐규정**

- AIJ LSD : 양단지지 $L/300$, 캔틸레버보 $L/250$, 지붕 $L/200$
- CEN EC 3/1 : 표 3.4.1 (일반지붕, 일반바닥)

조 건	처짐제한값	
	δ_{max}	δ_2
일반지붕	$L/200$	$L/250$
다수의 사람이 적재된 지붕	$L/250$	$L/300$
일반 바닥	$L/250$	$L/300$
경미한 변형을 갖는 2차 부재의 바닥판	$L/250$	$L/350$
기둥을 지지하는 바닥	$L/400$	$L/500$
건물외관 보존 및 유지	$L/250$	–

표 3.4.1
양단지지보의 처짐 제한값

3.4.5 진동(Vibration)

(1) 바닥구조의 상하진동

거주자의 활동, 기계장비의 운용, 바람에 의해 발생되며 거주자에게 불쾌감, 불안함을 주거나 설비장비의 오작동을 초래할 수 있다.

가) 정확한 해석 : 구조부재의 질량, 강성 및 감쇄효과 …… 동역학적 해석 → 등가정적해석

나) 비구조재의 역할 : 칸막이, 외장재 및 실내의 붙박이 가구 …… 감쇄효과 증대

다) 바닥진동의 제한값(EC 3/1)

표 3.4.2
바닥 진동의 제한값

	최소 고유진동수 f_c (HZ)	한계변형의 합계 δ (mm)
보행 바닥	3	28
리듬운동을 하는 바닥	5	10

고유진동수 $\frac{1}{2\pi}\frac{\alpha}{L^2}\sqrt{\frac{E_s I}{m}}$

• 각 Parameter의 영향

α : 기본진동모드의 진동수 계수(Cantilever < Simple Beam < Fixed Beam ; 캔틸레버보 3.516, 단순보 9.869, 1단고정 타단롤러보 15.418, 양단고정보 22.37)

I : 단면계수,(I 클수록 f_o 증대, 유리)

L : 스팬(L 클수록 f_o 작아져, 불리)

m : 단위면적당 질량,(m 이 클수록 f_o 가 작아져, 불리)

불만족한 경우 : 예) 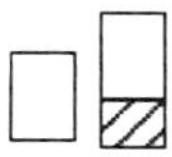 h 증대 :

$$\sqrt{\frac{I}{m}} = \sqrt{\frac{bh^3/12}{A\rho}} = \sqrt{\frac{h^2}{12\rho}} = \frac{h}{\sqrt{12\rho}} \rightarrow I\text{를 높인다.}$$

(2) **건물의 수평방향의 거동과 가속도**

가) 고층건물, 풍하중 → 수평변위, 뒤틀림 현상 발생, 진동운동, 편안함(Occupancy Comfort) 기준

나) 가속도 : 바람의 영향, 바람 방향(최대변위), 바람의 직각방향(가속도)

다) 가속도 계산방법 : 캐나다 기준 참고

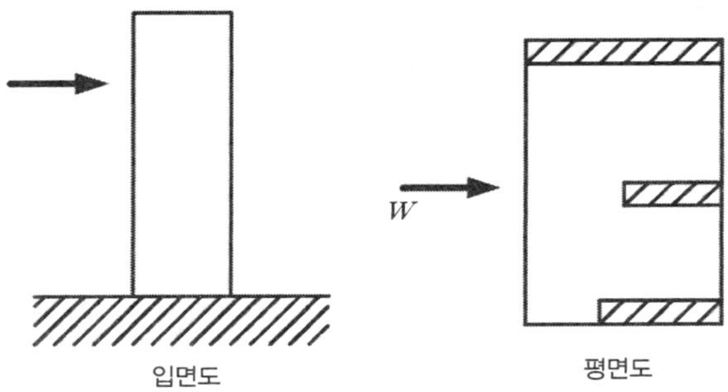

그림 3.4.1
건축물 개요

3.4.6 수평변위

(1) 바람, 지진 등 수평하중 …… 수평변위 …… 불쾌감 …… 수평강성 확보

(2) 수평변위 제한값(EC 3/1, 캐나다 규준) : $H/500$

(3) 층간변위(Story Drift) 제한값

가) 국내, 지진하중 …… 건축물의 구조기준 등에 관한 규칙 :
내진등급 특/ I/ II : 0.01/ 0.015/ 0.02 × h

나) 미국, 지진하중 …… UBC : $0.04 \times h/R_w$, $0.005 \times h$(R_w : 반응수정계수)

다) EC 3/1 : – 다층골조 : $h/300$ – 단층골조 : $h/150$
– 문형골조 : $h/150$ – 기타골조 : $h/300$

3.4.7 고력볼트(High-Strength Bolt)의 강도

볼트접합부의 미끄럼으로 인해 저해될 수 있는 설계에서는 접합부의 미끄럼효과를 고려하여야 한다. 이를 위하여 접합부에 미끄럼 현상이 발생하지 않도록 설계하는 것을 원칙으로 한다.

3.4.8 물고임(Ponding)

지붕구조는 자연배수가 되도록 충분한 구배를 유지하여야 한다.

적절한 배수시스템 : 물고임이 발생하지 않거나, 배수방향으로 단위미터당 20mm 이상의 기울기를 갖는 경우(2/100)

| 예제 3.1 |

다음 그림의 바닥보(Beam)을 LRFD와 ASD로 설계하라.

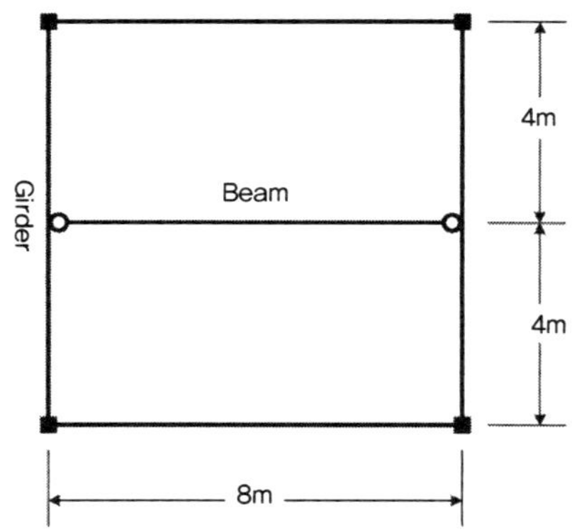

- 1cm floor finishing (무근 Con'c)
- 15cm RC－Slab
- 용도 (사무실)

| 풀이 |

1. LRFD －강도 한계상태

1) Dead Load

－RC－Slab　　$24\text{kN/m}^3 \times 0.15\text{m} = 3.60\text{kN/m}^2$

$3.60\text{kN/m}^2 \times 4\text{m} = 14.40\text{kN/m}$

– Finishing $23\text{kN/m}^3 \times 0.01\text{m} = 0.23\text{kN/m}^2$

$0.23\text{kN/m}^2 \times 4\text{m} = 0.92\text{kN/m}$

– 보의 자중 $= 1.0\text{kN/m}$

$D = 16.3\text{kN/m}$

2) Live Load

– 사무실 $2.5\text{kN/m}^2 \times 4\text{m} = 10\text{kN/m}$

$L = 10\text{kN/m}$

3) 계수하중

$w_U = 1.2D + 1.6L = 1.2 \times 16.32 + 1.6 \times 10 = 35.6\text{kN/m}$

4) 단면력(M)

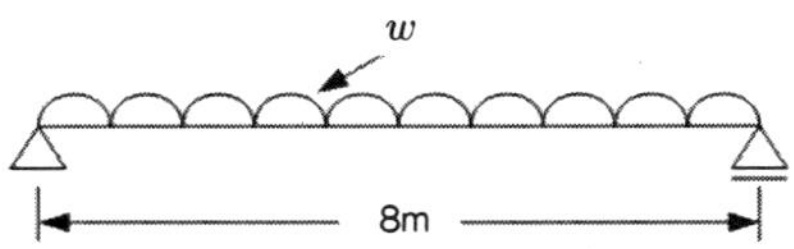

$$M = \frac{w_u l^2}{8} = \frac{35.6 \times 8^2}{8} = 284.6\text{kNm}$$

5) 소요강도(재질 : SS275)

$$M_r = \phi F_y Z_r$$

$$Z_r = \frac{M_r}{\phi F_y}$$ (Z_r : 소요 소성단면계수, $\phi = 0.9$: 모멘트강도 감소계수)

$$Z_r = \frac{M_r}{\phi F_y} = \frac{284.6 \times 100}{0.9 \cdot 27.5} = 1,150\text{cm}^3$$

$$Z_d \geq Z_r$$ (Z_d : 설계 소성단면계수)

2. 처짐 제한(사용성 한계상태)

$$\Delta = \frac{5wl^4}{384EI} \leq \frac{l}{300}$$

$$w = 16.3 + 10 = 26.3\text{ kN/m}$$

$$\Delta = \frac{5}{384}\frac{(26.3/100) \times 8^4 \times 100^4}{21,000\ I} \leq \frac{8 \times 100}{300}$$

$$I \geq \frac{5}{384}\frac{26.3 \times 8^3 \times 100^2}{21,000} \times 300 = 25,066\text{cm}^4$$

3. 부재 선택

H−450×200×9×14×18

$A = 96.76\text{cm}^2$, $I_x = 33,500\text{cm}^4$, $S_x = 1,490\text{cm}^3$, $Z_x = 1,690\text{cm}^3$

$M_d = \phi F_y Z_x = 0.9 \cdot 27.5 \cdot 1,690 = 41,580\ \text{kNcm}$ (M_d : 설계 모멘트강도)

$= 415\ \text{kNm} > M_r$ (=284.6kNm, M_r : 소요 모멘트강도)

$\Delta = 20.0\ \text{mm}\ \leq\ 27\text{mm} = \dfrac{l}{300}$ 처짐 만족

4. ASD 검증 비교

$$M = \frac{wl^2}{8} = \frac{26.3 \times 8^2}{8} = 210\text{kNm}$$ (ω=26.3=D+L : 사용하중)

$$S_r = \frac{M}{f_a} = \frac{210 \times 100}{27.5/1.5} = \frac{21,000}{18.3} = 1,148\text{cm}^3 < S_x = 1,490$$

"O.K" (S_r : 소요 단면계수, f_a : 허용응력도)

| 예제 3.2 |

다음 보에 풍하중 작용 시 LRFD와 EC3을 비교하여 검토하라.

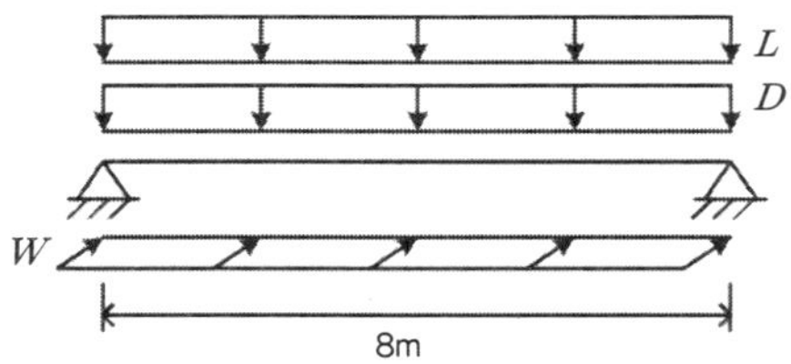

$D/L = 8/5\text{kN/m}$

$W = 3\text{kN/m}$

| 풀이 |

1. LRFD

1.1 설계하중

Load Combination	수직방향하중(kN/m)	수평방향하중
1. $1.4D$	11.2	0
2. $1.2D+1.6L$	17.6	0
3. $1.2D+1.3W+L$	$1.2D+L=14.6$	$1.3W=3.9$
4. $0.9D+1.3W$	$0.9D=7.2$	$1.3W=3.9$

1.2 단면력(최대모멘트)

x, y 방향으로 나누어 모멘트를 산정해야 한다.

LC	M_x	M_y
1	$\frac{wl^2}{8} = \frac{11.2}{8} \times 8^2 = 89.6\text{kN} \cdot \text{m}$	0
2	$\frac{wl^2}{8} = \frac{17.6}{8} \times 8^2 = 140.8\text{kN} \cdot \text{m}$	0
3	$116.8\text{kN} \cdot \text{m}$	$\frac{3.9}{8} \times 8^2 = 31.2\text{kN} \cdot \text{m}$
4	$57.6\text{kN} \cdot \text{m}$	$31.2\text{kN} \cdot \text{m}$

불리한 경우는 LC2와 LC3의 경우로 이에 대한 소요강도를 고려한다.

1.3 단면가정

SS275, H 300×200, $S_x/S_y = 771/160\text{cm}^3$, $Z_x/Z_y = 859/247\text{cm}^3$

1.4 강도검증

$$\sigma = \frac{M}{Z_x} \le \phi F_y = 0.9 \cdot 27.5 = 24.75\text{kN/cm}^2$$

$$\sigma_2 = \frac{M_x}{Z_x} = \frac{14,080}{859} = 16.4\text{kN/cm}^2 < \phi F_y$$ "O.K" (σ_2 : LC2 경우의 응력도)

$$\sigma_3 = \frac{M_x}{Z_x} + \frac{M_y}{Z_y} = \frac{11,680}{859} + \frac{3,120}{247} = 13.6 + 12.6$$ (σ_3 : LC3 경우의 응력도)

$$= 26.2\text{kN/cm}^2 > \phi F_y$$ "N.G"

1.3′ 단면 재가정

H 350×250, $Z_x/Z_y = 1,410/447\text{cm}^3$, $I_x/I_y = 21,700/3,650\text{cm}^3$

1.4′ 강도검증

$$\sigma_2 = \frac{M_x}{Z_x} = \frac{14,080}{1,410} = 10.0\text{kN/cm}^2$$

$$\sigma_3 = \frac{M_x}{Z_x} + \frac{M_y}{Z_y} = \frac{11,680}{1,410} + \frac{3,120}{447} = 15.3\text{kN/cm}^2 < \phi F_y$$ "O.K"

단면선정 : H 350×250, SS275

1.5 처짐검증

$$\Delta_V = \frac{5W_V l^4}{384EI_x},\ \Delta_H = \frac{5W_H l^4}{384EI_y}$$

$$\Delta = \sqrt{\Delta_V^2 + \Delta_H^2}$$

$$\Delta_V = \frac{5}{384}\ \frac{13 \cdot 8^4 \cdot 100^3}{21{,}000 \cdot 21{,}700} = 1.50\text{cm}$$

$$\Delta_H = \frac{5}{384}\ \frac{3 \cdot 8^4 \cdot 100^3}{21{,}000 \cdot 3{,}650} = 2.00\text{cm}$$

$$\Delta = 2.50cm < \frac{800}{300} = 2.67\text{cm}$$ "O.K"

단면결정 : H 350×250, SS275

2. EC 3

2.1 설계하중

Load Combination	수직방향하중(kN/m)	수평방향하중
1. $1.35D + 1.5L$	18.30	0
2. $1.35D + 1.5W$	10.80	4.50
3. $1.35D + 1.35L + 1.35W$	17.55	4.05

2.2 단면력

LC	M_x	M_y
1	$\frac{18.30}{8} \times 8^2 = 146.4\text{kN} \cdot \text{m}$	0
2	$86.4\text{kN} \cdot \text{m}$	$\frac{4.5}{8} \times 8^2 = 36\text{kN} \cdot \text{m}$
3	$140.4\text{kN} \cdot \text{m}$	$32.4\text{kN} \cdot \text{m}$

2.3 단면가정

SS275, H 350×250,

$Z_x / Z_y = 1{,}410 / 447\text{cm}^3$

2.4 강도검증

$$\sigma = \frac{M}{Z_x} \le \frac{F_y}{\gamma_M} = \frac{27.5}{1.1} = 21.4\text{kN}/\text{cm}^2$$ (γ_M = 1.1 : 강재의 부분 안전계수)

$$\sigma_1 = \frac{146,40}{1,410} = 10.4\text{kN}/\text{cm}^2$$

$$\sigma_2 = \frac{8,640}{1,410} + \frac{360}{447} = 6.1 + 8.1 = 14.2\text{kN}/\text{cm}^2$$

$$\sigma_3 = \frac{14,040}{1,410} + \frac{3,240}{447} = 10.0 + 7.2 = 17.2\text{kN}/\text{cm}^2 < 21.4 \quad \text{“O.K”}$$

LC3가 가장 불리한 하중조합의 경우이다.

LRFD의 최대응력도 $\sigma_3 = 15.3\,\text{kN}/\text{cm}^2$ 보다 EC3의 $\sigma_3 = 17.2$가 더 크게 나타난다.

Wind Load가 작용하는 경우 EC3에 따른 소요강도가 LRFD보다 더 크게 되어 불리하게 된다.

| 예제 3.3 |

바닥보 설계를 위한 3.1 예제를 Mathcad소프트웨어를 이용하여 프로그래밍하라.

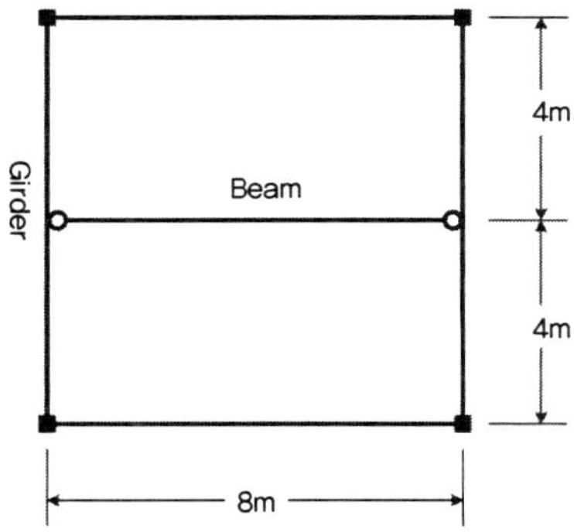

- 1cm floor finishing (무근 Con'c)
- 15cm RC−Slab
- 용도 (사무실)

$L := 8\text{m}$ slab := 15cm

$w := 4\text{m}$ con := 1cm

| 풀이 |

1. LRFD -강도 한계상태

1) Dead Load

− RC−Slab $\quad \text{RCS} := 24\frac{\text{kN}}{\text{m}^3} \cdot \text{slab} \cdot w \qquad \text{RCS} = 14.4\frac{\text{kN}}{\text{m}}$

− Finishing $\quad \text{Fin} := 23\frac{\text{kN}}{\text{m}^3} \cdot \text{con} \cdot w \qquad \text{Fin} = 0.92\frac{\text{kN}}{\text{m}}$

– 보의 자중　　$Selfw := 1\frac{\text{kN}}{\text{m}}$

$DL := \text{RCS} + \text{Fin} + Selfw$　　　$DL = 16.32\frac{\text{kN}}{\text{m}}$

2) Live Load

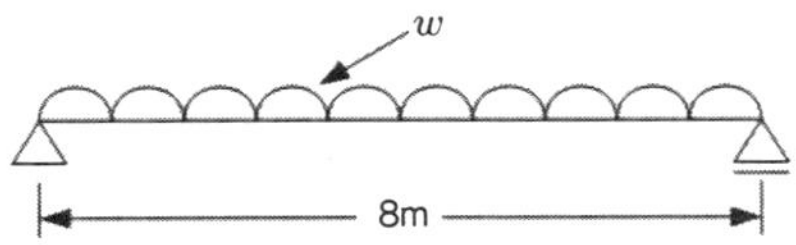

– 사무실　　$LL := 2.5\frac{\text{kN}}{\text{m}^2} \cdot w$　　　$LL = 10\frac{\text{kN}}{\text{m}}$

3) 계수하중

$W_u := 1.2DL + 1.6LL$　　　$W_u = 35.584\frac{\text{kN}}{\text{m}}$

4) 단면력(M)

$M_r := \frac{W_u \cdot L^2}{8}$　　　$M_r = 284.672\text{kN} \cdot \text{m}$

5) 소요강도 (재질 : SS275)

$F_y := 275 \cdot \text{MPa}$　　　$\phi := 0.9$

$Z_r := \frac{M_r}{\phi \cdot F_y}$　　　$Z_r = 1.150 \times 10^3\,\text{cm}^3$

$Z_d \geq Z_r$ (소요강도 Z_r 이상의 값을 갖는 소성단면계수 Z를 선정할 것!)

2. 처짐 제한 (사용성 한계상태)

$\Delta \leq \Delta_{\text{lim}}$

$\Delta_{\text{lim}} := \frac{L}{300}$　　　$\Delta_{\text{lim}} = 2.667\text{cm}$

$E := 210{,}000\text{MPa}$

$w := DL + LL$　　　$w = 26.32\frac{\text{kN}}{\text{m}}$

$I_r := \frac{5}{384} \cdot \frac{w \cdot L^3}{E} \cdot 300$　　　$I_r = 2.506 \times 10^4\text{cm}^4$ (등분포하중이 작용하는 경우 처짐식)

3. 부재 선택

H = 450×200×9×14×18

$A := 96.76\text{cm}^2$ $\quad I := 33,500\text{cm}^4$

$S_x := 1,490\text{cm}^3$ $\quad Z := 1,690\text{cm}^3$

$M_d := \phi \cdot F_y \cdot Z$ $\quad M_d = 415.8\text{kN}\cdot\text{m}$

$$\text{Check\_M} := \begin{vmatrix} \text{"O.K."} & if\ M_d > M_r \\ \text{"N.G."} & \text{otherwise} \end{vmatrix}$$

Check_M = "O.K."

$$\Delta := \frac{(5 \cdot w \cdot L^4)}{384E \cdot I} \qquad \Delta = 1.995\text{cm}$$

$$\text{Check\_}\Delta := \begin{vmatrix} \text{"O.K."} & if\ \Delta \le \Delta_{\lim} \\ \text{"N.G."} & \text{otherwise} \end{vmatrix}$$

Check_Δ = "O.K."

4. ASD 검증 비교

$$M_{ASD} := \frac{w \cdot L^2}{8} \qquad M_{ASD} = 210.56\text{kN}\cdot\text{m}$$

$$S_{r.ASD} := \frac{M_{ASD}}{\dfrac{F_y}{1.5}} \qquad S_{r.ASD} = 1.148 \times 10^3\text{cm}^3$$

$$\text{Check\_S} := \begin{vmatrix} \text{"O.K."} & if\ S_{r.ASD} \le S_x \\ \text{"N.G."} & \text{otherwise} \end{vmatrix}$$

Check_S = "O.K."

제 4 장

설계기본사항

4.1 | 일반사항

구조설계의 기본사항인 단면적과 단면의 성질, 강재 단면의 분류 등 설계기본사항에 대하여 다룬다.

4.2 | 단면적

부재의 강도를 계산하기 위하여 부재치수를 결정한다.

그중 단면적은 기본사항이며, 단면적에 대한 개념은 접합부에서 여러 개념으로 나누어 사용된다.

4.2.1 총단면적 A_g

부재의 총단면적 A_g(gross Area)는 부재축에 직각방향으로 측정된 각 요소단면의 합이다.

4.2.2 순단면적 A_n

중심인장을 받는 파스너 접합부재의 순단면적 A_n(net Area)은 파스너(fastner, 연결재) 구멍의 영향을 고려하여 산정한다.

(1) 정열 배치인 경우

$$A_n = A_g - ndt$$

여기서, A_g : 총단면적

n : 인장력에 의한 파단선상($m - m$)에 있는 구멍의 수

t : 부재의 두께(cm)

d : 파스너 구멍의 직경(cm), 볼트직경 + 오차

(오차 : d_{bolt} < 24mm이면 2mm

d_{bolt} ≥ 24mm이면 3mm)

그림 4.2.1
정열 배치인 경우

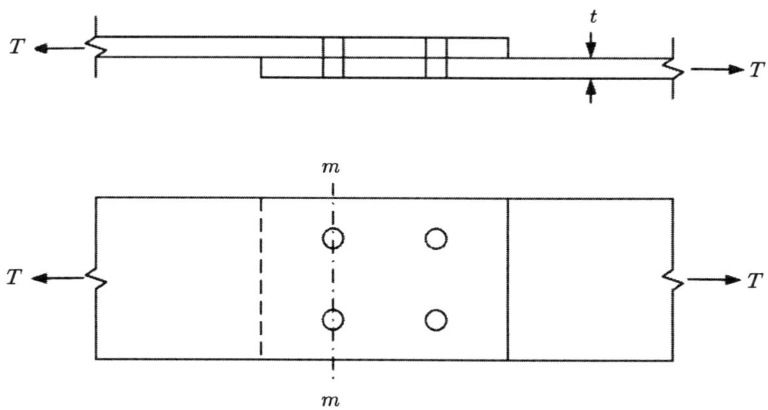

(2) 불규칙 배치(엇모배치 ; zigzag)인 경우

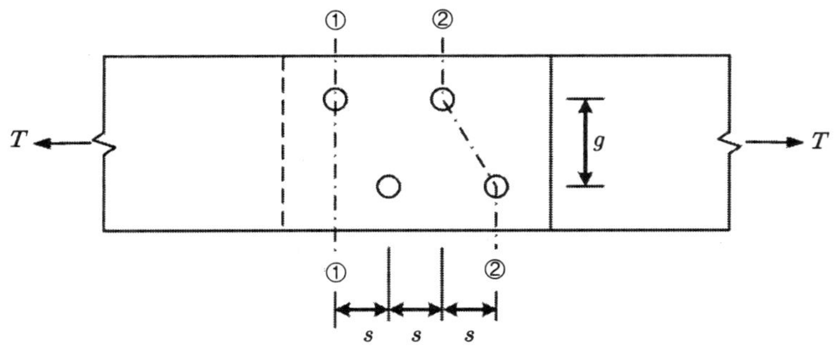

그림 4.2.2
불규칙 배치인 경우

$$A_n = A_g - ndt + \Sigma \frac{s^2}{4g} t$$

여기서, s : 2개의 연속된 구멍의 하중작용 방향 중심간격(피치) (cm)

g : 파스너 게이지선 사이의 하중직각방향 중심간격(게이지) (cm)

(3) ㄱ형강의 게이지

ㄱ형강의 게이지는 인접한 두 변의 구멍게이지 합에서 두께를 감한 값이다.

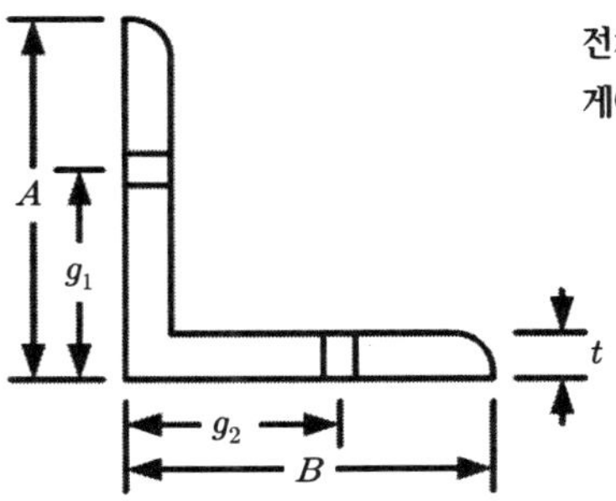

전체폭 : $(A+B)-t$

게이지 g : $(g_1+g_2)-t$

그림 4.2.3
ㄱ형강의 게이지

4.2.3 유효순단면적 A_e

(1) 연결재로부터 각 요소단면에 하중이 직접 전달되는 경우

유효순단면적 A_e(effective area)는 순단면적 A_n과 같다.

그림 4.2.4
각 요소단면에 하중이 직접 전달되는 경우

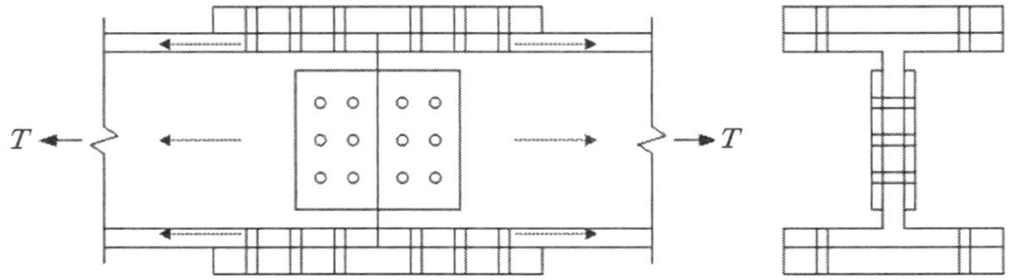

(2) 매체를 통하여 하중을 전달하는 경우

전단응력이 국부적으로 집중되어 인장항복응력보다 적은 응력에서 파괴되는 전단지연(shear lag)현상의 영향을 고려한다.

그림 4.2.5
전단지연에 의한 응력 전달

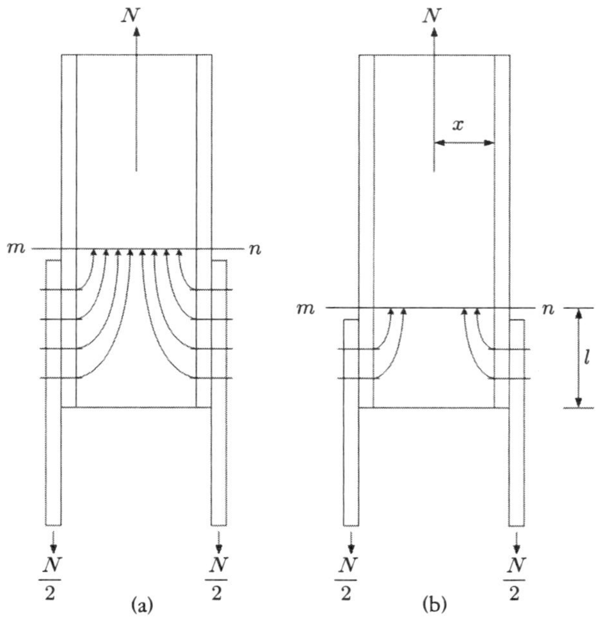

$$A_e = UA_n$$

여기서, U : 전단지연계수

$$U = 1 - \bar{x}/l$$

용접접합에서 l은 힘의 방향과 평행한 용접된 길이를 나타낸다. 접합부의 길이 l이 증가함에 따라 전단지연의 영향이 감소한다. 감소계수 u는 파스너로 접합된 경우 순단면적 A_n에, 그리고 용접으로 접합된 경우 A_g에 적용된다. u값을 산정하기 위한 $\bar{x}$와 l의 산정은 표 4.2.1을 적용한다.

표 4.2.1 인장재접합부의 전단지연계수

사례	요소 설명		전단지연계수, U	예
1	인장력이 용접이나 파스너를 통해 각각의 단면요소에 직접적으로 전달되는 모든 인장재 (사례 3, 4, 5, 6과 같은 경우는 제외한다.)		$U=1.0$	–
2	인장력이 길이방향 용접이나 파스너를 통해 단면요소의 일부에 전달되는, 판재와 강관을 제외한 모든 인장재 (H형강은 사례 7을 적용할 수도 있다.)		$U=1-\bar{x}/l$	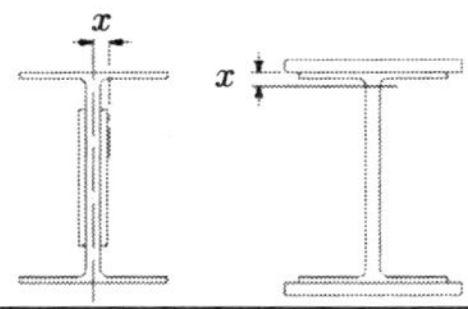
3	인장력이 가로방향 용접을 통해 단면요소의 일부에 전달되는 모든 인장재		$U=1.0$ $A_n=$ 직접 접합된 요소의 면적	–
4	인장력이 길이방향 용접만을 통해서 전달되는 판재		$l \ge 2w \ldots U=1.00$ $2w > l \ge 1.5w \ldots U=0.87$ $1.5w > l \ge w \ldots U=0.75$	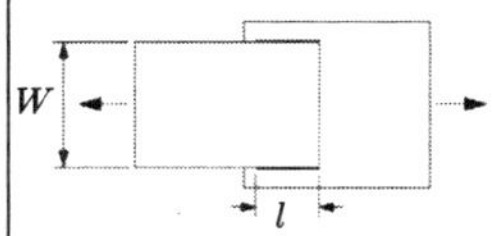
5	중심축에 단일 거싯플레이트를 용접한 원형강관		$l \ge 1.3D \ldots U=1.0$ $D \le l < 1.3D \ldots U=1-\bar{x}/l$ 여기서, $\bar{x}=D/\pi$	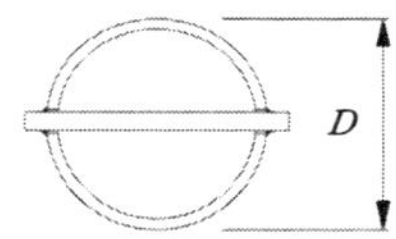
6	각형강관 부재	중심축에 단일 거싯플레이트가 있는 경우	$l \ge H \ldots U=1-\bar{x}/l$ 여기서, $\bar{x}=\dfrac{B^2+2BH}{4(B+H)}$	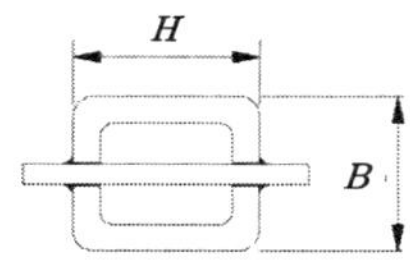
		양측에 거싯플레이트가 있는 경우	$l \ge H \ldots U=1-\bar{x}/l$ 여기서, $\bar{x}=\dfrac{B^2}{4(B+H)}$	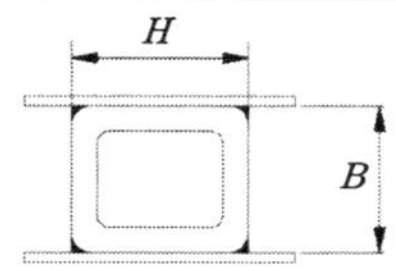
7	H형강 또는 T형강 (사례 2와 비교하여 큰 값의 U를 사용할 수 있다.)	하중방향으로 1열에 3개 이상의 파스너로 접합한 플랜지의 경우	$B \ge 2/3H \ldots U=0.90$ $B < 2/3H \ldots U=0.85$	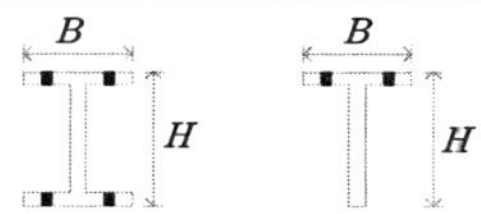
		하중방향으로 1열에 4개 이상의 파스너로 접합한 웨브의 경우	$U=0.70$	-
8	단일 ㄱ형강 (사례2와 비교하여 큰 값의 U를 사용할 수 있다.)	하중방향으로 1열에 4개 이상의 파스너가 있는 경우	$U=0.80$	-
		하중방향으로 1열에 2개 또는 3개의 파스너가 있는 경우	$U=0.60$	-

| 예제 4.1 |

인장재의 순단면적 A_n을 산정하시오.
M16볼트, 플레이트 두께 t=12mm

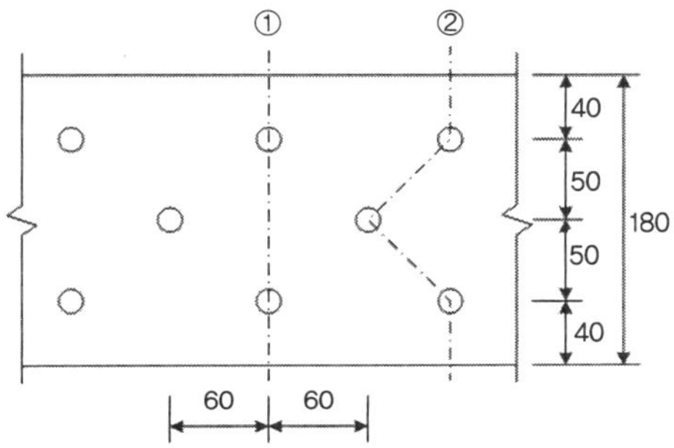

| 풀이 |

$d = 16 + 2 = 18\text{mm}$

$s = 60\text{mm}$

$g = 50\text{mm}$

① 정열배치

$$A_n = A_g - ndt$$
$$= 18 \times 1.2 - 2 \times 1.8 \times 1.2 = 17.28\text{cm}^2$$

② 엇모배치

$$A_n = A_g - ndt + \Sigma \frac{s^2}{4g} t$$
$$= 18 \times 1.2 - 3 \times 1.8 \times 1.2 + \frac{6^2}{4 \times 5} \times 1.2 + \frac{6^2}{4 \times 5} \times 1.2$$
$$= 19.44\text{cm}^2$$

따라서 최종 A_n은 작은 값 17.28cm^2이다.

4.3 | 단면의 성질

단면의 성질(Sectional Properties)을 Table형식으로 산정하면 다음과 같이 체계적이다.

그림 4.3.1
임의의 H형상 단면

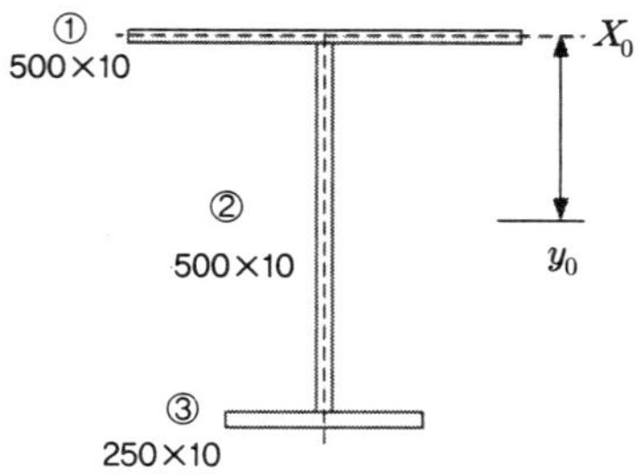

Profile		A	y	Ay	Ay^2	I_0
b[mm]	h[mm]	[cm²]	[cm]	[cm³]	[cm⁴]	
① 500 × 10		50	0	0	0	0
② 10 × 500		50	25.5	1,275	32,513	10,417
③ 250 × 10		25	51	1,275	65,025	0
		$A = 125$		$S_{x_0} = 2,550$	$I_{X_0} = 107,954$	

$$A = \Sigma A = \int dA \qquad \Sigma\, y \cdot A = \int y dA = S_x$$

$$\overline{y} = y_0 = \frac{S_{X_0}}{\Sigma A} = \frac{2,550}{125} = 20.4\text{cm}$$

$$I_X = I_{X_0} - A \cdot y_0^2 = I_{X_0} - A\left(\frac{S_{X_0}}{A}\right)^2 = I_{X_0} - \frac{S_{X_0}^2}{A}$$

$$\frac{S_{X_o}^2}{A} = \frac{2,550^2}{125} = 52,020\text{cm}^4 \qquad \text{(steiner 법칙)}$$

$$I_X = I_{X_0} - \frac{S_{X_0}^2}{A} \qquad \text{(주축에 관하여)}$$

$$= 107,954 - 52,020 = 55,934\text{cm}^4$$

I_0^1, I_0^3는 I_0^2에 비하여 상대적으로 적은 값이므로 결과에 큰 영향이 없어 0으로 간주할 수 있다. 즉 요소의 두께가 I 산정 시 높이에 해당하는 경우 그 요소의 I값은 무시할 수 있다.

- X_0 : 임의의 초기 참조 축
- A : 단면적, cm^2
- y : X_0로부터 해당 요소까지의 거리, cm
- I_0 : 각 요소의 중심축에 관한 단면2차모멘트, cm^4
- S_{X_0} : X_0축에 관한 단면1차모멘트, cm^3
- I_{X_0} : X_0축에 관한 단면2차모멘트, cm^4
- $\bar{y}$: X_0로부터 도심축까지의 거리, y_0
- I_X : 도심축에 관한 단면2차모멘트, cm^4

| 예제 4.2 |

일축대칭단면의 단면성질

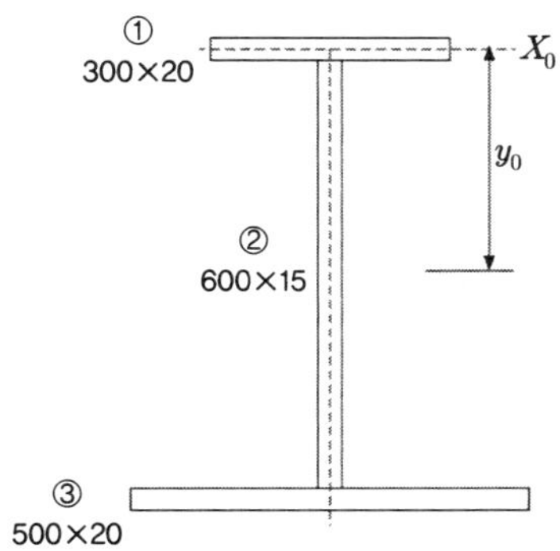

| 풀이 |

Profile		A	y	Ay	Ay^2	I_0	S_0	S_u
b[cm]	h[cm]	[cm^2]	[cm]	[cm^3]	[cm^4]		[cm^3]	
① 30×2		60	0	0	0	0	$y_1 = 36.96$	$y_2 = 64 - y_1 = 27.04$
② 1.5×60		90	31	2,790	86,490	27,000		
③ 50×2		100	62	6,200	384,400	0		
		$A = 250$		$S_{X_0} = 8,990$	$I_{X_0} = 497,890$		4,724	6,457
					$I_X = 174,610$			

$$y_0 = \frac{S_{X_0}}{A} = 8,990/250 = 35.96\text{cm}$$

$$I_X = I_{X_0} - \frac{S_{X_0}^2}{A} = 497,890 - \frac{8,990^2}{250} = 174,610\text{cm}^4$$

(단면2차모멘트 – 도심축에 관하여)

S_o : 상단측 단면계수, S_u : 하단측 단면계수

$$S_o = \frac{I_X}{y_1(=y_0 + \frac{t_1}{2})} = \frac{174,610}{35.96 + \frac{2}{2}} = \frac{174,610}{36.96} = 4,724\text{cm}^3$$

$$S_u = \frac{I_X}{y_2} = \frac{174,610}{27.04} = 6,457\text{cm}^3$$

$I_0 = \dfrac{bh^3}{12}$ for ① $I_0^1 = \dfrac{30 \cdot 2^3}{12} = 20\text{cm}^4$ $\rightarrow \sim 0$ (I_0^2에 비하여 상대적으로 적은 값이므로 공학적으로 무시해도 된다.)

for ② $I_0^2 = \dfrac{1.5 \cdot 60^3}{12} = 27,000\,cm^4$

단면이 비대칭인 경우 탄성단면계수 S는 적은 값으로 결정된다.

$$M = S \cdot F_y, \quad S = \min(S_o, S_u)$$

| 예제 4.3 |

예제 4.2의 단면에 대하여 기본 x축을 이동하였을 때 주축에 관한 단면의 성질은 변하는가?

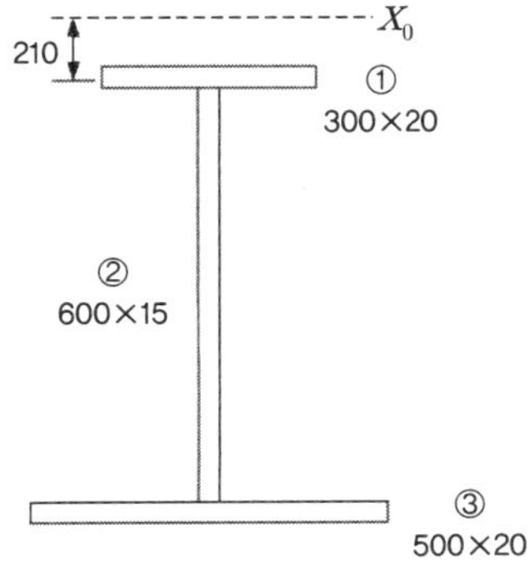

| 풀이 |

Profile		A	y	Ay	Ay^2	I_0
b[cm]	h[cm]	[cm^2]	[cm]	[cm^3]	[cm^4]	
① 30×2		60	21	1,260	26,460	0
② 1.5×60		90	52	4,680	243,360	27,000
③ 50×2		100	83	8,300	688,900	0
		$A = 250$		$S_{X_0} = 14,240$	$I_{X_0} = 985,720$	
					$I_X = 174,610$	

$$y_0 = \frac{14,240}{250} = 56.96\text{cm}$$

$$\frac{S_{X_0}^2}{A} = \frac{14,240^2}{250} = 811,110cm^4$$

$$I_X = I_{X_0} - \frac{S_{X_0}^2}{A} = 985,720 - 811,110 = 174,610\,\text{cm}^4$$

예 4.2와 동일한 결과를 가져온다.

→ 기본 참조축 X_0의 이동은 결과에 영향을 미치지 않는다.

| 예제 4.4 |

예제 4.2의 단면에서 상단 플랜지에 플레이트를 덧붙인 경우

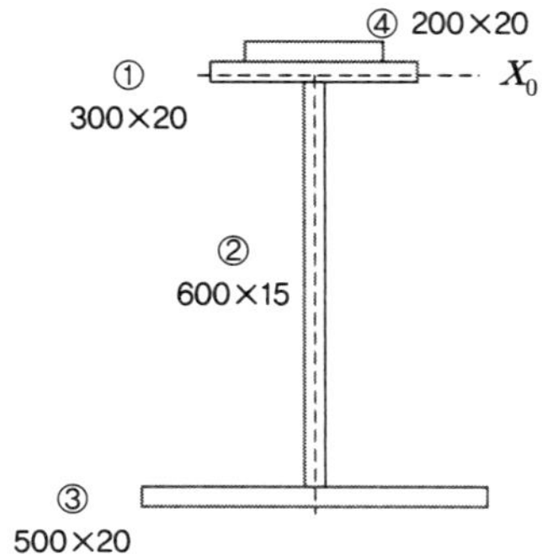

| 풀이 |

Profile		A	y	Ay	Ay^2	I_0
b[cm]	h[cm]	[cm^2]	[cm]	[cm^3]	[cm^4]	
예 2)의 결과		250		8,990	$_{(2)}I_{X_o}$ =497,890	
		$_{(2)}y_0 = 35.96$			$_{(2)}I_X = 174,610$	
④ 20×2		40	−2	−80	160	0
		$A = 290$		$S_{X_o} = 8,910$	$I_{X_0} = 498,050$	

$$y_0 = \frac{S_{X_o}}{A} = \frac{8,910}{290} = 30.72\text{cm}$$

$$\frac{S_{X_0}^2}{A} = 273,752\text{cm}^4$$

$$I_{X_o} = {}_{(2)}I_{X_o} + 160 = 498,050\text{cm}^4$$

$$I_X = I_{X_0} - \frac{S_{X_0}^2}{A} = 498,050 - 273,752 = 224,298\,\text{cm}^4$$

4.4 국부좌굴 (Local Buckling)

정의 : 전체 좌굴(Global Buckling)이 발생하기 전에 단면의 요소부분에서 좌굴이 국부적으로 발생하여 부재 내력이 저하되는 현상

Global Buckling(전체좌굴) :

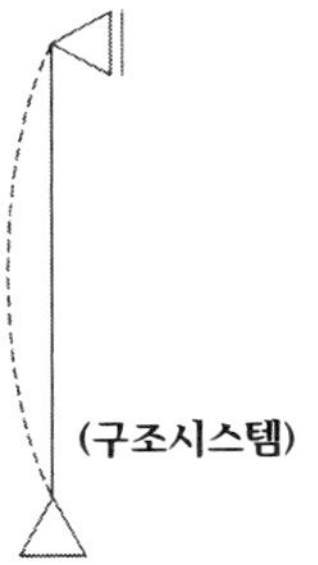

그림 4.4.1
전체좌굴

Local Buckling (국부좌굴) :

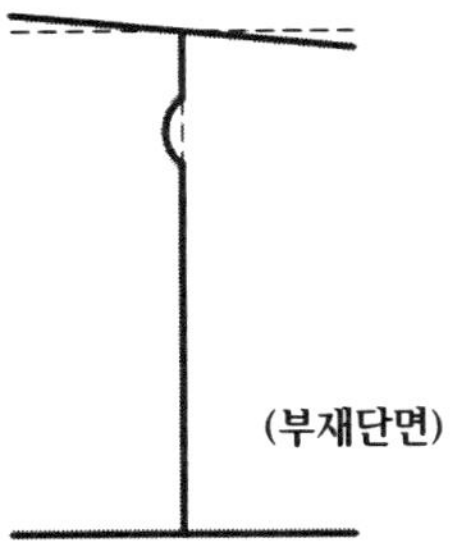

그림 4.4.2
국부좌굴

4.4.1 강재 단면의 분류

(1) 판좌굴 거동

가) 판좌굴 내력식

단면 분류의 기준은 각 요소의 Plate(플랜지/웨브)의 안정성(Stability) 문제와 관련 있다. 단면의 좌굴 여부에 중요한 영향인자인 판요소의 세장비 λ (b/t : 판폭 두께비)에 따라 나누어진다.

그림 4.4.3
H형강 보 부재

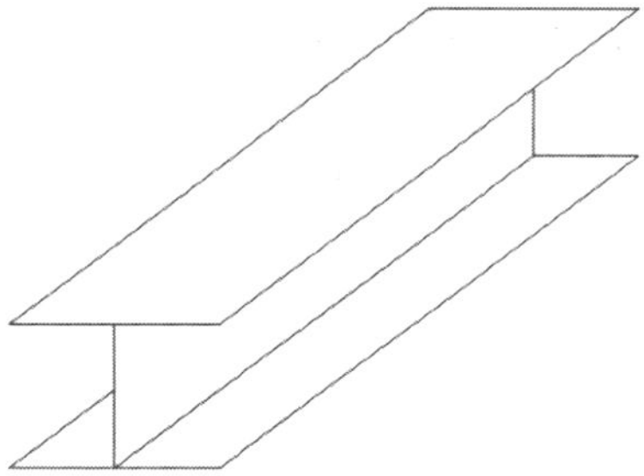

압축을 받는 판요소의 판좌굴 거동

그림 4.4.4
압축 판 요소

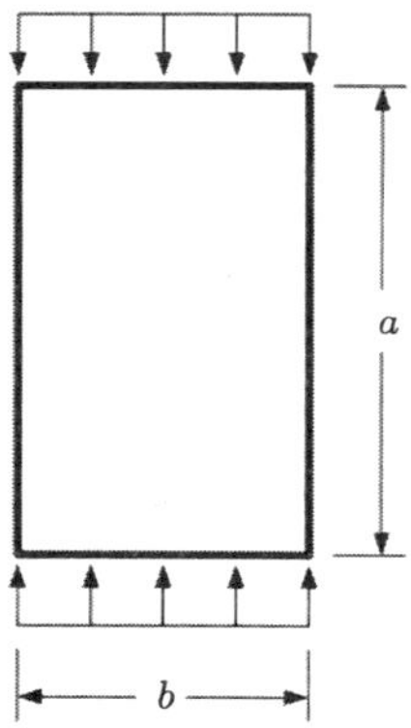

형상비 $\alpha = a / b$ (length－to－width)

오일러 좌굴응력도(Euler Buckling Stress)

$$\sigma_{cr} = k_{\sigma} \frac{\pi^2 E}{12(1-\nu^2)} \left(\frac{t}{b}\right)^2 = k_{\sigma} \frac{\pi^2 E}{12(1-\nu^2)} \frac{1}{(b/t)^2}$$

k_{σ} : 판 좌굴계수(Plate Buckling Factor)

ν : 포아송비(Poisson's Coefficient) $= \frac{\varepsilon_y}{\varepsilon_x}$

(=0.3 for steel, =0.167 for RC)

b/t : λ , 판 세장비(Plate Slenderness)

비교 : 기둥의 좌굴(Column Buckling)

$$\sigma_{cr} = \frac{\pi^2 E}{\lambda^2} = \frac{\pi^2 E}{(l/r)^2}$$

$r = \sqrt{I/A}$, 단면2차반경

$\lambda = l / r$, 세장비

나) 세장비에 따른 내력관계

강재의 단면은 한쪽만 지지된 판요소와 양쪽이 지지된 판요소로 구성되며 이러한 단면을 구성하는 요소 중 압축력을 받는 판요소는 다음과 같이 콤팩트(조밀)요소, 비콤팩트(비조밀)요소 및 세장판요소로 구분된다.

① 콤팩트요소($\lambda \leq \lambda_p$) : 소성회전능력을 발휘할 수 있는 요소($\sigma = F_y$)

② 비콤팩트요소($\lambda_p < \lambda \leq \lambda_r$) : 탄성좌굴하중을 넘어 항복응력에 도달하기까지의 응력을 받아 줄 수 있는 요소($\sigma_{cr} < \sigma \leq F_y$)

③ 세장판요소($\lambda > \lambda_r$) : 탄성좌굴에 지배를 받는 요소($\sigma \leq \sigma_{cr}$), σ_{cr} : 탄성좌굴응력

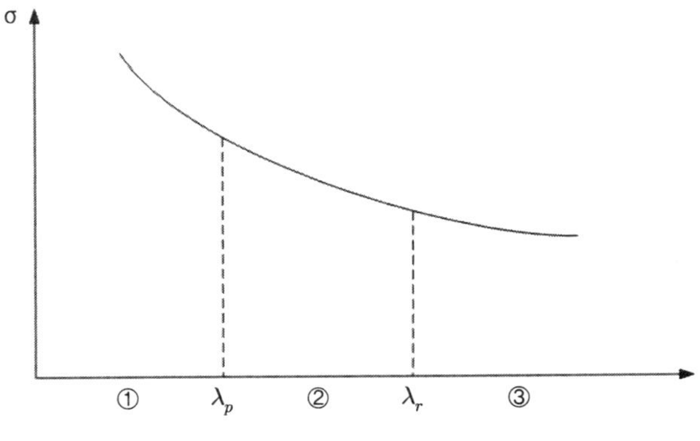

그림 4.4.5
세장비와 내력의 관계

여기서, λ_p : 콤팩트요소(Compact Section)의 판폭두께비 제한값

λ_r : 비콤팩트요소(Non-Compact Section)의 판폭두께비 제한값

(2) 단면분류

단면분류에 따른 각 요소의 응력도 분포상태와 휨재의 모멘트-처짐($M-\Delta$)관계는 다음과 같다.

가) 콤팩트요소(Compact Section) : 소성해석(휨재) ($\sigma = F_y$), 전 단면이 소성화되어 소성모멘트까지 발휘할 수 있음.

그림 4.4.6
콤팩트요소의 응력도 분포

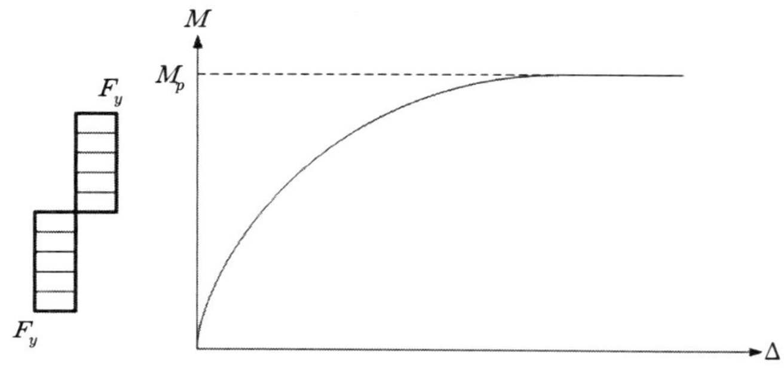

나) 비콤팩트요소(Non-Compact Section) : 탄성해석($\sigma_{cr} < \sigma \leq F_y$), 탄성좌굴응력도 이후 항복응력도에 도달하기까지의 응력분포상태로 최대 탄성 항복모멘트 M_y까지 발휘할 수 있음.

그림 4.4.7
비콤팩트요소의 응력도 분포

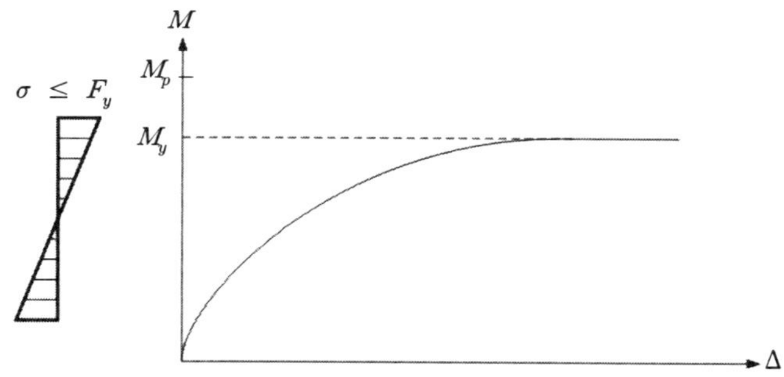

다) 세장판요소(Slender Plate) : 좌굴해석($\sigma \le \sigma_{cr} < F_y$) → 단면감소, 탄성좌굴응력도에 의해 지배되어 M_y에 도달하지 못하고 더 적은 모멘트만을 받을 수 있음.

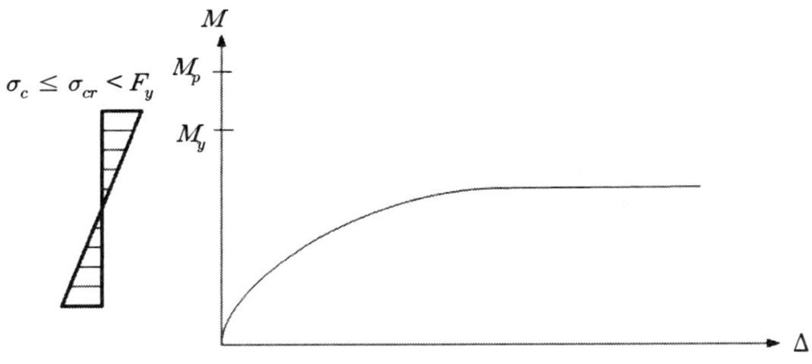

그림 4.4.8
세장판요소의 응력도 분포

세장판요소(Slender Plate)의 단면감소 :

단면 A를 유효단면 A_e로 대체하여 단면적을 감소한다.

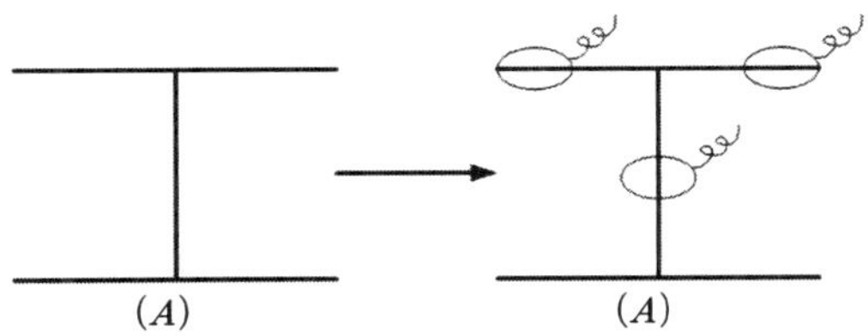

그림 4.4.9
세장판요소의 단면감소

(3) 소성능력

용어정리(전 소성능력/회전능력, Capacity of Rotation)

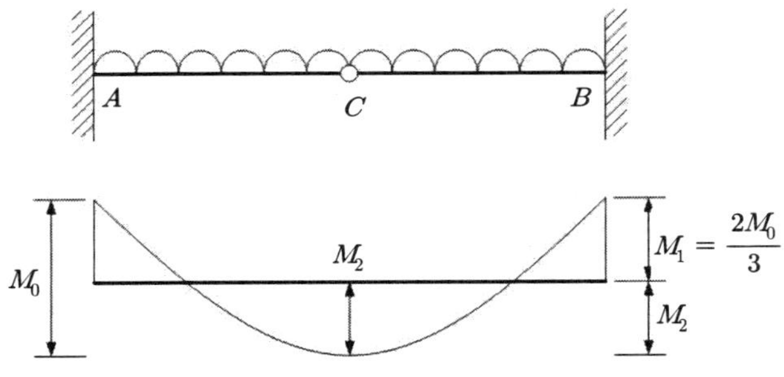

그림 4.4.10
양단 고정보

가) $M = M_p$에 도달한 경우

① A, B점 완전 소성화

② θ_p : 탄성이론에 의한 이상화한 변각

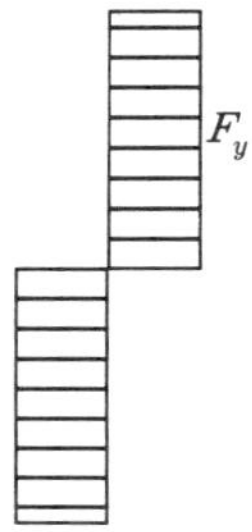

나) 소성붕괴기구(Collapse Mechanism)

A, B점이 소성화하여 소성힌지가 발생한 후 추가 하중으로 C점이 소성화하여 붕괴되는 상태

그림 4.4.11
양단 고정보의 소성붕괴기구

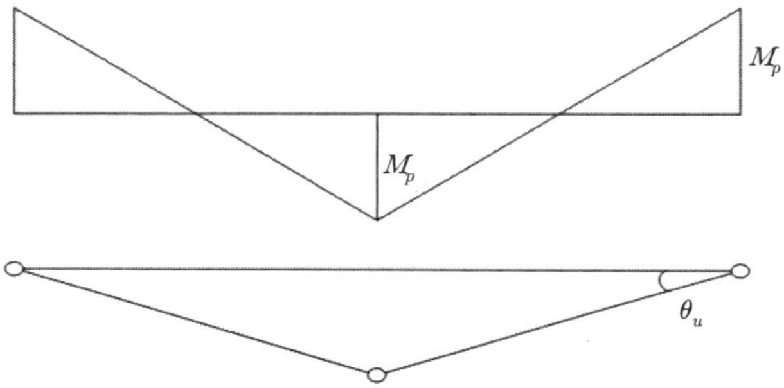

θ_u : 붕괴직전 변각, 계수 하중상태에서 구한 총 회전각

다) 회전능력

$R = (\theta_u \ / \ \theta_p) - 1$

R이 3 이상인 경우 세장비 λ_p

(4) 판폭 두께비 (b/t, h/t)치수 :

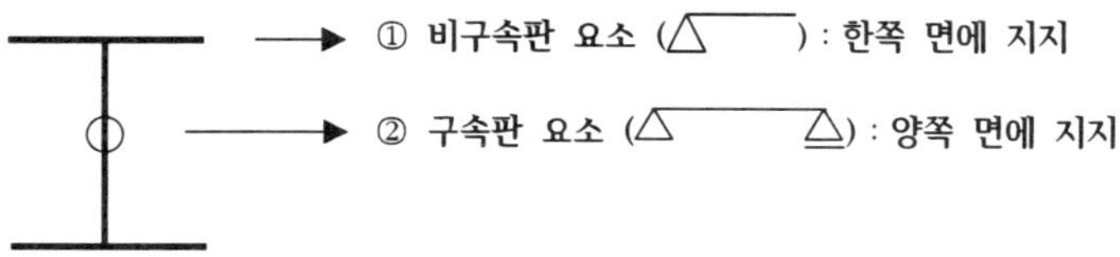

가) 비구속판 요소

① H, I, T형강

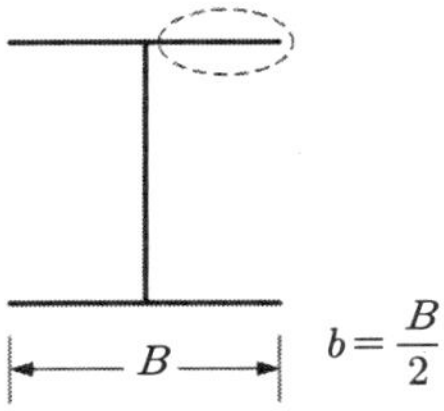

② ㄱ, ㄷ, Z형강

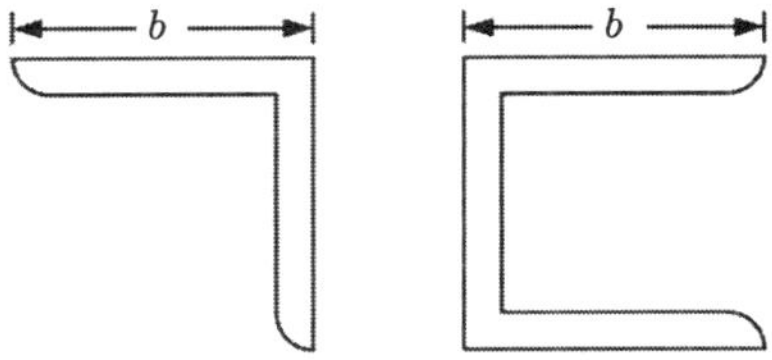

③ Plate

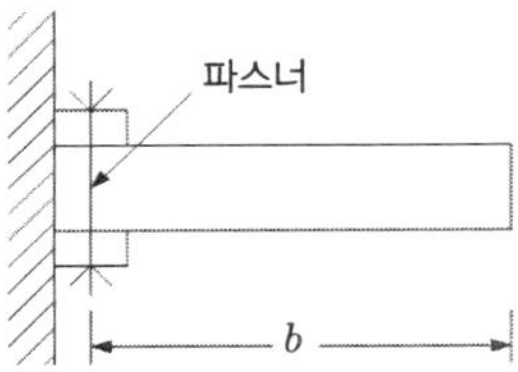

④ T형강

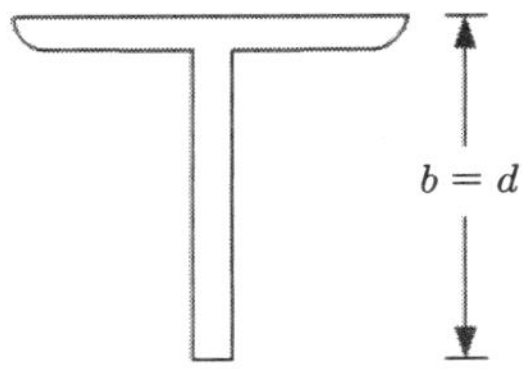

나) 구속판 요소

① 압연/성형(용접)

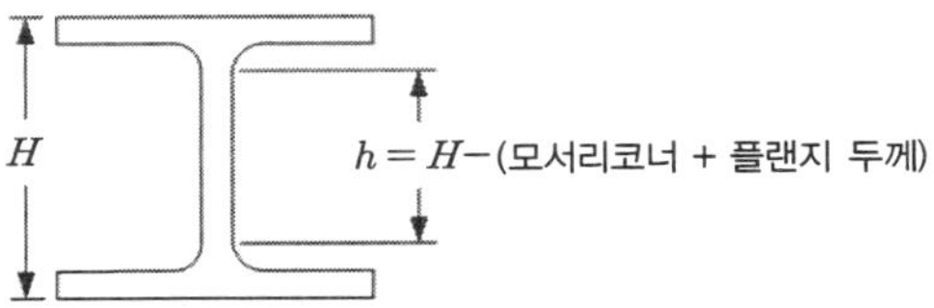

② 조립단면

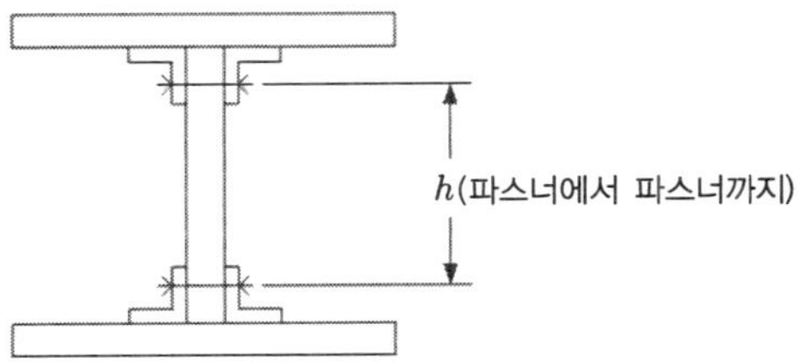

③ 박스형 조립단면

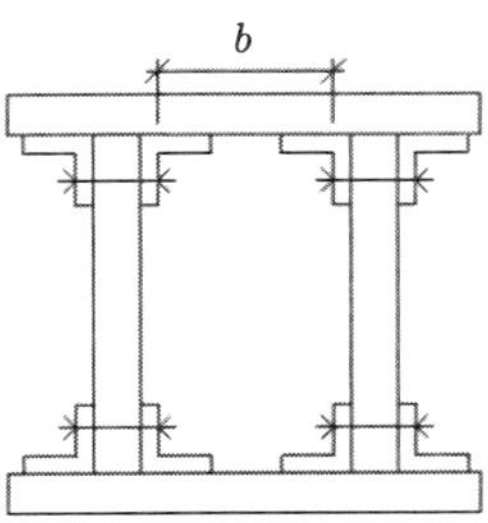

④ 상자형 · BOX형/각형강관

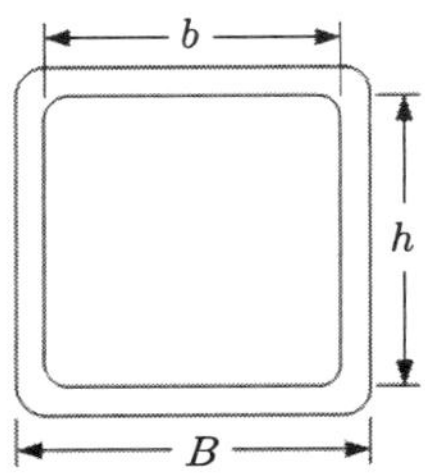

내부반경을 모를 경우 : $(B-3t)$

⑤ 압축판 요소의 판폭 두께비

표 4.4.1 압축판요소의 판폭두께비 제한값

	구분	판요소에 대한 설명	판폭 두께비	판폭두께비 제한값 λ_p(콤팩트)	판폭두께비 제한값 λ_r(비콤팩트)	예
비구속판요소	1	압연H형강과 ㄷ형강 휨재의 플랜지	b/t	$0.38\sqrt{E/F_y}$	$1.0\sqrt{E/F_y}$	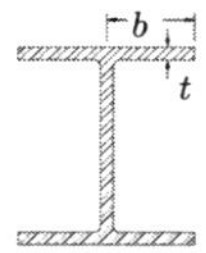
	2	2축 또는 1축 대칭인 용접H형강 휨재의 플랜지	b/t	$0.38\sqrt{E/F_y}$	$0.95\sqrt{k_c E/F_L}$ 1),2)	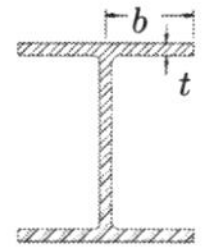
	3	균일 압축을 받는 – 압연H형강의 플랜지 – 압연H형강으로부터 돌출된 플레이트 – 서로 접한 쌍ㄱ형강의 돌출된 다리 – ㄷ형강의 플랜지	b/t	–	$0.56\sqrt{E/F_y}$	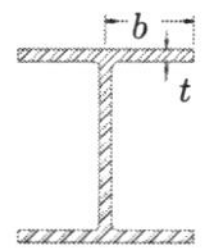
	4	균일 압축을 받는 – 용접H형강의 플랜지 – 용접H형강으로부터 돌출된 플레이트와 ㄱ형강 다리	b/t	–	$0.64\sqrt{k_c E/F_y}$ 1)	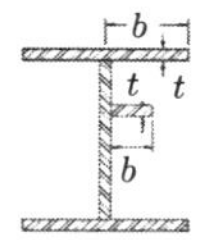
	5	균일 압축을 받는 – ㄱ형강의 다리 – 낄판을 낀 쌍ㄱ형강의 다리 – 그 외 모든 한쪽만 지지된 판요소	b/t	–	$0.45\sqrt{E/F_y}$	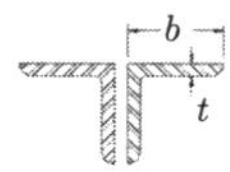
	6	휨을 받는 ㄱ형강의 다리	b/t	$0.54\sqrt{E/F_y}$	$0.91\sqrt{E/F_y}$	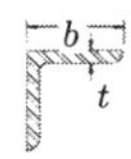
	7	휨을 받는 T형강의 플랜지	b/t	$0.38\sqrt{E/F_y}$	$1.0\sqrt{E/F_y}$	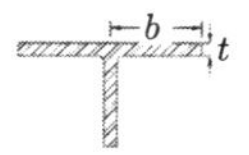
	8	균일압축을 받는 T형강의 스템	d/t	–	$0.75\sqrt{E/F_y}$	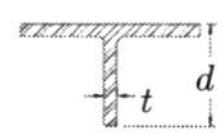

표 4.4.1 압축판요소의 판폭두께비 제한(계속)

	구분	판요소에 대한 설명	판폭 두께비	판폭두께비 제한값 λ_p(콤팩트)	판폭두께비 제한값 λ_r(비콤팩트)	예
구속판요소	9	휨을 받는 – 2축 대칭H형강의 웨브 – ㄷ형강의 웨브	h/t_w	$3.76\sqrt{E/F_y}$	$5.70\sqrt{E/F_y}$	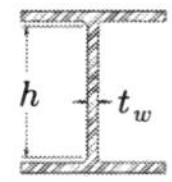
구속판요소	10	균일압축을 받는 2축 대칭H형강의 웨브	h/t_w	–	$1.49\sqrt{E/F_y}$	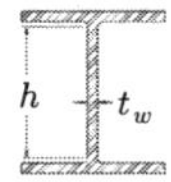
구속판요소	11	휨을 받는 1축 대칭H형강의 웨브	h_c/t_w	$\dfrac{\dfrac{h_c}{h_p}\sqrt{\dfrac{E}{F_y}}}{(0.54\dfrac{M_p}{M_y}-0.09)^2} \le \lambda$	$5.70\sqrt{E/F_y}$	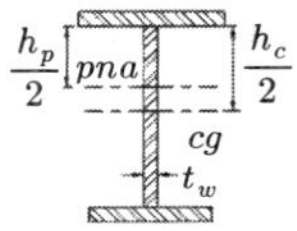
구속판요소	12	휨 또는 균일압축을 받는 – 각형강관의 플랜지 – 플랜지 커버플레이트 – 파스너 또는 용접선 사이의 다이어프램 플레이트	b/t	$1.12\sqrt{E/F_y}$	$1.40\sqrt{E/F_y}$	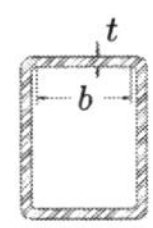
구속판요소	13	휨을 받는 각형강관의 웨브	h/t	$2.42\sqrt{E/F_y}$	$5.70\sqrt{E/F_y}$	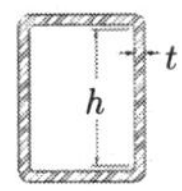
구속판요소	14	균일압축을 받는 그 외 모든 양쪽이 지지된 판요소	b/t	–	$1.49\sqrt{E/F_y}$	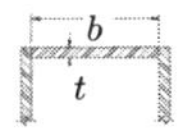
구속판요소	15	– 압축을 받는 원형강관 – 휨을 받는 원형강관	D/t D/t	– $0.07E/F_y$	$0.11E/F_y$ $0.31E/F_y$	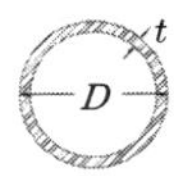

1) $k_c = \dfrac{4}{\sqrt{h/t_w}}$, $0.35 \le k_c \le 0.76$

2) $F_L = 0.7F_y$: 약축휨을 받는 경우, 웨브가 세장판요소인 용접H형강이 강축휨을 받는 경우, 그리고 웨브가 콤팩트요소 또는 비콤팩트요소이고 $S_{xt}/S_{xc} \ge 0.7$인 용접H형강이 강축휨을 받는 경우

$F_L = F_y S_{xt}/S_{xc} \ge 0.5F_y$: 웨브가 콤팩트요소 또는 비콤팩트요소이고 $S_{xt}/S_{xc} < 0.7$인 용접H형강이 강축휨을 받는 경우

- 압축재 : 기둥 → λ_r만 규정(좌굴)되어 있고, λ_p는 존재하지 않음.
- 휨재 : 보 → λ_p, λ_r (소성해석 가능 여부)

Residual Stress(잔류응력)의 영향 :

$F_L = F_y - F_r = F_y - 0.3F_y = 0.7F_y$, 여기서 F_r는 잔류응력

그림 4.4.12
잔류응력분포

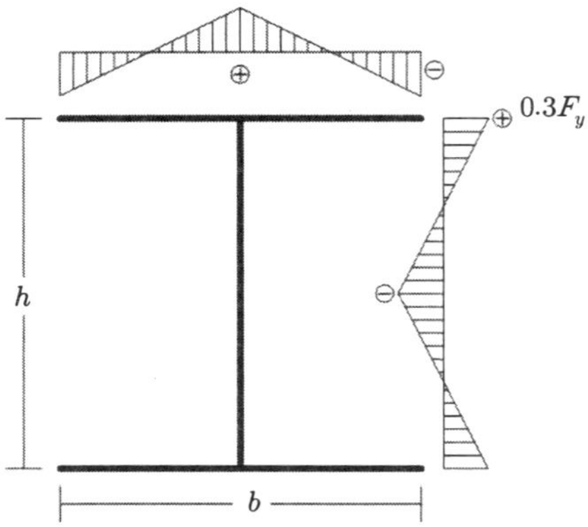

✱압축판 요소의 판폭두께비 검증

| 풀이순서 |

1) 부재요소의 b/t 산정 : 플랜지, 웨브
2) 압축부재인 경우(기둥) : λ_r만 규정 (좌굴 여부)
3) 휨재인 경우(보) : λ_p, λ_r만 규정 (소성해석 가능 여부)

| 예제 4.5 |

다음과 같은 조건에서 H형강의 판폭두께비를 검토하시오.

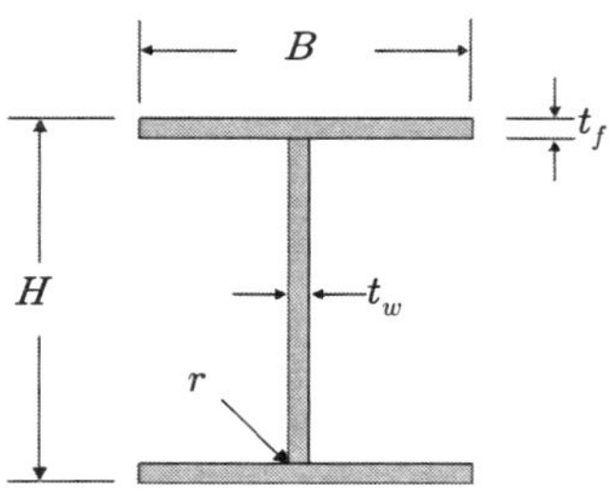

부재의 단면 분류 :

부재치수 : = "H 300×300×10×15×18"

H : = 300mm　　B : = 300mm

r : = 18mm　　t_w : = 10mm

t_f : = 15mm　　F_y : = 275MPa

E : = 210,000MPa

| 풀이 |

1. 부재요소의 b/t

1.1) 플랜지(비구속판인 경우)

$b := \frac{B}{2}$ $\qquad b = 15\text{cm}$

$\lambda_f := \frac{b}{t_f}$ $\qquad \lambda_f = 10$

1.2) 웨브 (구속판인 경우)

$h := H - 2t_f - 2r$ $\qquad h = 23.4\text{cm}$

$\lambda_w := \frac{h}{t_w}$ $\qquad \lambda_w = 23.4$

2. 압축재인 경우

2.1) 플랜지 부분

$\lambda_{rf} := 0.56 \cdot \sqrt{\frac{E}{F_y}}$ $\qquad \lambda_{rf} = 15.48$ (표 4.4.1 참조)

$\text{Check\_}\lambda_{rf} :=$ | "Non-compact section" if $\lambda_f \le \lambda_{rf}$
"Slender Plate" otherwise

$\text{Check\_}\lambda_{rf} =$ "Non-compact section"

2.2) 웨브 부분

$\lambda_{rw} := 1.49 \cdot \sqrt{\frac{E}{F_y}}$ $\qquad \lambda_{rw} = 41.18$ (표 4.4.1 참조)

$\text{Check\_}\lambda_{rw} :=$ | "Non-compact section" if $\lambda_w \le \lambda_{rw}$
"Slender Plate" otherwise

$\text{Check\_}\lambda_{rw} =$ "Non-compact section"

3. 휨재의 경우

3.1) 플랜지 부분

$\lambda_{pf} := 0.38 \cdot \sqrt{\frac{E}{F_y}}$ $\qquad \lambda_{pf} = 10.50$ (표 4.4.1 참조)

$\lambda_{rf1} := 1.0 \cdot \sqrt{\frac{E}{F_y}}$ $\qquad \lambda_{rf1} = 27.63$

$$Check\_\lambda_{pf} := \begin{cases} \text{"Compact section" if } \lambda_f \le \lambda_{pf} \\ \text{"Non-compact section" if } \lambda_{pf} < \lambda_f \le \lambda_{rf1} \\ \text{"Slender Plate" if } \lambda_f > \lambda_{rf1} \end{cases}$$

$Check\_\lambda_{pf}$ = "Compact section"

3.2) 웨브 부분

$\lambda_{pw} := 3.76 \cdot \sqrt{\frac{E}{F_y}}$ $\qquad \lambda_{pw} = 103.90$ $\qquad$ (표 4.4.1 참조)

$\lambda_{rw1} := 5.70 \cdot \sqrt{\frac{E}{F_y}}$ $\qquad \lambda_{rw1} = 157.51$

$$Check\_\lambda_{pw} := \begin{cases} \text{"Compact section" if } \lambda_w \le \lambda_{pw} \\ \text{"Non-compact section" if } \lambda_{pw} < \lambda_w \le \lambda_{rw1} \\ \text{"Slender Plate" if } \lambda_w > \lambda_{rw1} \end{cases}$$

$Check\_\lambda_{pw}$ = "Compact section"

✱SUMMARY

단면분류 = "H 300×300×10×15×18" $F_y = 275\text{MPa}$

압축재 : 플랜지 : $\lambda_f = 10$

$\lambda_{rf} = 15.48$ $Check\_\lambda_{rf}$ = "Non－compact section"

웨브 : $\lambda_w = 23.4$

$\lambda_{rw} = 41.18$ $Check\_\lambda_{rw}$ = "Non－compact section"

휨재 : 플랜지 : $\lambda_f = 10$

$\lambda_{pf} = 10.50$

$\lambda_{rf1} = 27.63$ $Check\_\lambda_{pf}$ = "Compact section"

웨브 : $\lambda_w = 23.4$

$\lambda_{pw} = 103.90$

$\lambda_{rw1} = 157.51$ $Check\_\lambda_{pw}$ = "Compact section"

| 예제 4.6 |

다음과 같은 조건에서 H형강의 판폭두께비를 검토하시오.

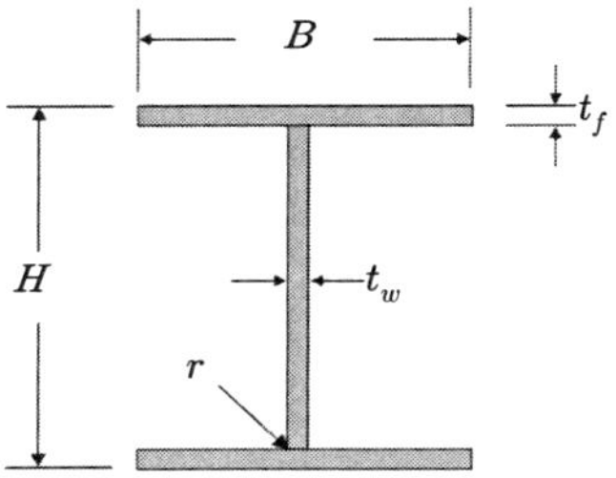

부재의 단면 분류 :

부재치수 : = "H 388×402×15×15×18"

$H := 388\text{mm}$ $B := 402\text{mm}$

$r := 18\text{mm}$ $t_w := 15\text{mm}$

$t_f := 15\text{mm}$ $F_y := 355\text{MPa}$

$E := 210{,}000\text{MPa}$

| 풀이 |

1. 부재요소의 b/t

1.1) 플랜지(비구속판인 경우)

$b := \frac{B}{2}$ $b = 20.1\text{cm}$

$\lambda_f := \frac{b}{t_f}$ $\lambda_f = 13.4$

1.2) 웨브 (구속판인 경우)

$h := H - 2t_f - 2r$ $h = 32.2\text{cm}$

$\lambda_w := \frac{h}{t_w}$ $\lambda_w = 21.467$

2. 압축재인 경우

2.1) 플랜지 부분

$\lambda_{rf} := 0.56 \cdot \sqrt{\frac{E}{F_y}}$ $\lambda_{rf} = 13.62$ (표 4.4.1 참조)

Check_λ_{rf} := | "Non-compact section" if $\lambda_f \le \lambda_{rf}$
| "Slender Plate" otherwise

Check_λ_{rf} = "Non-compact section"

2.2) 웨브 부분

$\lambda_{rw} := 1.49 \cdot \sqrt{\frac{E}{F_y}}$ $\lambda_{rw} = 36.24$ (표 4.4.1 참조)

$$Check\_\lambda_{rw} := \begin{cases} \text{"Non-compact section" if } \lambda_w \le \lambda_{rw} \\ \text{"Slender Plate"} \quad \text{otherwise} \end{cases}$$

$Check\_\lambda_{rw} =$ "Non − compact section"

3. 휨재의 경우

3.1) 플랜지 부분

$\lambda_{pf} := 0.38 \cdot \sqrt{\frac{E}{F_y}}$ $\lambda_{pf} = 9.24$ (표 4.4.1 참조)

$\lambda_{rf1} := 1.0 \cdot \sqrt{\frac{E}{F_y}}$ $\lambda_{rf1} = 24.32$

$$Check\_\lambda_{pf} := \begin{cases} \text{"Compact section" if } \lambda_f \le \lambda_{pf} \\ \text{"Non-compact section" if } \lambda_{pf} < \lambda_f \le \lambda_{rf1} \\ \text{"Slender Plate" if } \lambda_f > \lambda_{rf1} \end{cases}$$

$Check\_\lambda_{pf} =$ "Non − compact section"

3.2) 웨브 부분

$\lambda_{pw} := 3.76 \cdot \sqrt{\frac{E}{F_y}}$ $\lambda_{pw} = 91.45$ (표 4.4.1 참조)

$\lambda_{rw1} := 5.70 \cdot \sqrt{\frac{E}{F_y}}$ $\lambda_{rw1} = 138.63$

$$Check\_\lambda_{pw} := \begin{cases} \text{"Compact section" if } \lambda_w \le \lambda_{pw} \\ \text{"Non-compact section" if } \lambda_{pw} < \lambda_w \le \lambda_{rw1} \\ \text{"Slender Plate" if } \lambda_w > \lambda_{rw1} \end{cases}$$

$Check\_\lambda_{pw} =$ "Compact section"

✱SUMMARY

부재치수 = "H 388×402×15×15×18" $F_y = 355\text{MPa}$

압축재 : 플랜지 : $\lambda_f = 13.4$

$\lambda_{rf} = 13.62$ $\_\lambda_{rf} =$ "Non − compact section"

웨브 : $\lambda_w = 21.467$

$\lambda_{rw} = 36.24$ $Chec\_\lambda_{rw} =$ "Non − compact section"

휨재 : 플랜지 : $\lambda_f = 13.4$

$\lambda_{pf} = 9.24$

$\lambda_{rf1} = 24.32$ Check_λ_{pf} = "Non-compact section"

웨브 : $\lambda_w = 21.467$

$\lambda_{pw} = 91.45$

$\lambda_{rw1} = 138.63$ _λ_{pw} = "Compact section"

4.4.2 세장판 요소 설계

$\lambda > \lambda_r$ 인 경우, 세장판 요소에 해당하며 비구속판 요소와 구속판 요소로 나누어진다.

(1) 비구속판 요소 ()

압축요소의 설계강도

$F_y \cdot Q_s$

Q_s : 설계강도 감소계수(압축재)

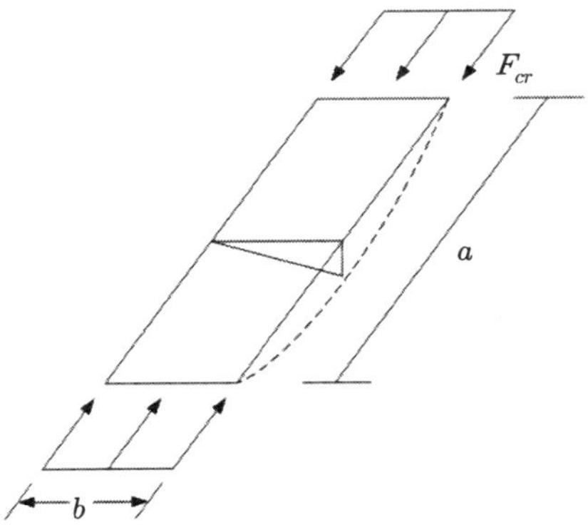

그림 4.4.13
비구속판 요소의 거동

가) 압연기둥재 또는 다른 압축재로부터 돌출된 플랜지, ㄱ형강, 플레이트

① $b/t < 0.56\sqrt{E/F_y}$

$Q_s = 1.0$

② $0.56\sqrt{E/F_y} < b/t < 1.03\sqrt{E/F_y}$

$$Q_s = 1.415 - 0.74\left(\frac{b}{t}\right)\sqrt{F_y/E}$$

$$0.65 < Q_s < 1$$

③ $b/t \geq 1.03\sqrt{E/F_y}$

$$Q_s = \frac{0.69E}{F_y(b/t)^2}$$

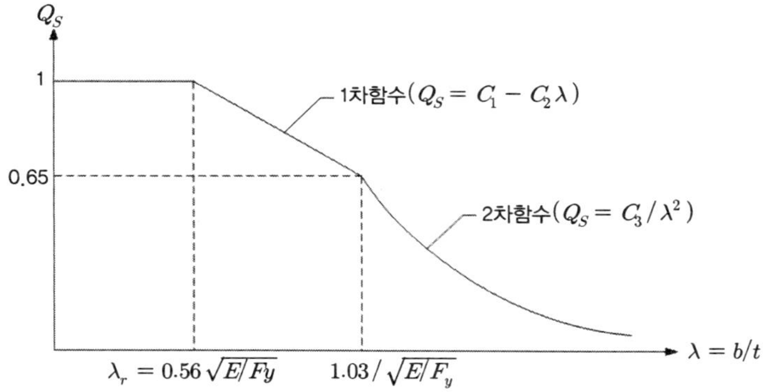

그림 4.4.14
비구속판 요소의
감소계수

나) 조립기둥재 또는 다른 압축재로부터 돌출된 플랜지, ㄱ형강, 플레이트

① $b/t \leq 0.64\sqrt{Ek_c/F_y}$ 일 경우

$$Q_s = 1.0$$

② $0.64\sqrt{Ek_c/F_y} < b/t \leq 1.17\sqrt{Ek_c/F_y}$ 일 경우

$$Q_s = 1.415 - 0.65\left(\frac{b}{t}\right)\sqrt{\frac{F_y}{Ek_c}}$$

③ $b/t > 1.17\sqrt{Ek_c/F_y}$ 일 경우

$$Q_s = \frac{0.90Ek_c}{F_y\left(\frac{b}{t}\right)^2}$$

여기서, $k_c = \dfrac{4}{\sqrt{h/t_w}}$, $0.35 < k_c \le 0.76$

다) 단일ㄱ형강

① $b/t \le 0.45\sqrt{E/F_y}$ 일 경우

$$Q_s = 1.0$$

② $0.45\sqrt{E/F_y} < b/t \le 0.91\sqrt{E/F_y}$ 일 경우

$$Q_s = 1.34 - 0.76\left(\frac{b}{t}\right)\sqrt{\frac{F_y}{E}}$$

③ $b/t > 0.91\sqrt{E/F_y}$ 일 경우

$$Q_s = \frac{0.53E}{F_y\left(\dfrac{b}{t}\right)^2}$$

여기서, b : 가장 긴 ㄱ형강다리의 폭, mm

라) T형강의 스템

① $d/t \le 0.75\sqrt{E/F_y}$ 일 경우

$$Q_s = 1.0$$

② $0.75\sqrt{E/F_y} < d/t \le 1.03\sqrt{E/F_y}$ 일 경우

$$Q_s = 1.908 - 1.22\left(\frac{d}{t}\right)\sqrt{\frac{F_y}{E}}$$

③ $d/t > 1.03\sqrt{E/F_y}$ 일 경우

$$Q_s = \frac{0.69E}{F_y\left(\dfrac{d}{t}\right)^2}$$

여기서, b : 비구속압축요소의 폭, mm

d : T형강의 깊이, mm

t : 부재의 두께, mm

(2) 구속판 요소

유효폭(b_e)을 고려한 감소계수

$$Q_a = \frac{\text{유효단면적}}{\text{실제단면적}} = \frac{b_e t}{bt} = \frac{b_e}{b}$$

(b_e 유효폭 : effective width)

그림 4.4.15
구속판 요소의 거동

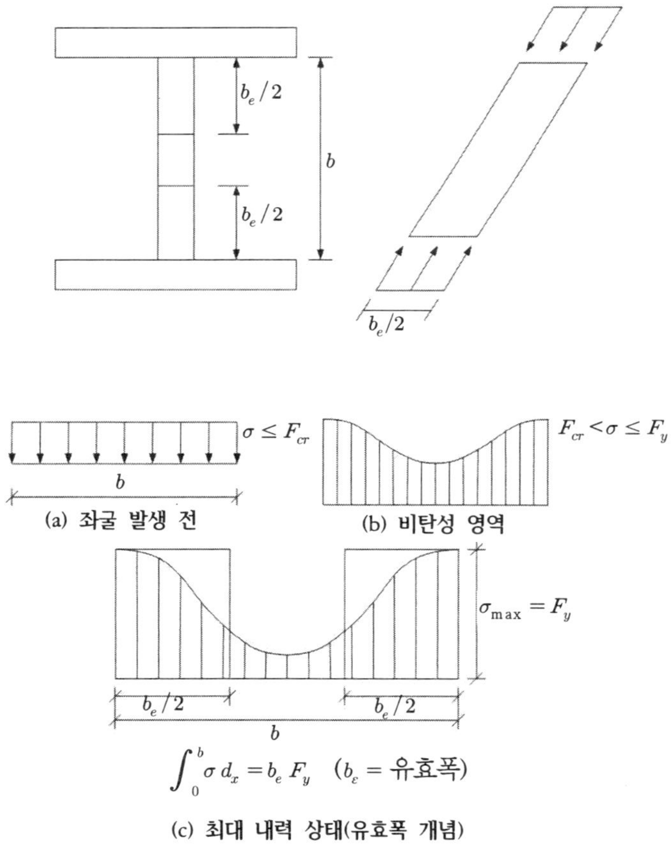

가) 균일한 두께를 갖는 정방향이나 장방향단면의 플랜지를 제외한 등단면압축력을 받는 세장한 부재 $\left(\frac{b}{t} \geq 1.49\sqrt{\frac{E}{f}}\right)$:

$$b_e = 1.92t\sqrt{\frac{E}{f}}\left[1 - \frac{0.34}{(b/t)}\sqrt{\frac{E}{f}}\right] \leq b$$

여기서, f는 $Q = 1.0$일 때의 F_{cr}의 값이다.

나) 균일한 두께를 갖는 정방향이나 장방향의 세장한 요소단면의 플랜지 $\left(\frac{b}{t} \geq 1.40\sqrt{\frac{E}{f}}\right)$:

$$b_e = 1.92t\sqrt{\frac{E}{f}}\left[1 - \frac{0.38}{(b/t)}\sqrt{\frac{E}{f}}\right] \leq b$$

여기서, $f = P_n/A_{eff}$

다) 축력을 받는 원형단면

$$0.11\frac{E}{F_y} < \frac{D}{t} < 0.45\frac{E}{F_y}$$ 일 경우

$$Q = Q_a = \frac{0.038E}{F_y(D/t)} + \frac{2}{3}$$

여기서, D : 부재의 외경, mm

t : 부재의 두께, mm

(3) 설계특성

단면의 특성은 다음 사항을 고려하고 그 이외는 사용하여 결정한다.

가) 휨부재의 I, S

구속판 요소(web)에서 b_e를 고려하여 계산한다(유효단면의 특성).

나) 감소계수

- 비구속판 요소 : Q_s
- 구속판 요소 : Q_a

다) 압축부재 (10장 압축재에서 상세 설명)

공칭 압축강도

$$P_n = F_{cr} A_g$$

- A_g와 회전반경 r은 총단면으로 계산 $(\lambda = l/r)$
- F_{cr}은 다음에 따른다.

(1) $\dfrac{KL}{r} \le 4.71\sqrt{\dfrac{E}{QF_y}}$ **또는** $QF_y/F_y \le 2.25$ **일 경우**

$$F_{cr} = Q\left[0.658^{\frac{QF_y}{F_e}}\right]F_y$$

(2) $\dfrac{KL}{r} > 4.71\sqrt{\dfrac{E}{QF_y}}$ **또는** $QF_y/F_y > 2.25$ **일 경우**

$$F_{cr} = 0.877F_e$$

여기서, F_e = 탄성임계좌굴응력

$Q = 1.0$, 콤팩트 및 비콤팩트단면의 경우

$Q = Q_s Q_a$, 세장한 단면의 경우

① 세장한 비구속판요소로만 조합된 단면의 경우 $Q = Q_s (Q_a = 1.0)$로 산정

② 세장한 구속판요소로 조합된 단면의 경우 $Q = Q_a (Q_s = 1.0)$로 산정

③ 구속판요소와 비구속판요소로 조합된 단면의 경우 $Q = Q_s Q_a$로 산정

4.5 | 지지점 비틀림 구속

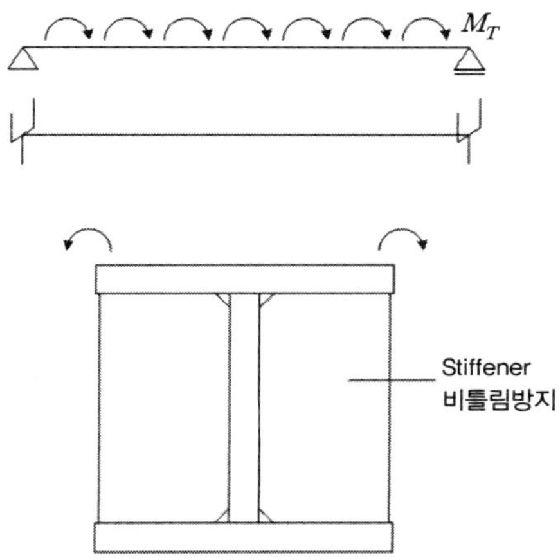

그림 4.5.1
지지점 비틀림 구속

4.6 | 세장비 제한

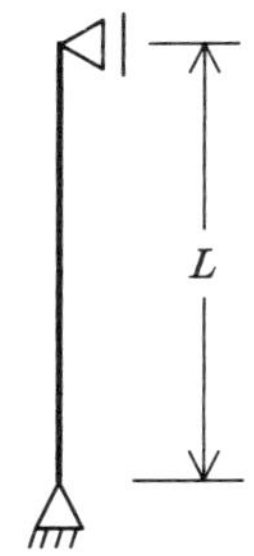

세장비 : $\lambda = \frac{l}{i} = \frac{KL}{r}$

$i = r = \sqrt{I/A}$

K : 유효길이 계수(구속조건에 따라 변한다.)

(참조 : 표 8.2.1)

압축재의 세장비는 가급적 200을 넘지 않도록 규정하고 있다.

200의 제한사항은 전문적인 판단과 건설현장에서의 경제성, 작업의 용이성, 운반과 조립 등 제조상의 결함을 최소화하기 위하여 만들어졌다.

4.7 | 구조계산서 형식

(1) 제목(project명)

(2) 목차

(3) 서론

(3.1) 일반사항 : 건물의 용도, 단일 구조물, 복합구조물
진행상 주의사항(개관일정), 기타

(3.2) 건물의 개요도 : 평면도, 주요단면도, 주요치수, 기호

(3.3) 사용 재료의 품질

(3.4) 구조계산 기초 자료
규준, 시방서, 실험결과보고서, 연구결과, ...

(3.5) 구조계산 실행을 위한 주의사항 :
건설중 계산에 영향을 주는 구조변경 – 원인, 결과
계산의 정확성
구조해석 program(설명서, 입력, 결과)
특별한 협의 사항(특별인증, 개별인증)

(4) 각 구조부재 및 전체 시스템

(4.1) 시스템, 치수, 기호(position), 재료설명

(4.2) 하중상태, 설계하중, 하중조합

(4.3) 단면성질(A, I, S, Z)

(4.4) 반력

(4.5) 단면력(N, Q, M) : 필요시 handbook참조.

(4.6) 응력도 검증(F_y, τ_y) : 일반사항

(4.7) 피로응력도 검증(필요시)

(4.8) 안정성 검토 : 휨좌굴, 비틀림좌굴, 판좌굴, 횡좌굴(stability)

(4.9) 접합부 검증

(4.10) 처짐제한(필요시)

(4.11) 구조물 안전성 검증(safety) – (반력, 캠버, 부력)

전체 project에 관하여

(5) 특별 검증사항(필요시) : 진동영향조사(충격) – 교량

– 박벽구조

(6) 재료품질검사결과, 감정평가서, 모델실험결과

(7) 기타사항 (기술자료 table)

(8) 구조설명서

(9) 조립설명서

(10) 사용방법(댐의 비상문, ...)

(11) 날짜, 서명

✱참고 : 독일 구조심사제도(Prüfingenieur)

모든 구조부재와 접합부 검증은 완전해야 되고, 일목요연하여 검토(check)할 수 있게 되어야 한다.
계산은 계산서 내에서 종결되어야 하고, 실시도면을 위해서 분명히 설명되어 있어야 한다.
그래서 참고자료의 서술 없이 다른 계산서의 결과를 그냥 갖다 쓸 수 없다.
→ 체계적인 순서(numbering)
분명한 기호, 쪽수매기기

제 5 장

소성설계(Plastic design)

5.1 | 서론

(1) 최대내력

구조체 또는 부재가 받을 수 있는 최대하중

가) 탄성범위 한도인 변형 ε_y(탄성한계변형)을 초과한다.

나) 재료의 성질은 완전탄소성($\sigma - \varepsilon$)으로 최대내력을 근사적으로 구할 수 있다.

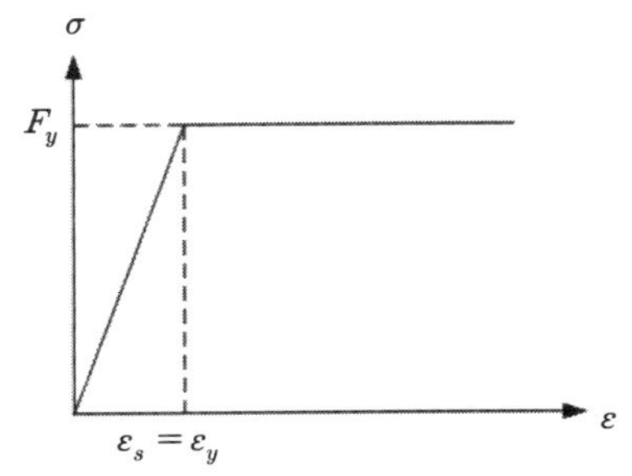

그림 5.1.1
재료의 완전탄소성 성질

(2) 보가 모멘트를 받는 경우

하중(P)과 보의 처짐(△)의 관계는 다음과 같다.

그림 5.1.2
보의 거동

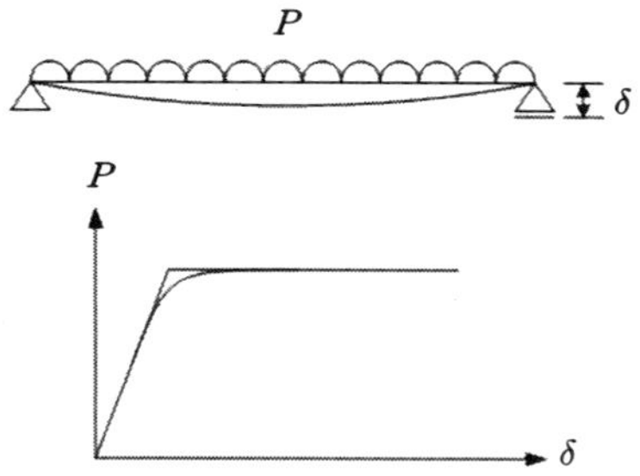

모멘트 작용시 최대내력에 도달할 때까지의 응력, 변형도 상태(중앙부에서)를 탄성에서 완전소성화 단계로 넘어가는 과정을 나타내면 다음과 같다.

그림 5.1.3
보의 소성화 과정

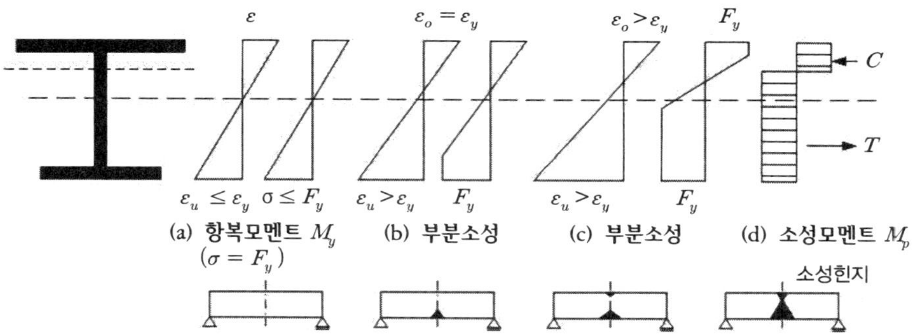

(3) 소성설계 기본개념

가) 소성화 부분은 한 점에 집중되어 있다고 가정, 기타 부분은 탄성범위 내에 존재

나) 이점을 소성힌지라 한다(Plastic hinge).

다) 소성힌지에서 임의의 꺾임이 발생.

라) 이러한 방법으로 계산된 하중을 소성모멘트라 한다.

(Plastic Moment : M_p)

5.2 | 소성모멘트(M_p)

전소성 상태에서 (응력도)중립축은 면적을 반으로 나누는 축이다.

휨모멘트만 작용할 때

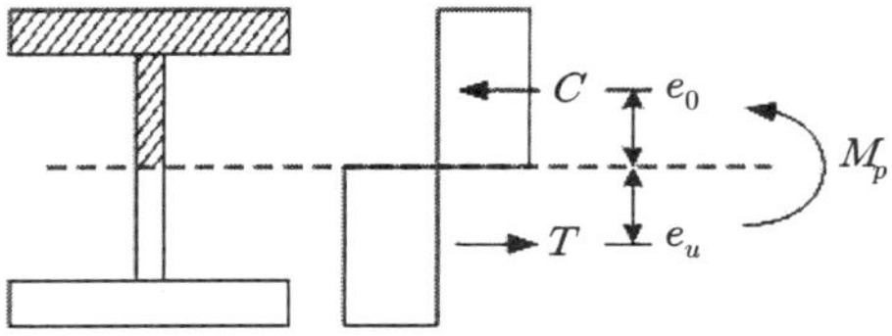

그림 5.2.1
소성모멘트

$T = C = F_y \cdot (0.5A)$

$M_p = C \cdot e_o + T \cdot e_u$

$= F_y \cdot (0.5A)(e_o + e_u)$

$= F_y \cdot (S_o + S_u)$

↑
단면 1차 모멘트

$= F_y \cdot Z$

↑
비교 : 탄성 항복모멘트($M_y = F_y \cdot S$)

$\frac{Z}{S} = f$, 형상계수(Shape factor)

단면 : I - Profil, $f \simeq 1.14$

직사각형, $f = 1.5$

S_0 : 소성 중립축 상단 면적의 단면 1차 모멘트

S_u : 소성 중립축 하단 면적의 단면 1차 모멘트

S : 탄성 단면 계수

Z : 소성 단면 계수

- 2축 대칭단면에서는 중심축과 면적을 반으로 나누는 축이 일치한다.

5.3 | 단면의 소성모멘트

소성모멘트는 항복강도에 일차모멘트의 합을 곱하여 구한다.

$M_p = F_y \cdot (S_o + S_u)$

(1) 2축 대칭단면

$H - 400 \times 200$에 대하여 반쪽 단면의 단면 1차 모멘트

$(400 - 2 \times 13)/2 = 187$

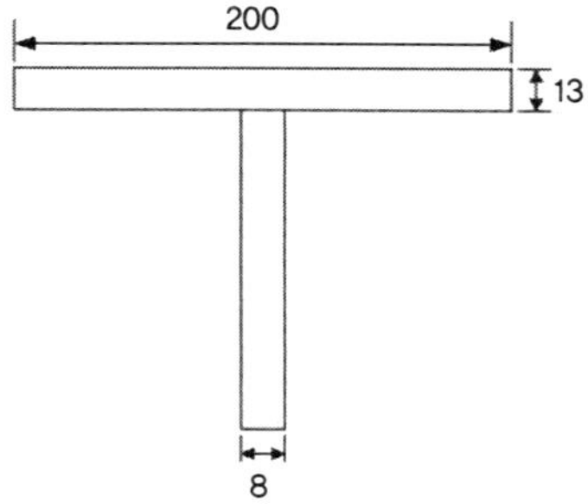

$S_o = 200 \times 13(187 + 13/2) + 8 \times 187^2/2 = 642{,}976\text{mm}^3$

$= 642.976\text{cm}^3$

$Z_x = 2S_o = 2 \times 642.976 = 1{,}286\text{cm}^3$(1,330 : 부표 1의 단면성능표 참조)

$S_x = 1{,}190\text{cm}^3$(부표 1의 단면성능표 참조)

$f = \dfrac{Z_x}{S} = \dfrac{1{,}286}{1{,}190} = 1.08$ (1.12 : 부표 1의 단면성능표 참조)

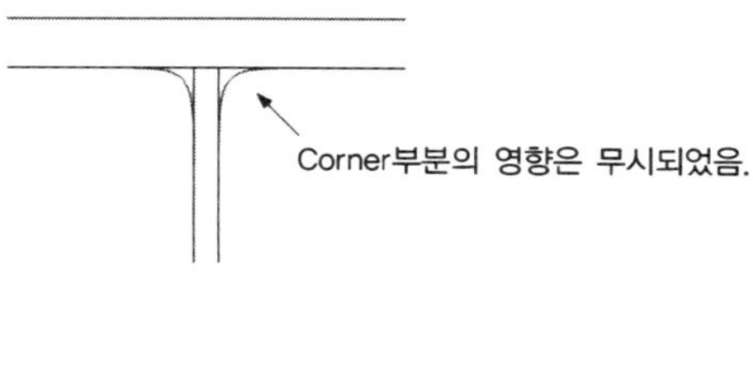

강재 SS275인 경우 소성모멘트와 탄성항복모멘트

$M_p = F_y \cdot Z = 27.5 \times 1,286 = 35,3651 \text{kN} \cdot \text{cm}$

$M_y = F_y \cdot S = 27.5 \times 1,190 = 32,725 \text{kN} \cdot \text{cm}$

(2) 1축 대칭단면

면적을 반으로 나누는 축의 위치 산정

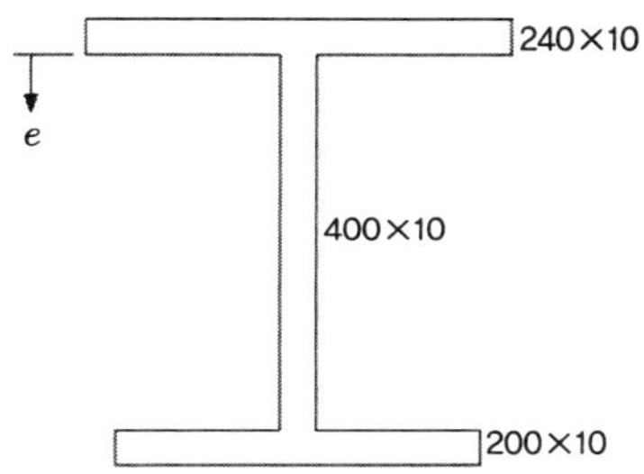

$A = 24 + 40 + 20 = 84 \text{cm}^2$

$A/2 = 42 \text{cm}^2 = 24 + e \times 1$

$e = 18 \text{cm}$

$S_o = 24(18 + 0.5) + 18 \times 9 = 444 + 162 = 606 \text{cm}^3$

$S_u = 20(22 + 0.5) + 22 \times 11 = 450 + 242 = 692 \text{cm}^3$

$M_p = 27.5(606 + 692) = 35,695 \text{kN} \cdot \text{cm}$

$Z_x = 1,298 \text{cm}^3 \ \ (= S_0 + S_u)$

$S_x = 1,081 \text{cm}^3$(4.3에 따라 산정한 값)

(3) 직사각형 단면

반쪽 단면에 대한 단면 1차 모멘트

$$S_o = S_u = \frac{b \cdot h}{2} \cdot \frac{h}{4} = \frac{b \cdot h^2}{8}$$

$$Z = 2 \cdot S_u = \frac{b \cdot h^2}{4}$$

$$S = \frac{b \cdot h^2}{6}, \text{ 형상계수 } f = \frac{Z}{S} = 1.5$$

$$M_p = F_y \frac{b \cdot h^2}{4}$$

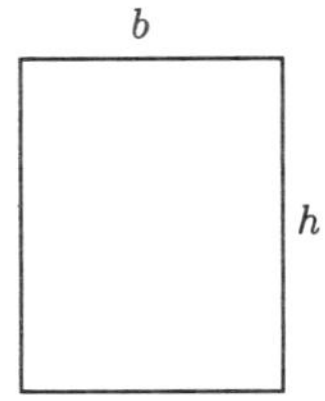

5.4 | 2축 대칭인 H형 단면의 소성상태 응력

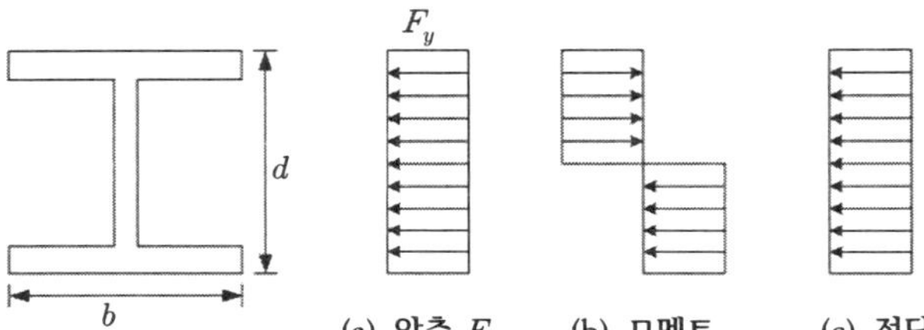

그림 5.4.1
H형 단면의 소성상태 응력도

5.4.1 강축

(1) 소성 압축강도

$$P_p = F_y \cdot A \qquad (\leftarrow \sigma \cdot A)$$

(2) 소성 모멘트 강도

$$M_p = F_y \cdot Z_x = F_y \cdot S_x \cdot f_x \qquad (\leftarrow \sigma \cdot S)$$

여기서, $f_x = Z_x / S_x$

(3) 소성 전단강도

$$V_p = F_s \cdot A_w \qquad (\leftarrow \tau \cdot A_w)$$

$$= (0.6 \cdot F_y) \cdot (d^{*1)} \cdot t_w)$$

(*1) : EC3에서는 : $d - t_f$)

5.4.2 약축

(1) 소성 압축강도

$$P_p = F_y \cdot A$$

(2) 소성 모멘트 강도

$$M_{p.y} = F_y \cdot Z_y = F_y \cdot S_y \cdot f_y$$

여기서, $f_y = Z_y / S_y$

(3) 소성 전단강도

$$V_{p.y} = (0.6 \cdot F_y) \cdot (2 \cdot b \cdot t_f)$$

| 연습문제 5.1 |

재질 SS275인 다음 단면에 대하여 항복모멘트 M_y와 소성모멘트 M_p 값을 구하라

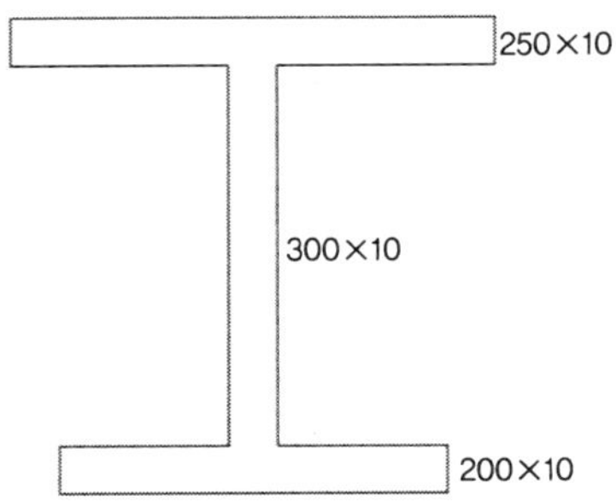

| 풀이 |

결과값

탄성 : $I_x = 12{,}985\,\text{cm}^4$

$S_x = 762\,\text{cm}^3$

$M_y = 20{,}955\,\text{kN} \cdot \text{cm}$

소성 : $Z_x = 916\,\text{cm}^3$

$P_p = 2{,}063\,\text{kN}$

$M_p = 25{,}190\,\text{kN}\cdot\text{cm}$

$V_p = 528\,\text{kN}$

5.5 | 소성거동

등분포하중 w를 받는 양단고정보가 탄성범위를 지나 파괴에 이르기까지의 거동을 설명하라.

(1) 탄성설계 시(초기항복)

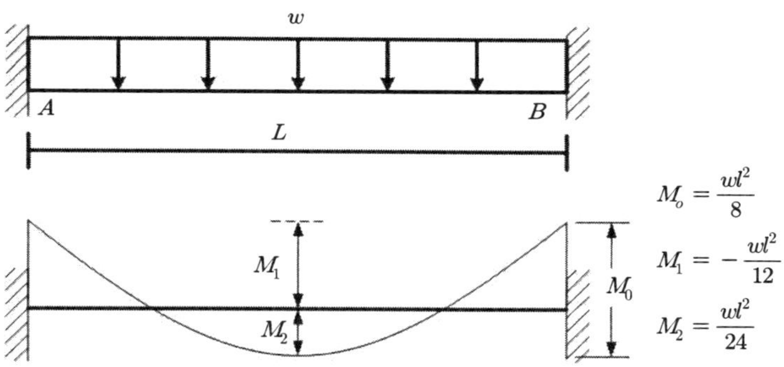

그림 5.5.1
고정단 보의 모멘트도

최대모멘트 M_1이 작용하는 A, B 단부의 단면에 최대응력도가 $\sigma = f_y$에 도달하면

$$M_1 = -\frac{w\cdot l^2}{12}\left(= M_y = -\frac{w_e l^2}{12}\right),\ \text{항복모멘트}$$

(2) 더 이상 하중이 증가하면 A, B 단부의 단면에 소성화가 진행되어 소성모멘트 M_p에 도달하게 된다. → A, B점에 소성힌지 발생

(3) 더 이상 하중이 증가하면 중앙부 단면에 의해 저항하게 된다. 중앙점에서도 M_p에 도달하면 더 이상 하중을 받을 수 없게 된다. $(\omega = w_p)$ → 구조체 붕괴

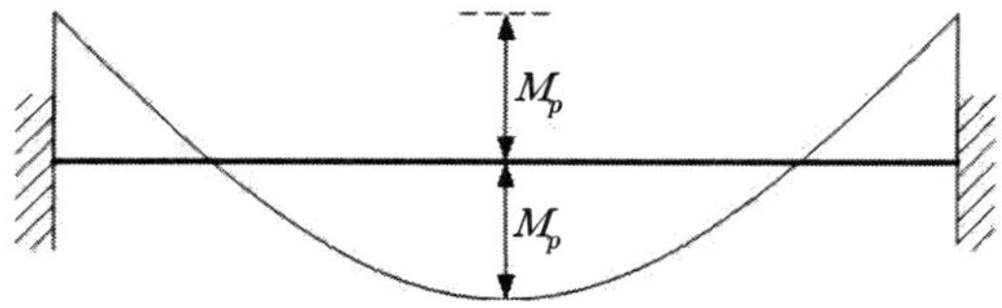

$$2M_p = \frac{w_p \cdot l^2}{8}$$

$$M_p = \frac{w_p \cdot l^2}{16}$$

$$w_p = \frac{16 \cdot M_p}{l^2}$$

$$w_e = \frac{12M_y}{l^2}$$

$\dfrac{w_p}{w_e} = \dfrac{16M_p}{12M_y} = \dfrac{4}{3} \cdot \dfrac{M_p}{M_y} = \dfrac{4}{3}f$, w_e : 탄성하중, w_p : 소성하중

단면이 직사각형이면 $= \dfrac{4}{3} \cdot 1.5 = 2$

$\dfrac{4}{3} = 1.33$, 응력 재분배에 의한 효과 (33%)

<u>1.5(=f) : 단면 소성화에 의한 효과 (50%)</u>

전체적으로 : 하중증가율(100%)

즉, 소성힌지 발생으로 인한 응력 재분배의 33%와 단면소성화로 인한 50%의 증가로 두 수를 곱한 100%의 하중증가를 소성설계 시 발휘하고 있다.

5.6 | 소성붕괴기구

(Plastic Collapse Mechanism)

(1) 집중하중을 받는 고정단보

그림 5.6.1
집중하중을 받는 고정단보의 소성 붕괴기구

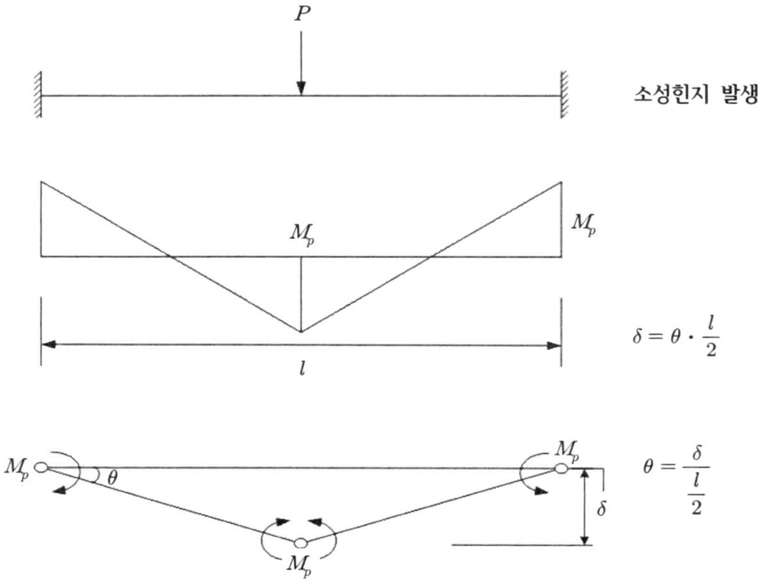

에너지보존 법칙으로부터 외부일(A_a)과 내부일(A_i)의 합은 0이다.

$$A_i + A_a = 0$$

$$-A_i = M_p \cdot \theta \cdot 4$$

$$A_a = P \cdot \delta = P \cdot \theta \cdot \frac{l}{2}$$

$$M_p \cdot 4\theta = P \cdot \theta \cdot \frac{l}{2}$$

$$P = \frac{8}{l} M_p$$

(2) 등분포하중을 받는 고정단보

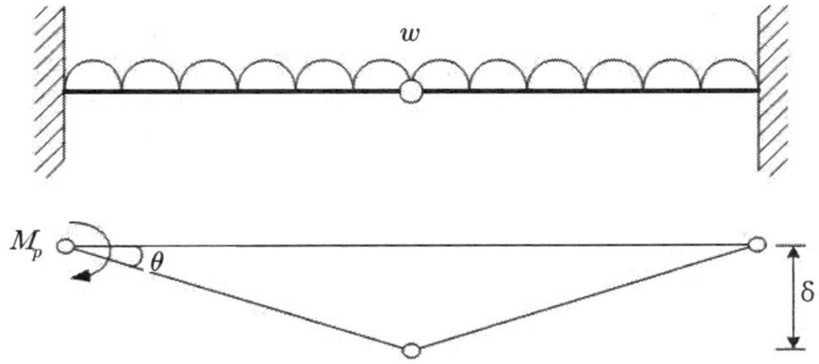

그림 5.6.2
등분포하중을 받는 고정단 보의 소성 붕괴기구

$$\theta = \frac{2\delta}{l}(\delta = \theta \cdot \frac{l}{2})$$

$$-A_i = M_p \cdot \theta \cdot 4 = 4M_p \cdot \frac{2\delta}{l} = \frac{8M_p \cdot \delta}{l}$$

$$A_a = \omega \cdot l \cdot \frac{\delta}{2} \ (\delta/2 \text{ 는 평균처짐})$$

$$\frac{\omega l}{2} = \frac{8M_p}{l}$$

$$\omega = \frac{16M_p}{l^2} \qquad \rightarrow \qquad \omega l = 2 \cdot (\frac{8}{l}M_p)$$

$$M_p = \frac{\omega l^2}{16}$$

(3) 하중이 하나 이상 작용할 때 각 하중에 대한 붕괴기구 설정

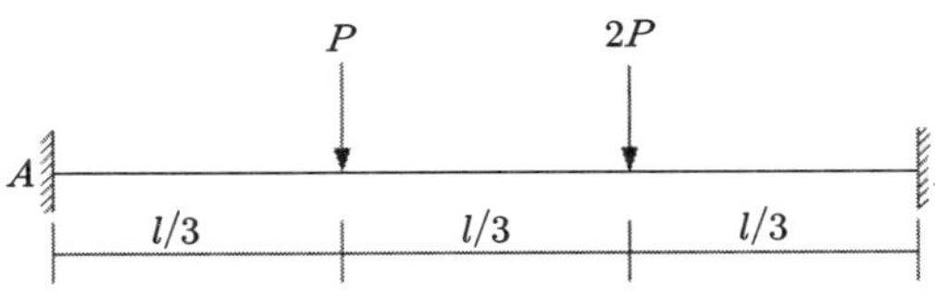

그림 5.6.3
여러 집중하중을 받는 고정단 보

가) P 작용점에서 소성힌지가 발생하는 경우

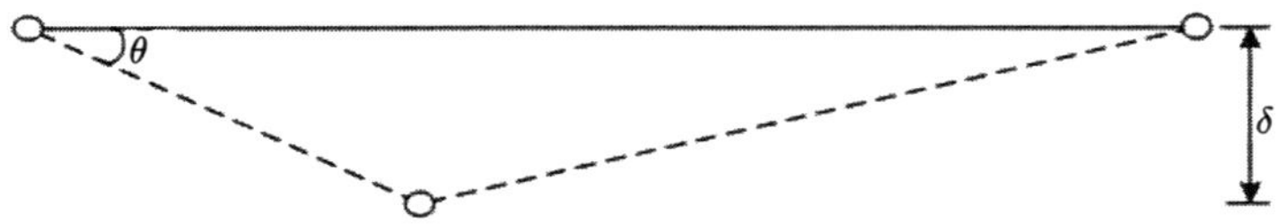

$$\theta = \theta_A = \frac{\delta}{\frac{l}{3}} = \frac{3\delta}{l}$$

$$\theta_B = \frac{\delta}{\frac{2l}{3}} = \frac{3\delta}{2l} = \frac{\theta}{2}$$

$$3M_p \cdot \theta = P \cdot \delta + 2P \cdot \frac{\delta}{2} = 2P\delta$$

$$9M_p \cdot \frac{\delta}{l} = 2P\delta$$

$$P = \frac{4.5M_p}{l}$$

나) $2P$ 작용점에서 소성힌지가 발생하는 경우

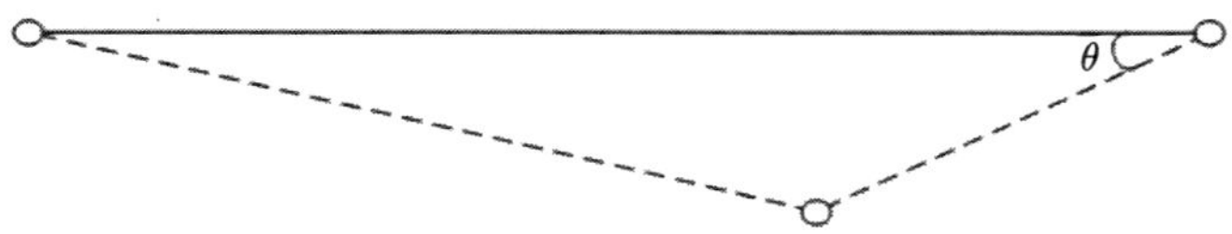

$$3M_p \cdot \theta = P \cdot \frac{\delta}{2} + 2P\delta = 2.5P\delta = 2.5P \cdot \frac{l}{3}\theta$$

$$P = \frac{9}{2.5} \cdot \frac{M_p}{l} = 3.6\frac{M_p}{l} \cdots\cdots\cdots P_u \text{ (최대하중)}$$

(4) 프레임 : 붕괴기구 (Collapse Mechanism)

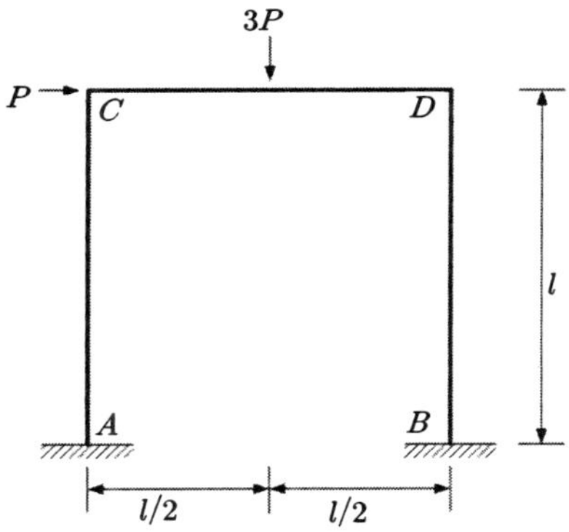

그림 5.6.4
집중하중을 받는 프레임 구조

가) 보 붕괴 (Beam Collapse)

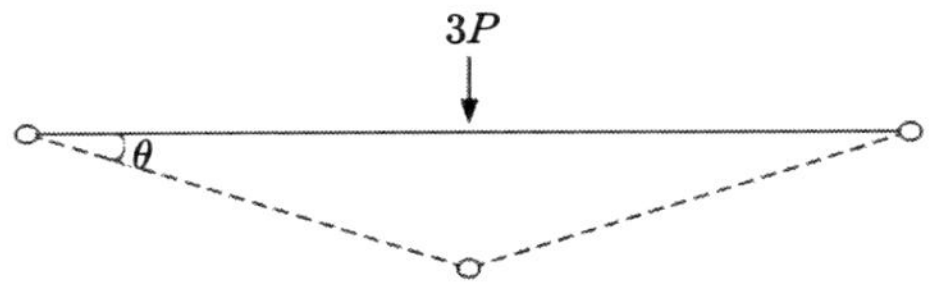

$$4M_p \cdot \theta = 3P \cdot \frac{l}{2} \cdot \theta$$

$$P = \frac{8M_p}{3l} = 2.66\frac{M_p}{l}$$

나) 프레임 붕괴(Sway Collapse)

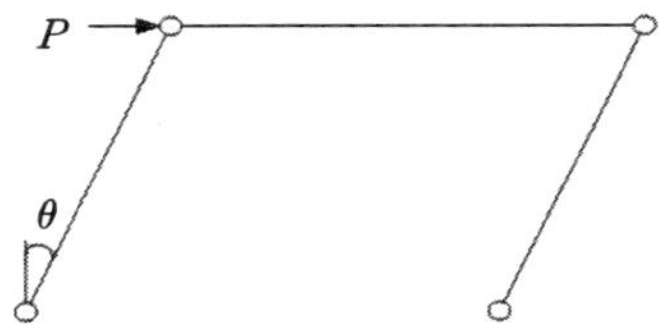

$$4M_p \cdot \theta = P \cdot l \cdot \theta$$

$$P = \frac{4M_p}{l}$$

다) Combined Collapse

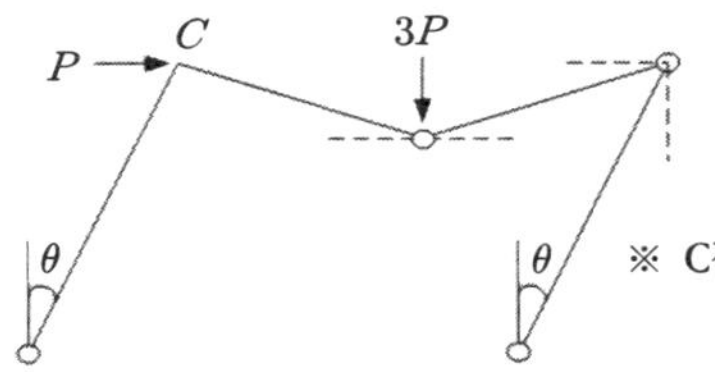

※ C점. 직각을 유지한다고 가정

$$6M_p \cdot \theta = P \cdot l \cdot \theta + 3P\frac{l}{2}\theta = \frac{5}{2}Pl\,\theta$$

$$P = \frac{12M_p}{5l} \quad \rightarrow \quad \text{최대하중}$$

$$P_u = \frac{2.4M_p}{l}$$

(5) 프레임 : 소성 최대하중 산정표

그림 5.6.5
프레임 구조의 하중 및 길이기호

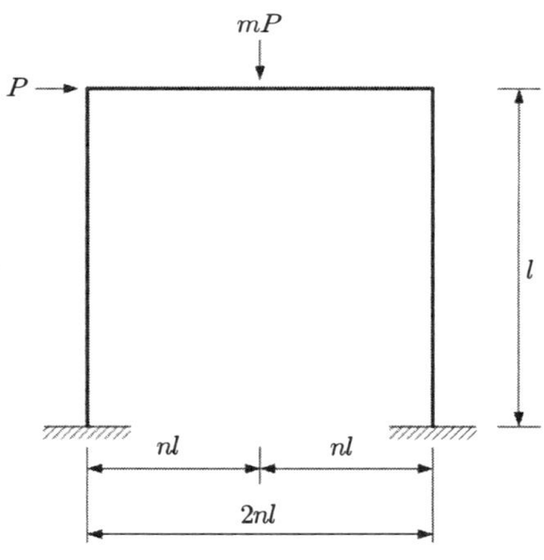

가) 산정표 작성

$A_i = \Sigma \mid a_i^* \mid \cdot \mid \theta \mid \cdot M_p$ 내부 일

$A_a = \Sigma a_a^* \cdot \mid \theta \mid \cdot \lambda$ 외부 일

$$\lambda = load\ factor$$

$A_a = A_i$부터

$$\lambda = \frac{\Sigma \mid a_i^* \mid}{\Sigma a_a^*} \cdot M_p$$

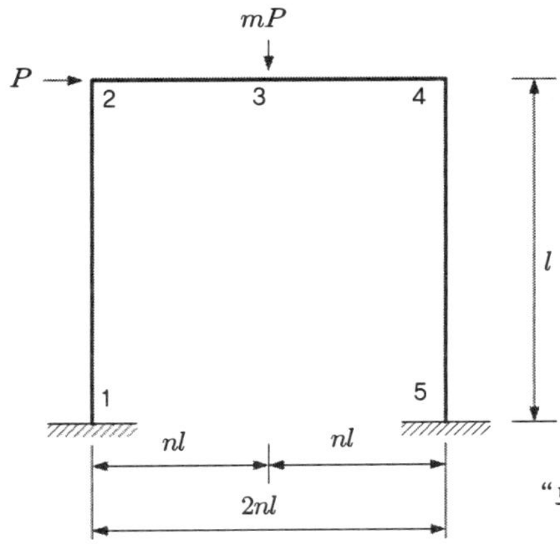

"모멘트 부호 규정 적용"

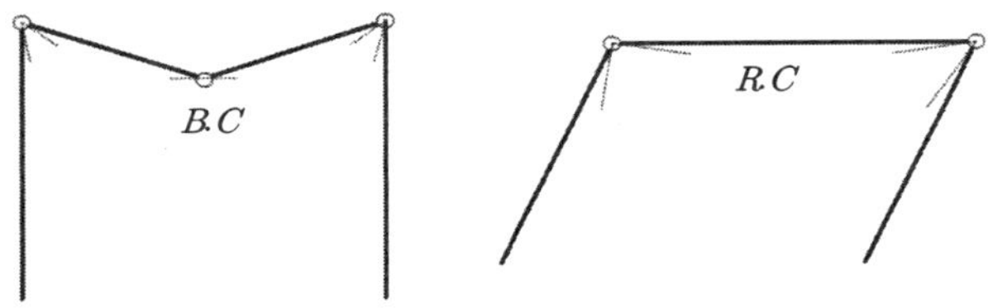

그림 5.6.6
프레임의 모멘트 부호 규정

표 5.6.1
소성 최대하중 산정

	위 치	1	2	3	4	5	$\Sigma \mid a_i^* \mid$	Σa_a^*	λ
No.	M_p	1	1	1	1	1			
1	Beam Collapse		−1	+2	−1		4	$mpnl$	$\frac{4}{mpnl} \cdot M_p$
2	Rahmen Collapse	−1	+1		−1	+1	4	pl	$\frac{4}{pl} \cdot M_p$
3	Comb. Col. 1+2	−1		+2	−2	+1	6	$mpnl + pl$	$\frac{6 \cdot M_p}{mpnl + pl}$

그림 5.6.7
프레임의 외부에너지

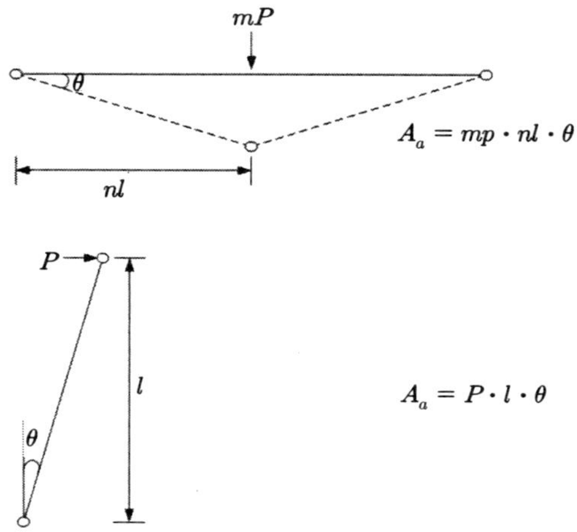

나) (4)의 프레임을 Table을 이용하여 최대내력 산정

그림 5.6.8
프레임 구조(그림 5.6.4)

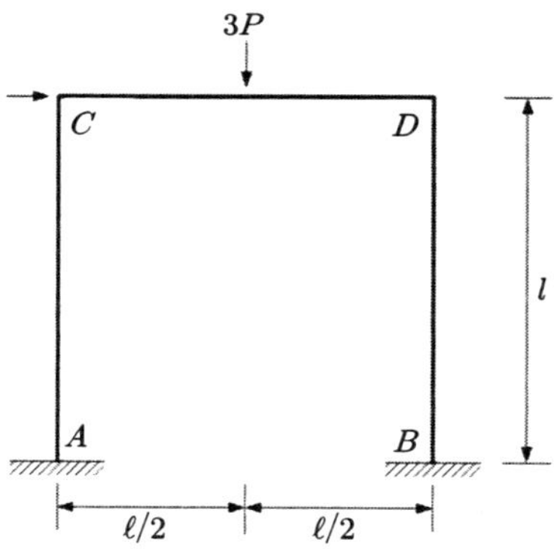

$$m = 3, \quad n = 1/2$$

$$\lambda_1 = \frac{4}{mpnl} M_p = \frac{4}{3 \cdot \frac{1}{2}} \cdot \frac{M_p}{Pl} = \frac{8}{3} \cdot \frac{M_p}{Pl}$$

$$P_1 = \frac{8}{3} \frac{M_p}{l} = 2.66 \frac{M_p}{l}$$

$$\lambda_2 = \frac{4}{Pl} \cdot M_p \qquad P_2 = \frac{4}{l} M_p$$

$$\lambda_3 = \frac{6}{\frac{3}{2}Pl + Pl} \cdot M_p = \frac{12}{5}\frac{M_p}{Pl}$$

$$P_3 = \frac{12}{5}\frac{M_p}{l} = 2.4\frac{M_p}{l}$$

$$P_u = P_3 = 2.4\frac{M_p}{l} \qquad \text{((4)의 결과와 동일)}$$

5.7 Table을 이용한 프레임 해석

(1) $M_p = 120\text{kN} \cdot \text{m}$ **일 때** $load\ factor\ \ \lambda = ?$

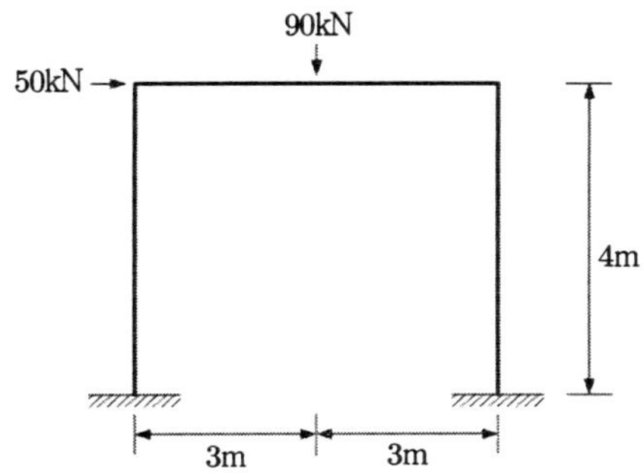

그림 5.7.1
프레임 조건

표를 이용하면

표 5.7.1

	위치	1	2	3	4	5	$\Sigma \mid a_i^* \mid$	Σa_a^*	λ
No.	M_p	1	1	1	1	1			
1	B.C.		−1	+2	−1		4	$90 \cdot 3 = 270$	$\frac{4}{270} \cdot 120 = 1.78$
2	R.C.	−1	+1		−1	+1	4	$50 \cdot 4 = 200$	$\frac{4}{200} \cdot 120 = 2.4$
3	Comb. 1+2	−1		+2	−2	+1	6	$270 + 200 = 470$	$\frac{6}{470} \cdot 120 = 1.53$

$$\lambda = \lambda_{\min} = \lambda_3 = 1.53$$

(2) 최대하중 $P=?$

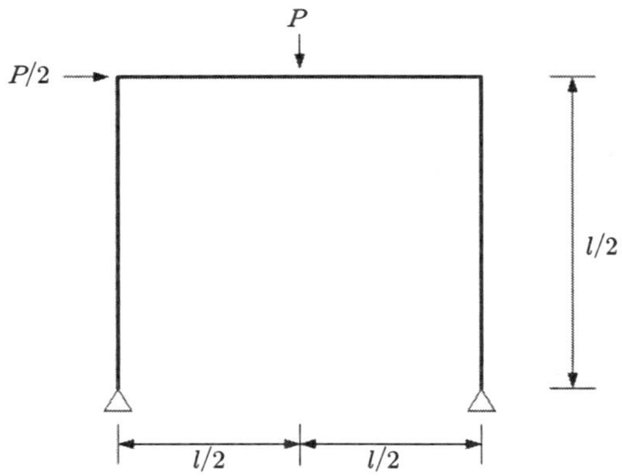

그림 5.7.2
프레임 하중 조건

표 5.7.2

	위치	1	2	3	4	5	$\Sigma\mid a_i^*\mid$	Σa_a^*	λ
No.	M_p	0	1	1	1	0			
1	B. C.		−1	+2	−1		4	$P\frac{l}{2}$	$\frac{8}{Pl}M_p$
2	R. C.		+1		−1		2	$\frac{P}{2}\frac{l}{2}=\frac{Pl}{4}$	$\frac{8}{Pl}M_p$
3	Comb 1+2			+2	−2		4	$\frac{Pl}{2}+\frac{Pl}{4}=\frac{3Pl}{4}$	$\frac{16}{3Pl}M_p$

$$P_u=P_3=\frac{16}{3}\frac{M_p}{l}=\frac{5.3}{l}M_p$$

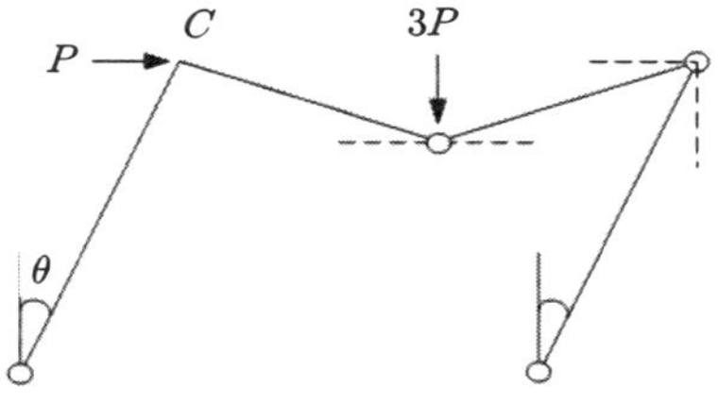

5.8 | 연속보

5.8.1 다음 2연속보의 최대내력 P를 구하라.

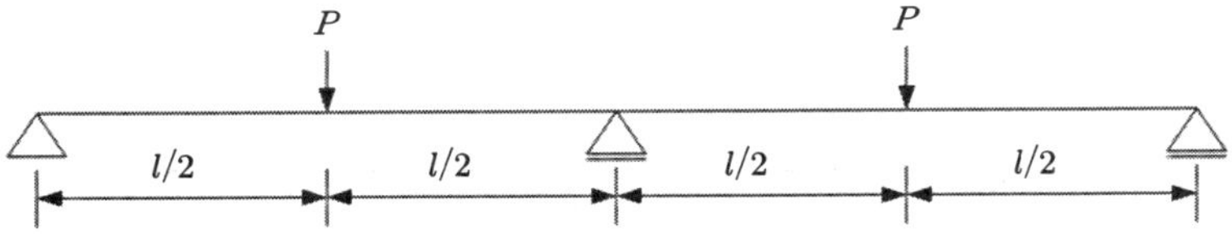

그림 5.8.1
2연속보(단순지지)

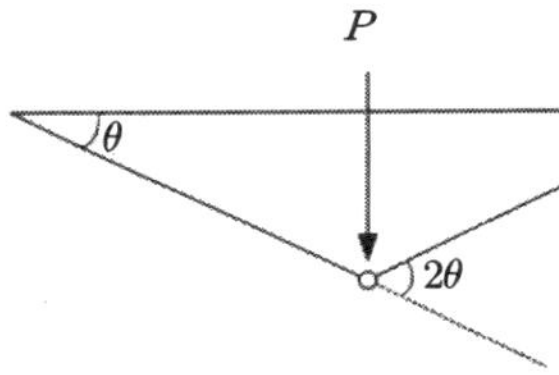

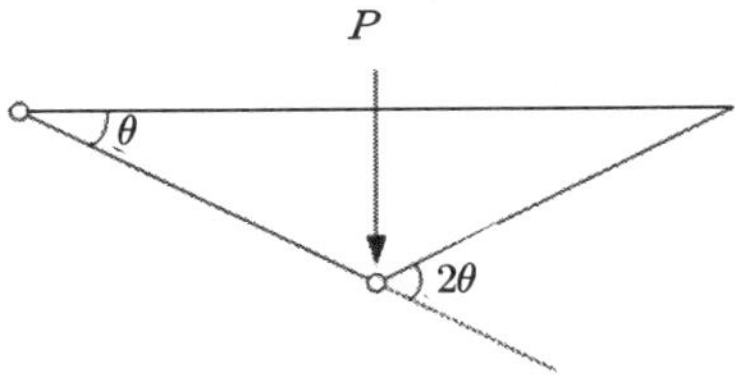

$$3M_p \cdot \theta = P \cdot \frac{l}{2} \cdot \theta$$

$$P_u = \frac{6}{l} M_p$$

5.8.2 다음 2연속보의 최대내력 P를 구하라.

그림 5.8.2
2연속보(일단지지 일단고정)

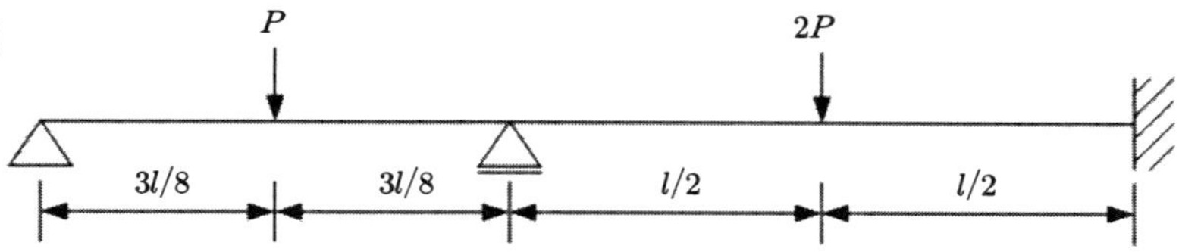

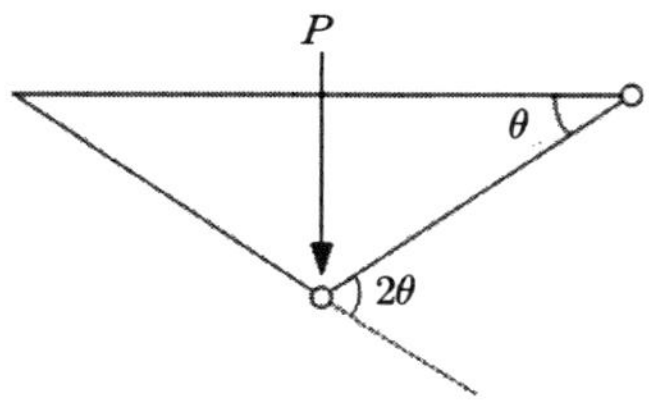

$$3M_p\theta = P \cdot \frac{3l}{8} \cdot \theta$$

$$P_1 = \frac{8}{l}M_p$$

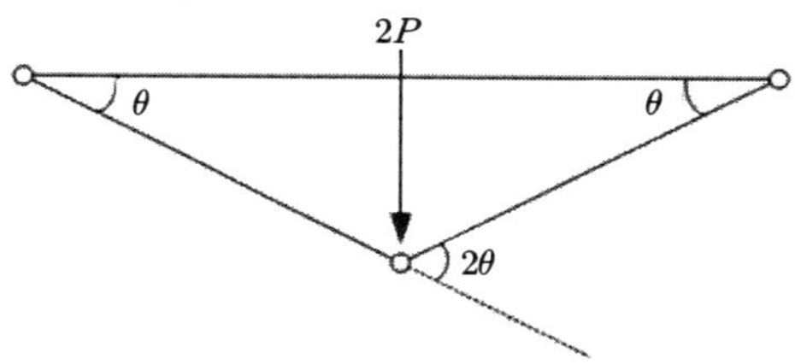

$$4M_p \cdot \theta = 2P \cdot \frac{l}{2} \cdot \theta$$

$$P_2 = \frac{4}{l}M_p$$

$$P_u = P_2 = \frac{4}{l}M_p$$

5.8.3 다음 2연속보의 최대내력 P를 구하라.

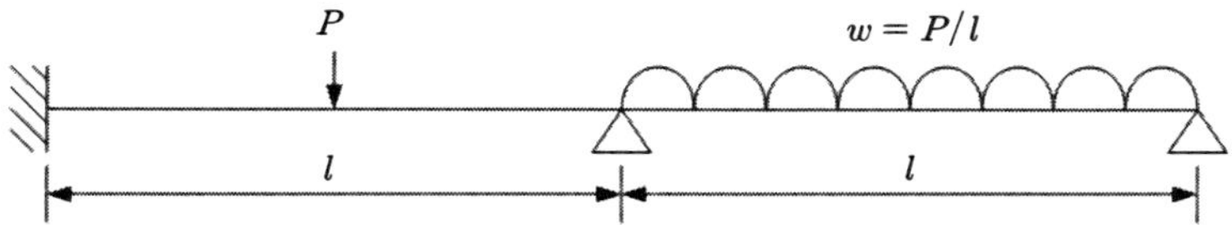

그림 5.8.3
2연속보(등분포하중)

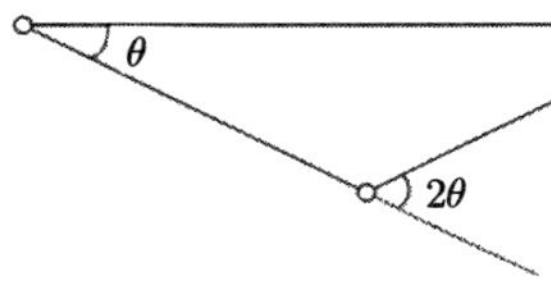

$$4M_p \cdot \theta = P \cdot \frac{l}{2} \cdot \theta$$

$$P_1 = \frac{8}{l}M_p$$

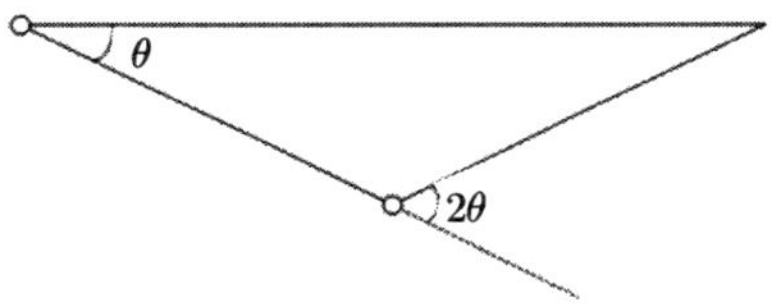

$$3M_p \cdot \theta = P \cdot \frac{1}{2}\frac{l}{2} \cdot \theta$$

$$P_2 = \frac{12}{l}M_p$$

$$P_u = P_1 = \frac{8}{l}M_p$$

5.9 | 라멘의 모멘트 분포도를 그리시오.

그림 5.9.1
프레임구조(그림 5.6.4)

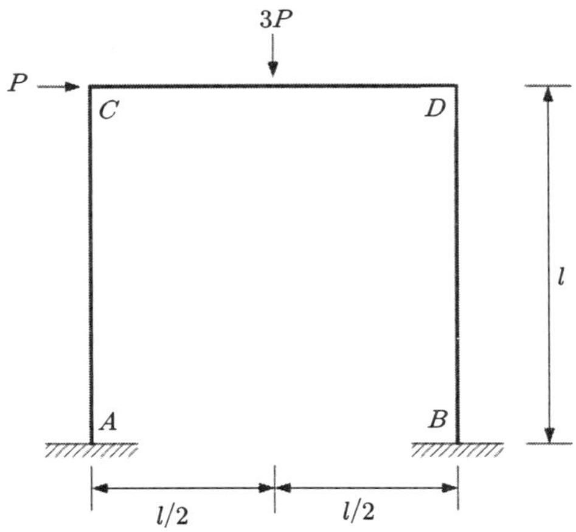

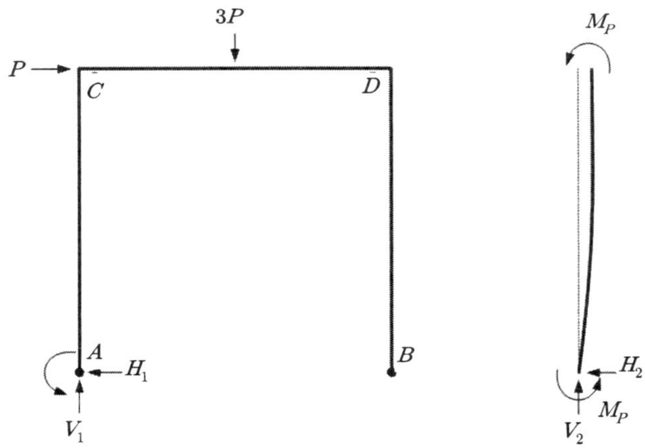

$$\Sigma M_D = -M_p - M_p + H_2 l = 0$$

$$H_2 = 2M_p/l$$

$$H_1 = P - H_2 = P_u - H_2$$

$$= \frac{2.4M_p}{l} - \frac{2M_p}{l} = \frac{0.4M_p}{l}$$

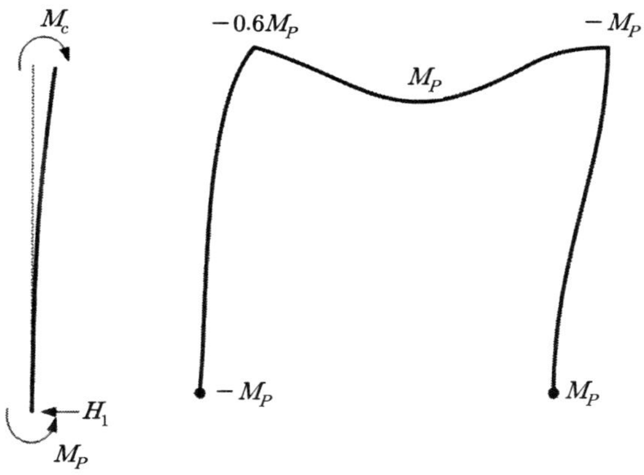

(부호규정에 의한 "+" 방향)

$$\Sigma M_C = -M_p + H_1 l + M_C = 0$$

$$M_C = M_p - H_1 l = M_p - 0.4M_p = 0.6M_p \text{(부호규정에 의해 "−")}$$

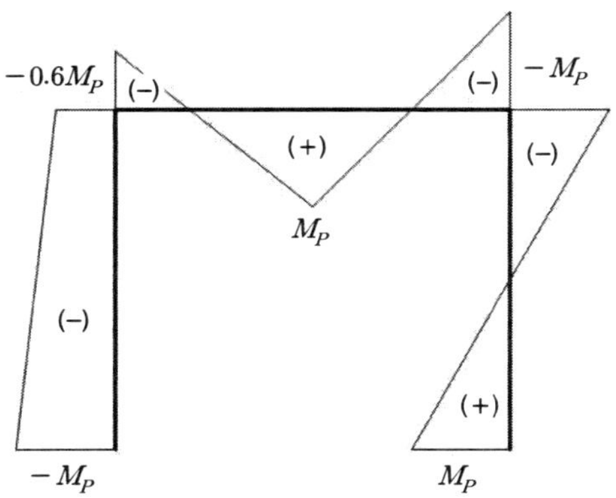

그림 5.9.2
모멘트도

제 6 장

전단응력과 전단중심(Shear center)

6.1 | 개방형 단면의 전단응력

전단력에 의해 야기되는 전단응력에 대해 조사하면 다음과 같다. 보에서 일부 요소(element)를 떼어 내어 모든 응력을 나타낸다.

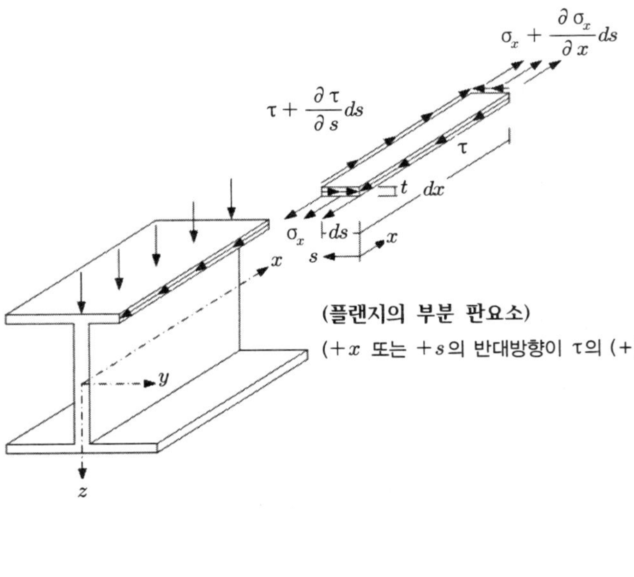

그림 6.1.1
전단력 분포 상세

Element의 단면력은 항상 평형상태를 유지해야 한다. $\Sigma X = 0$으로부터 응력도의 관계를 구한다.

$$\tau tdx + \sigma_x tds = \left(\tau + \frac{\partial \tau}{\partial s}ds\right)tdx + \left(\sigma_x + \frac{\partial \sigma_x}{\partial x}dx\right)tds$$

단면적 힘

$$\frac{\partial \tau}{\partial s}ds\ t\ dx + \frac{\partial \sigma_x}{\partial x}dx\ t\ ds = 0$$

$$\int_{(s)} \frac{\partial \tau}{\partial s}t\ ds = -\int \frac{\partial \sigma_x}{\partial x}t\ ds$$

$$\int_{(s)} \frac{\partial T}{\partial s}ds = -\int \frac{\partial}{\partial x}(\sigma_x)t\ ds \qquad (T = \tau t)$$

$$T - T_A = -\int \frac{\partial}{\partial x}(\sigma_x)t\ ds$$

$$\frac{\partial}{\partial x}(\sigma_x) = \frac{\partial}{\partial x}\left[\frac{M_y}{I_y}z - \frac{M_z}{I_z}y\right] = \frac{V_z}{I_y}z + \frac{V_y}{I_z}y$$

$$T - T_A = -\int_{(s)} \left[\frac{V_z}{I_y}z + \frac{V_y}{I_z}y\right]t\,ds$$

$$= -\frac{V_z}{I_y}\int_{(s)} ztds - \frac{V_y}{I_z}\int_{(s)} ytds$$

개방형 단면에서 초기값 $T_A = 0$가 된다. (그곳에 전단력이 전달되지 않는다)

$$T(s) = -\frac{V_z}{I_y}S_{y(s)} - \frac{V_y}{I_z}S_z(S)$$

$$\tau = -\frac{V_z S_y(s)}{I_y t} - \frac{V_y S_z(s)}{I_z t}$$

(−)표시는 대체시스템이 사용되어짐을 의미한다.

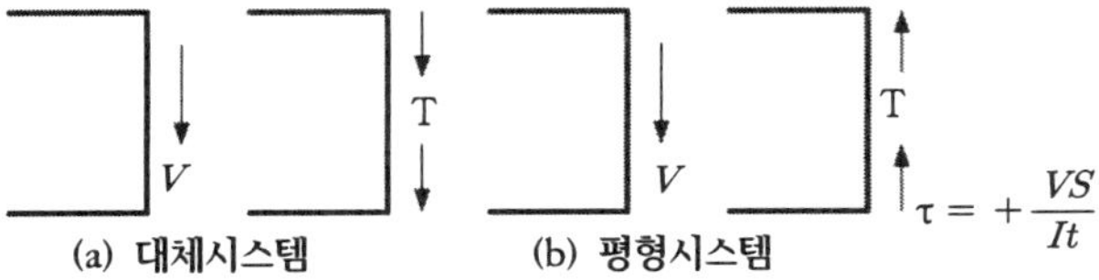

(a) 대체시스템 (b) 평형시스템

그림 6.1.2
전단응력과 대체시스템

개방형 단면의 기호

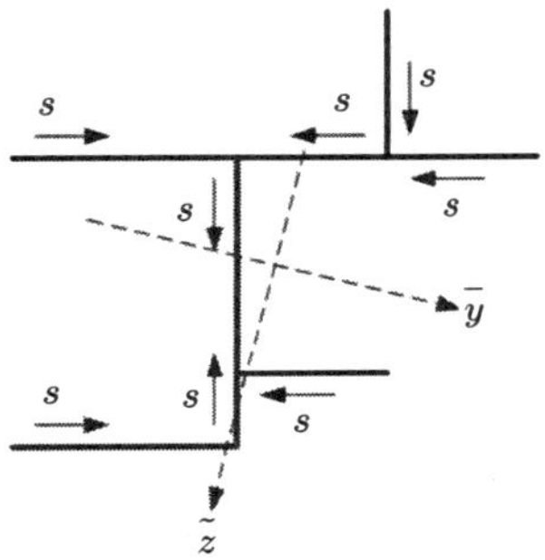

그림 6.1.3
개방형 단면의 기호

주축($\overline{Y}$, $\overline{Z}$)과 무관하게 local coordinate system에 따른다. s의 방향은 분기점마다 변할 수 있다.

ㄷ형강의 전단응력을 예를 들어 구하면 다음과 같다.

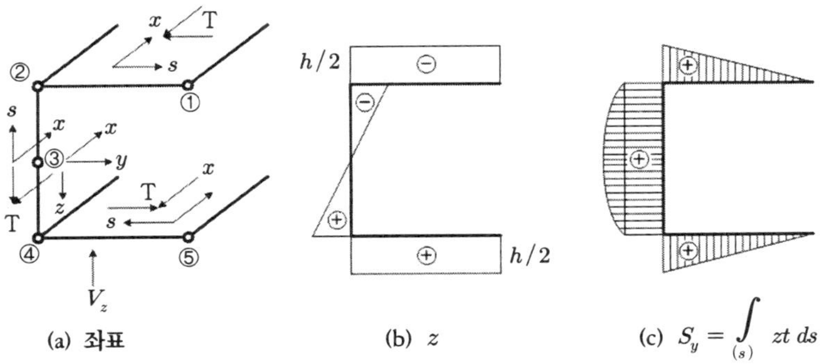

(a) 좌표 (b) z (c) $S_y = \int_{(s)} zt\, ds$

그림 6.1.4
ㄷ형강의 단면1차 모멘트

s의 방향을 그림과 같이 먼저 가정하고, 전단응력의 초기값이 존재하는 점에서 s에 관한 적분을 시작해야 한다. 여기서는 자유단을 의미한다.

$$S_y^1 = 0$$

$$S_y^2 = -\frac{h}{2}t_f(-b) = +\frac{h}{2}bt_f$$

z의 부호　s의 반대방향

$$S_y^4 = +\frac{h}{2}t_f(+b) = +\frac{h}{2}bt_f = S_y^2$$

z의 부호　s와 같은 방향

S_y^3는 S_y^2에 다음을 추가한다.

〈위로부터〉

$$\Delta S_y^3 = -\frac{h}{2}t_w\left(-\frac{h}{2}\right)\frac{1}{2} = \frac{h^2}{4}t_w\frac{1}{2} = \frac{h^2}{8}t_w$$

z의 부호　s의 반대방향으로 적분

〈아래로부터〉

$$\Delta S_y^3 = +\frac{h}{2}t_w\left(\frac{h}{2}\right)\frac{1}{2} = \frac{h^2}{8}t_w$$

z의 부호　s의 같은 방향으로 적분

그로부터 전단응력도는 다음과 같다.

$$\tau = -\frac{V_z S_y}{I_y\ t},\ \text{전단력}\ T = \tau t : T = -\frac{V_z S_y}{I_y}$$

상단 플랜지 : $-(+S_y) = -\tau$ 가정조건과 반대방향으로 작용함.

웨브　　　 : $-(+S_y) = -\tau$ 가정조건과 반대방향으로 작용함.

하단 플랜지 : $-(+S_y) = -\tau$ 가정조건과 반대방향으로 작용함.

*적분방향 s와 반대방향이 τ의 양(+)의 방향이다.

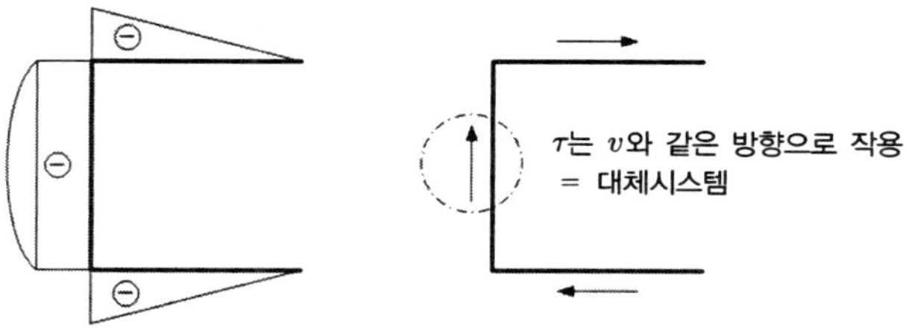

(a) τ (b) τ의 방향

그림 6.1.5
ㄷ형강의 전단응력 분포와 방향

<u>적분방향 s를 바꾸면, 무엇이 변할까?</u>

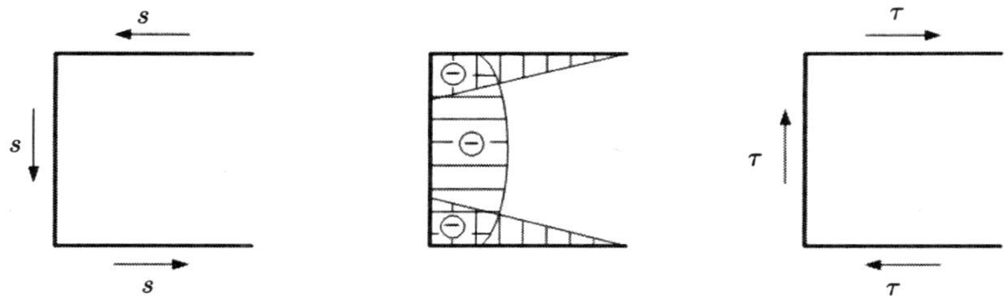

(a) s (b) $S_y(s)$ (c) τ

그림 6.1.6
일차모멘트와 전단응력 방향

모든 S_y부호가 바뀐다.

$$-(-S_y) = +\tau$$

전단응력도 부호는 반대이지만 방향은 똑같아진다.

z방향으로의 평형조건을 성립시켜 보자 : $\sum Z = 0$

양쪽 플랜지의 전단응력도는 웨브에 수직이므로(y방향) 다음과 같다.

$$|V_z| = \int_{A_w} \tau_{(s)} t\, ds$$

전단력은 웨브 전단응력의 적분값과 같기 때문에 간단히 나타낼 수 있다.

$$V = \tau A_w \rightarrow \tau = V / A_w$$

이 식은 웨브의 전단응력의 평균이며 상수로 가정하고 있는 근사식이다. EN 1993 part 1에 따르면 다음과 같이 요구하고 있다.

$$_{\max}\tau = (V \cdot {}_{\max}S) / (I t_w) \ \leq \ F_y / \sqrt{3}$$

$A_f / A_w \ > \ 0.6$이면, 간단히 표현할 수 있다.

$$\tau_M = V / A_w \ \leq \ F_y / \sqrt{3}$$

여기서 τ_M은 $F_y / \sqrt{3}$의 10%를 초과하지 않는다. 압연형강이나 2축대칭 H형강은 일반적으로 $A_f / A_w > 0.6$을 만족하므로 근사식 $\tau_M = V / A_w$이 만족되는 값이다.

<u>일축대칭인 H형강의 전단응력도</u>

$$\tau_M = V / A_w \qquad \phi_1 = A_{tf} / A_w$$

$$\max\tau = \varkappa \cdot \tau_M \qquad \phi_2 = A_{bf} / A_{tf}$$

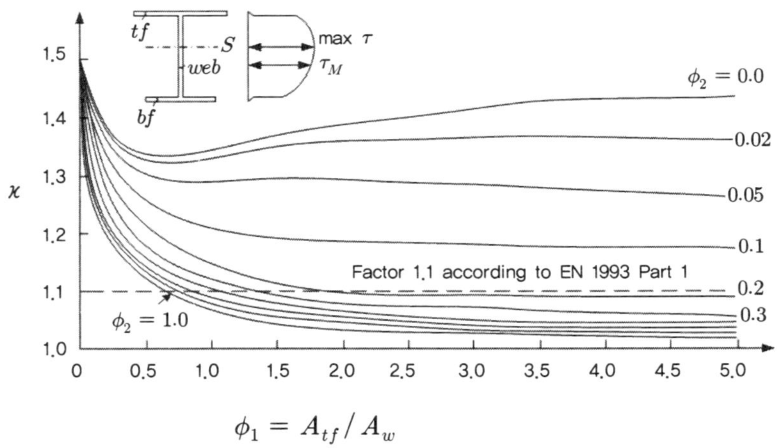

그림 6.1.7
일축대칭인 H형강의 전단응력도 분포

전단응력도의 대응하는 응력별 동일성에 관한 법칙

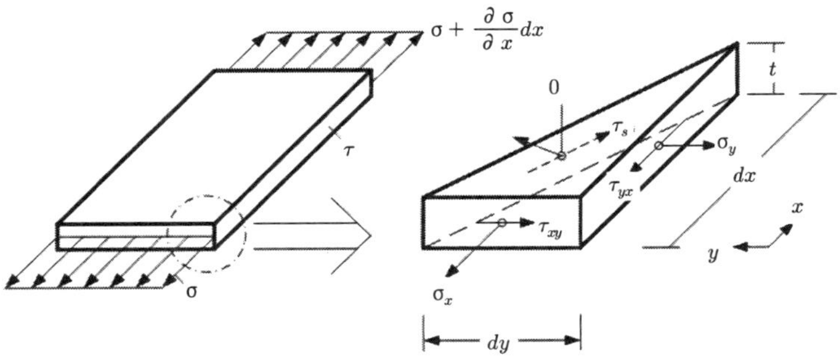

그림 6.1.8
전단응력도의 동일성

$$\sum M_{z(0=0)} = 0$$

$$\rightarrow \tau_{xy} t\, dy \frac{dx}{2} - \tau_{yx} t\, dx \frac{dy}{2} = 0 \rightarrow \tau_{xy} = \tau_{yx}$$

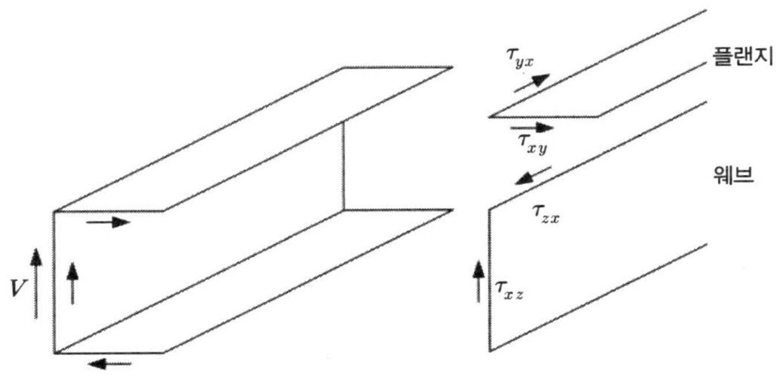

그림 6.1.9
전단응력 방향성

6.2 | 전단중심(Shear Center)

임의의 박판단면(ㄷ-profile) 부재에 주축 z방향으로 힘을 받으면, 다음과 같이 휨응력과 전단응력이 발생한다.

$$\sigma_x = \left(\frac{M_y}{I_y}\right)z, \ \tau_v = -\frac{V_z S_y}{I_y t}$$

그림 6.2.1
ㄷ형강의 휨응력도와 전단응력도

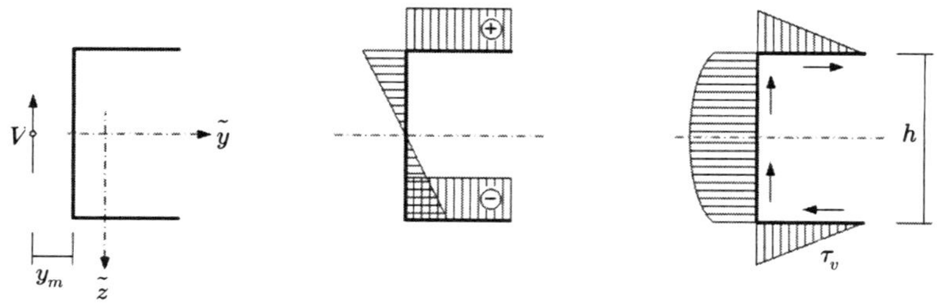

(a) 전단력 작용 (b) σ (c) τ

web에서 총 수직전단력은 전단력 V와 같다.

$$V_w = \int_w \tau_v dA = V$$

한쪽 플랜지에서 총 수평전단력은 다음과 같다.

$$H_f = \int_f \tau_v dA$$

이 수평전단력 H_f는 내부 비틀림모멘트 $M_D = M_t = H_f h$을 발생시킨다. 이는 단면이 회전함을 의미한다. 부재가 회전하지 않기 위하여 비틀림 모멘트가 0이 되어야 한다. 이는 전단력 V가 웨브중심에서 거리 $\tilde{y}_m$만큼 떨어져 작용하는 경우뿐이다.

$$\tilde{y}_m = \frac{H_f \cdot h}{V} \approx \frac{\tau b t_2 / 2}{\tau h t_1} \cdot h = \frac{b}{2}\frac{t_2}{t_1}$$

(t_1 : 웨브두께, t_2 : 플랜지두께)

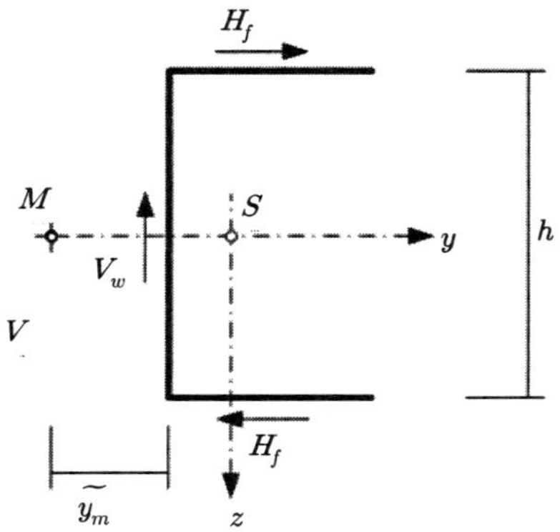

그림 6.2.2
ㄷ형강의 전단중심

$$\sum M_{(M)} = 0 \rightarrow V_w \widetilde{y_m} - H_f h = 0$$

$$\rightarrow \widetilde{y_m} = \frac{H_f h}{V_w}$$

여기서 M 점을 전단중심이라 한다.

전단력을 받는 부재는 휨응력과 전단응력 이외에 다음 크기의 비틀림응력도 받는다.

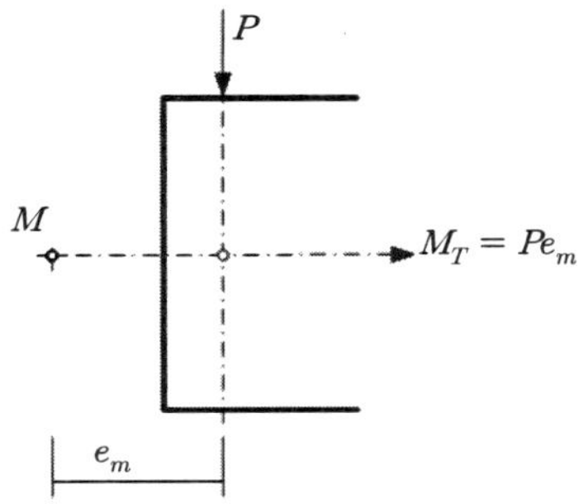

그림 6.2.3
전단중심과
비틀림모멘트

전단중심축의 특징

외부전단력이 그로 인한 반력과 직선으로 한 선상에 놓이면, 전단응력만 부재에 발생한다. 그 외의 경우는 휨과 비틀림이 동시에 작용된다.

일반적인 경우 전단중심 M은 도심 S와 일치하지 않는다.

특별한 경우 :

a) 2축 이상 대칭인 단면

$M = S$

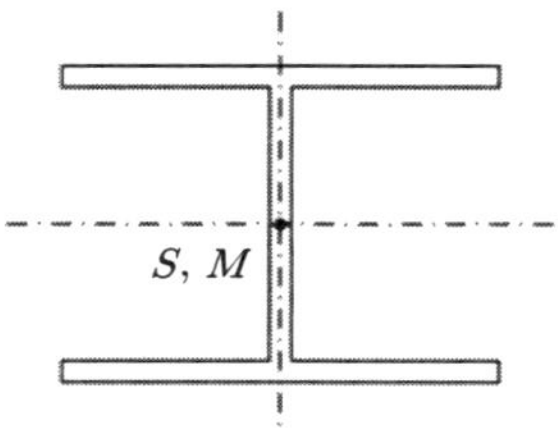

b) 1축 대칭인 단면

M과 S는 대칭축상에 놓임

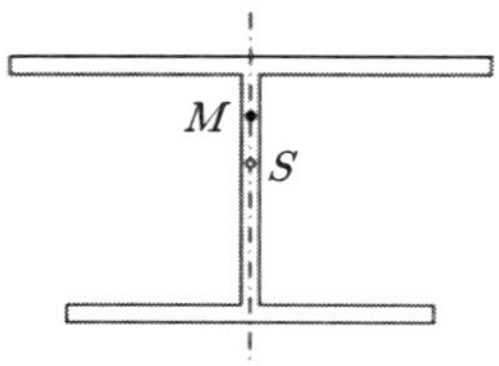

c) 2개의 길쭉한 직사각형으로 나누어진 단면 M은 중심선의 교차점에 놓임

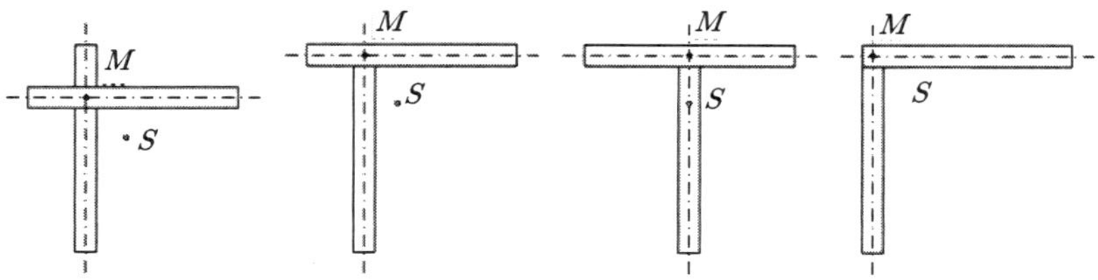

| 예제 6.1 |

다음 ㄷ형강의 전단중심을 구하라.

ㄷ−300×90×9×13

$$A = 48.57\text{cm}^2$$

$$I_x = 6,440\text{cm}^4$$

$$C_y = 2.23\text{cm}$$

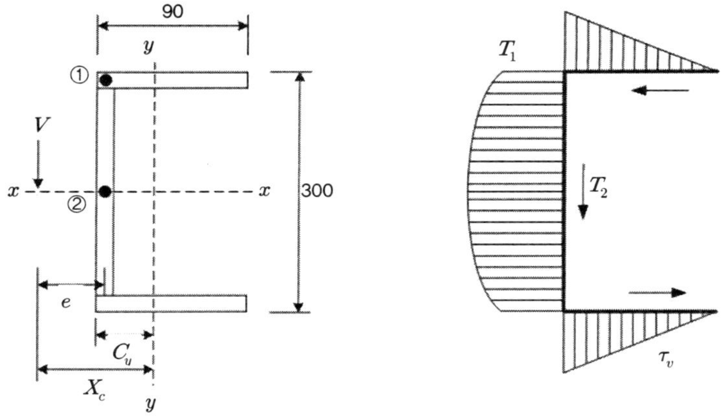

| 풀이 |

① 지점의 단면 1차 모멘트 및 전단력

$$S_{y,1} = 9 \cdot 1.3(15 - \frac{1.3}{2}) = 167.9\text{cm}^3$$

$$T_1 = -\frac{V \cdot S_{y,1}}{I} = -\frac{V \cdot 167.9}{6,440} = -0.026V$$

② 지점의 단면 1차 모멘트 및 전단력

$$S_{y,2} = S_{y,1} + 0.9(15 - 1.3)(\frac{15 - 1.3}{2}) = 252.4\text{cm}^3$$

$$T_2 = -\frac{V \cdot S_{y,2}}{I} = -\frac{V \cdot 252.4}{6,440} = -0.039\,V$$

$$M_M = V \cdot e - \frac{T_1}{2} \cdot 9 \cdot \left(15 - \frac{1.3}{2}\right) \cdot 2 = 0$$

$$e = 3.36\text{cm}$$

전단중심 $X_c = 3.36 + (2.23 - 0.9/2) = 5.14\text{cm}$

|연습문제 6.1| H−300×150×6.5×9 형강의 전단응력도를 도식으로 표현하시오.

제7장

비틀림(St. Venant Torsion)

7.1 | 개요

7.1.1 가정

가) y, z방향으로의 변위 발생

나) 뒤틀림(Warping torsion)은 무시

7.1.2 휨과 Torsion 미분방정식

$$-GI_p\phi'' = m_d$$

ϕ : $y-z$ 평면에서 단면의 회전각

m_d : 미소길이에 대한 또는 단위길이에 대한 비틀림모멘트

I_p : 극관성 모멘트

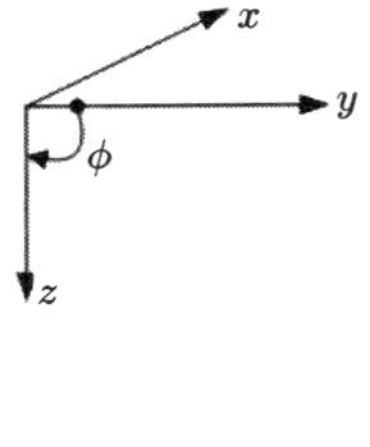

그림 7.1.1

회전각 ϕ

7.1.3 뒤틀림(Warping Torsion)은 무엇인가?

보통 "w"로 표시한다. Torsion 하중으로 인한 재축방향으로 단면의 변위를 나타낸다.

$$w = f(x,\ y,\ z)$$

단면의 한 점에만 관계하는 것이 아니고, x의 위치에도 관계한다.

그러나 St. Venant Torsion에서는 특별히 x좌표(재축방향)에 대해 w가 무관하다.

$$w = f(y,\ z)$$

단면에서 Warping은 다음과 같이 도식적으로 나타낼 수 있다.

그림 7.1.2
뒤틀림의 예

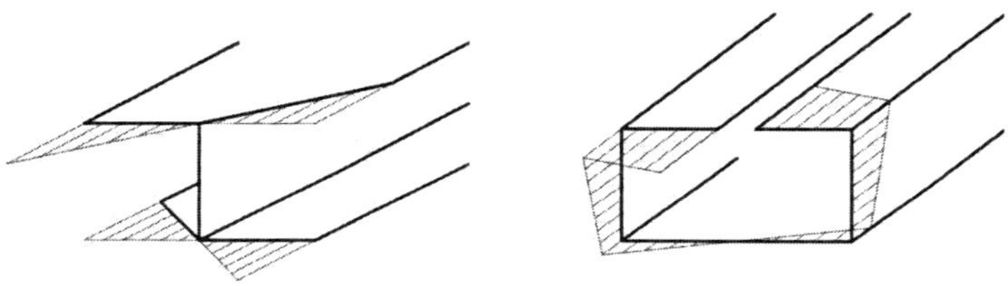

w가 길이방향에 무관할 때, 상수의 부재력이 존재하게 된다.

즉, $M_T = const.$

Warping이 응력도에 영향을 미치지 않는다면, Warping이 구속되지 않은 채 발생할 수 있다는 것을 의미한다. 왜냐하면 구속에 의하여 응력이 발생하기 때문이다.

(예 : 온도에 의한 팽창이 자유로이 발생할 수 있다면 온도응력은 응력이 아니다.)

구속 변위는 비틀림구속조건(Fork support) 지점을 갖는 단순보의 단부에서만 가능하다. 즉 St. Venant Torsion은 다음의 조건에서만 유효하다.

그림 7.1.3
비틀림 구속조건

7.2 | 단면의 형태

7.2.1 뒤틀림이 발생하지 않는 단면 (Warping free Section)

변위 $w = f(y,z)$는 선형이어야 한다.

단면은 회전하는 동안 평면을 유지한다.

(1) 원형단면

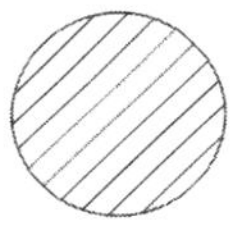

(2) 교차하는 두 개의 선형단면

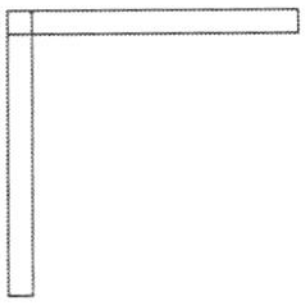

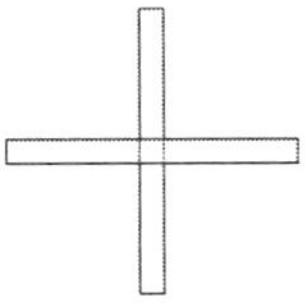

(3) 다음 조건을 만족하는 튜브 단면

단면 두께에 인장력이 작용하여 모든 R 이 한 점에서 만나면 Warping free!

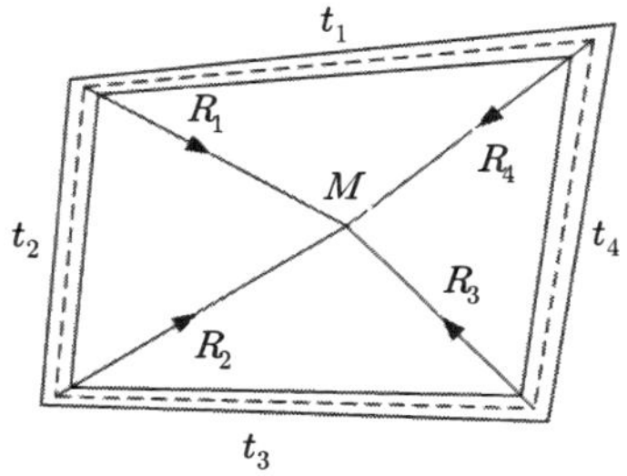

7.2.2 뒤틀림이 발생하는 단면(Non-Warping free section)

7.2.1에서 언급하지 않은 모든 단면, 특히

7.3 | 비틀림 강성과 전단응력도

7.3.1 비틀림 미분방정식

$$-GI_p\phi'' = m_d$$

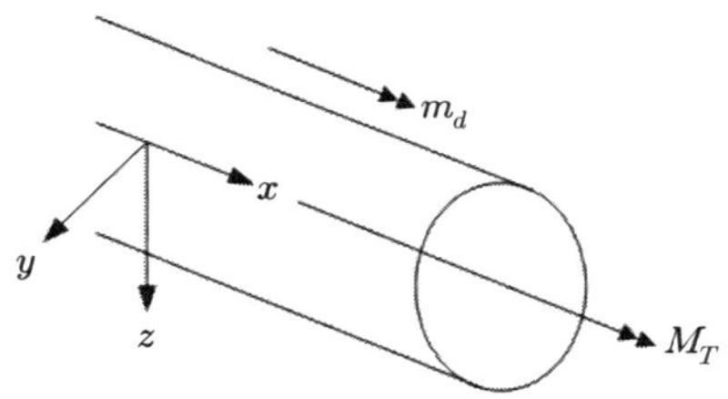

그림 7.3.1
비틀림 모멘트

$$GI_P\phi' + \int m_d dx = 0$$

$$GI_P\phi' - M_T = 0 \quad \left(-M_T = +\int m_d dx\right)$$

$$\phi' = \frac{M_T}{GI_P}$$

$$\therefore \ \phi = \frac{M_T}{GI_P}L$$

7.3.2 다른 유도방법

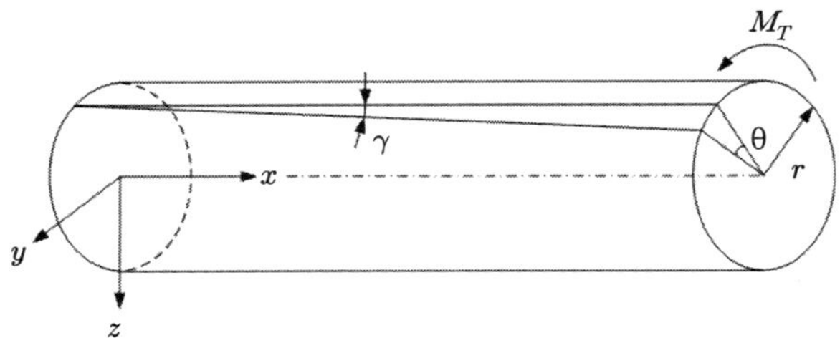

그림 7.3.2
비틀림모멘트와 회전각

γ : 처음과 나중 단면 사이의 전단회전각

$\gamma = \dfrac{\theta \cdot r}{L} \rightarrow \theta = \dfrac{L}{r}\gamma$ 이고, 따라서 임의의 점에서

$$\theta(x) = \frac{x}{r} \cdot \gamma$$

후크의 법칙에 따라

$$\tau = G \cdot \gamma$$

$$\tau = G \cdot r \cdot \frac{d\theta}{dx} \qquad \left(\frac{\theta(x)}{x} \cong \frac{d\theta}{dx} = \frac{\gamma}{r} \rightarrow \gamma = \frac{d\theta}{dx} r\right)$$

응력도가 Torsion Moment를 발생시킨다.

$$M_T = \int_{(s)} \tau dA \cdot r = \int G \cdot r^2 dA \cdot \frac{d\theta}{dx}$$

$$M_T = GI_P\theta' \quad \left(I_P = \int r^2 \cdot dA \text{ : 극관성모멘트, Polar moment of inertia}\right)$$

$$\therefore \theta' = \frac{M_T}{GI_P}$$

단면 profile에 따라 I_P와 τ값이 변한다.

7.3.3 개방형 단면

그림 7.3.3
플랜지의 전단응력도 분포

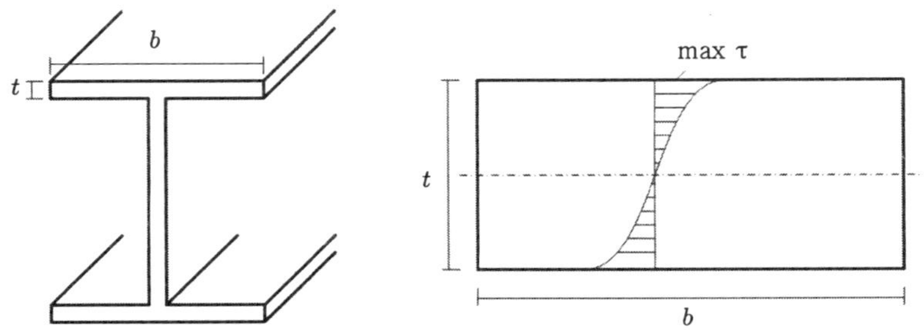

$$I_P = k_1 b t^3$$

$$k_1 = f(b/t)$$

근사방법으로 :

$$k_1 = \frac{1}{3}(1 - 0.63t/b)$$

$$\max \tau = \frac{M_T}{k^2 b t^2}$$

b/t	1.0	2.5	5.0	10.0	∞
k_1	0.141	0.249	0.291	0.312	0.333
k_2	0.208	0.258	0.291	0.312	0.333

철골 profile : 일반적으로 $b/t \rightarrow \infty$

$$\rightarrow I_P = \frac{1}{3} b t^3 \qquad \therefore \tau = \frac{M_T}{I_P} t$$

조립 profile : 각 부분 단면요소들은 전체단면과 같이 θ'가 동일하게 회전한다.

$$\theta_i' = \theta'$$

$$\frac{M_{T_i}}{GI_{P_i}} = \frac{M_T}{GI_P} \qquad M_{T_i} = \frac{M_T}{I_P} \cdot I_{P_i}$$

$$\sum M_{T_i} = M_T \quad \sum M_{T_i} = \frac{M_T}{I_P} \sum I_{P_i} = M_T$$

$$\rightarrow I_P = \sum I_{P_i}$$

철골 profile에 대하여 수정계수 η 를 도입한다.

$$I_P = \eta \frac{1}{3} \sum_i b_i t_i^{\ 3}$$

이 수정계수는 실험으로부터 구해지며 압연형강에서 Rounding부분을 고려한다.

단면형상		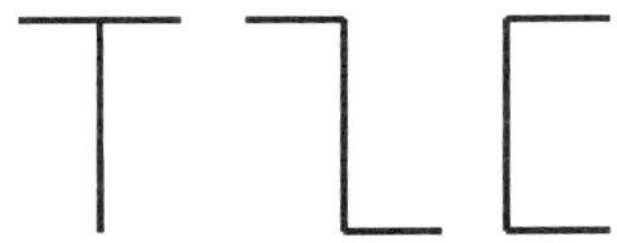	
η	1.0	1.1~1.15	~1.3

$$\max \tau = \frac{M_T}{I_P} max\ t$$

Strip 연결인 경우 :

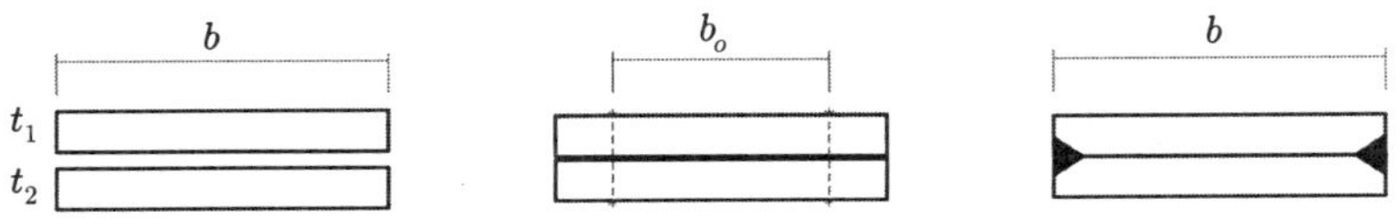

$$I_P = b\left(\frac{t_1^3}{3} + \frac{t_2^3}{3}\right) \quad < \quad \sim \frac{1}{3} b_o (t_1 + t_2)^3 \quad < \quad \frac{1}{3} b (t_1 + t_2)^3$$

그림 7.3.4
접합상태와 I_p의 영향

7.3.4 튜브형 단면

단면이 박판이라고 가정하자. 그러면 두께에 대해 전단응력은 균일하게 분포한다.

Open Section :

내부 팔의 길이가 짧아서 전단응력이 커지고, 변형도 커진다.

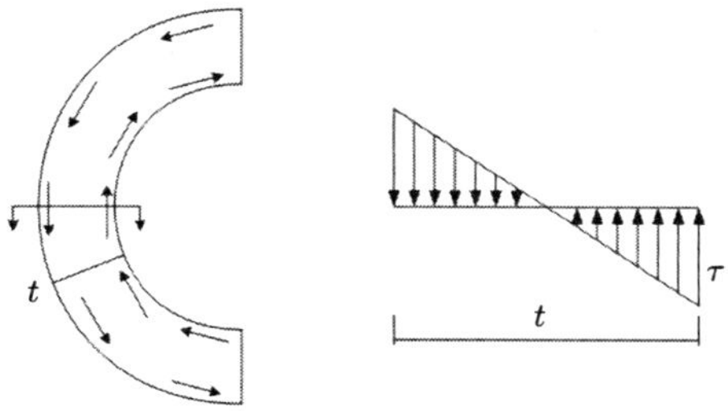

Close Section :

τ는 t에 걸쳐 일정하다. 한 요소 부분을 절단하면

$$T = \tau \cdot t = \text{전단흐름(shear flow)}$$

그림 7.3.5
폐쇄형 단면의 전단흐름

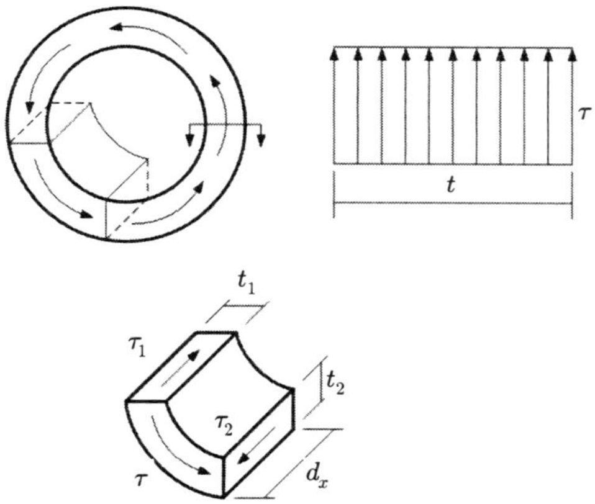

$$\sum X = 0$$

$$\tau_1 \cdot t_1 \cdot dx - \tau_2 \cdot t_2 \cdot dx = 0$$

$$\tau_1 \cdot t_1 = \tau_2 \cdot t_2$$

$$T = \tau \cdot t = const.$$

$$\max \tau = \frac{T}{\min t}$$

A점에 관한 모멘트의 합

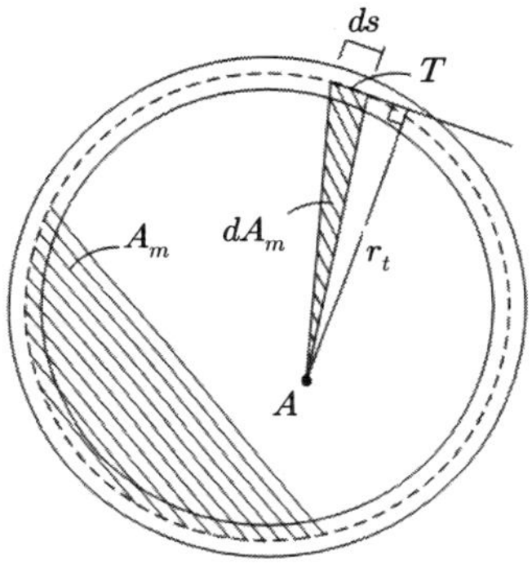

그림 7.3.6
폐쇄형 단면의 비틀림 모멘트

$$\sum M_A = 0\,(= M_T)$$

$$dM_T = T\,ds\,r_t \qquad r_t \cdot ds = 2 \cdot dA_m$$

$$M_T = \oint T \cdot r_t \; ds$$

$$\oint r_t\,ds = 2 \cdot A_m$$

$$M_T = T\oint r_t\,ds = T \cdot 2 \cdot A_m$$

(A_m : 평균 폐쇄단면적)

<u>Circle Section</u> :

$$\left.\begin{array}{l} r_t = r \qquad u = 2\pi r \\ r_t \cdot u = 2\pi r^2 = 2A_m \end{array}\right\} \Rightarrow \; T = \frac{M_T}{2A_m}$$

박판튜브형 단면의 브레드(bredt) 제1법칙

$$T = \frac{M_T}{2\pi r^2}$$

한 단면요소에서 내부와 외부 에너지의 비교로부터 비틀림 관성모멘트(Torsion moment of inertia)를 구할 수 있다.

평행사변형 단면

$A = a(\text{밑변}) \cdot d(\text{높이})$

삼각형 단면

$A = \frac{1}{2} ds \cdot r_t$

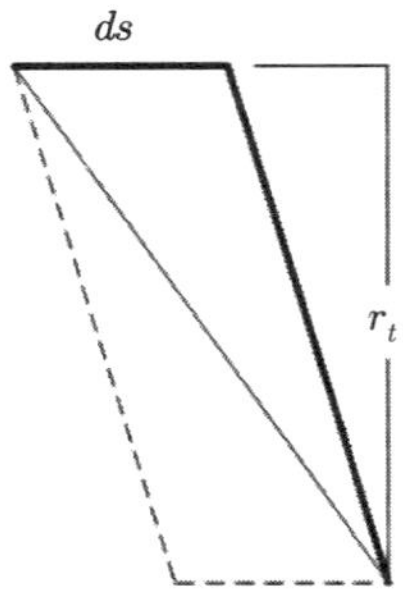

7.3.5 에너지 법칙

그림 7.3.7
에너지 법칙

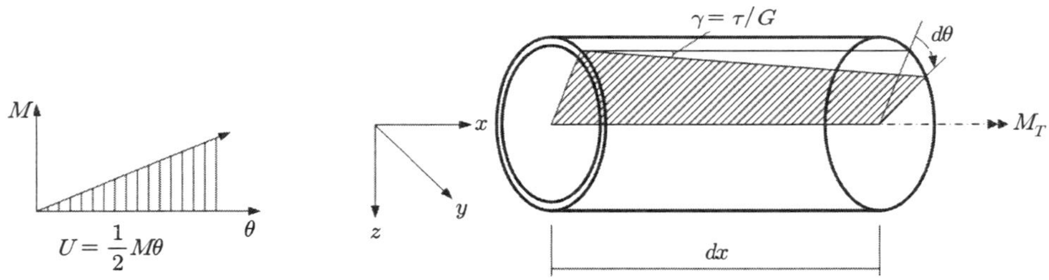

하중이 서서히 작용되어진다면,

외부에너지=내부에너지

$$\frac{1}{2} M_T \, d\theta = \frac{1}{2} \oint \tau \cdot t \cdot ds \cdot \gamma \cdot dx \quad \gamma = \frac{\tau}{G}$$

(모멘트 변각) (힘 거리)

$$M_T \frac{d\theta}{dx} = \oint \frac{\tau^2}{G} t \, ds \qquad \gamma\text{는 } dx\text{에 무관}$$

$$M_T \theta' = \frac{T^2}{G} \oint \frac{ds}{t}, \qquad \tau = \frac{T}{t}$$

$$M_T\theta' = \frac{M_T^2}{4A_m^2}\frac{1}{G}\oint\frac{ds}{t},\quad T = \frac{M_T}{2A_m},\quad \theta' = \frac{M_T}{GI_p}$$

$$I_p = \frac{4A_m^2}{\oint\frac{ds}{t}}$$

박판튜브형 단면의 비틀림 상수, 브레드(bredt) 제2법칙

$\oint\frac{ds}{t}$의 계산 :

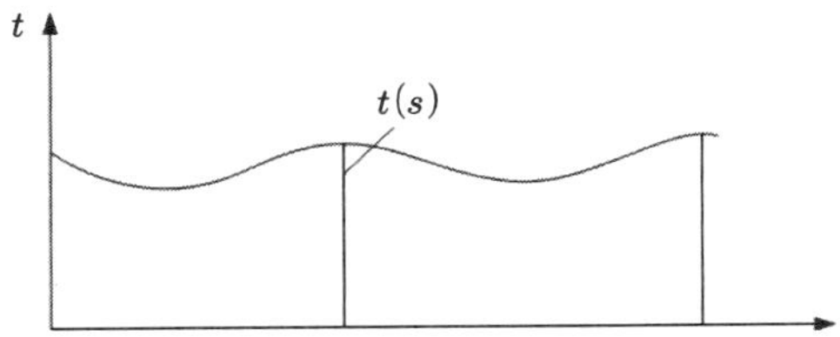

Simpson 규칙

철골구조에서 t 는 주로 길이별로 일정하다.

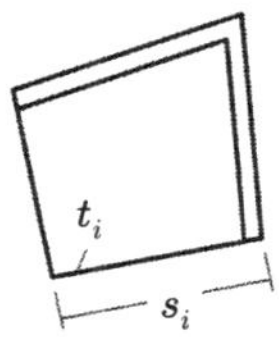

$$\oint\frac{ds}{t} = \sum_i\frac{s_i}{t_i}$$

| 예제 7.1 |

개방형 / 폐쇄형 단면의 비교

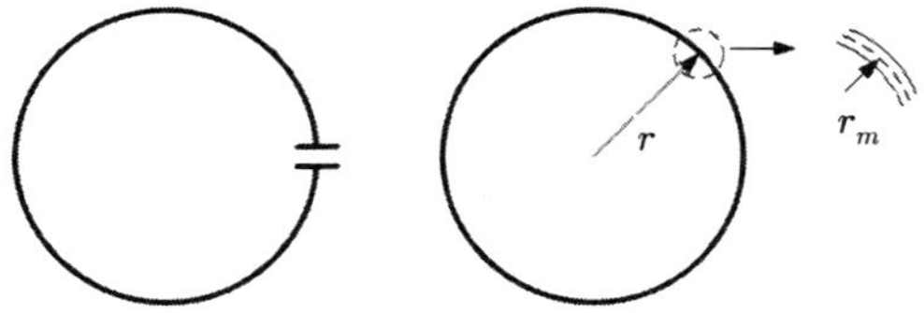

$$I_p^{open} = \frac{1}{3} 2\pi r t^3 \quad I_p^{close} = \frac{4(\pi r^2)^2}{\frac{2\pi r}{t}} = 2\pi r^3 t$$

| 풀이 |

$$\frac{I_p^c}{I_p^o} = \frac{2\pi r^3 t}{\frac{2}{3}\pi r t^3} = 3\left(\frac{r}{t}\right)^2$$

철골구조에서 일반적으로 사용되는 profile에 대하여

Ex. $\phi 76.1/3.6\text{mm} \quad r/t = 10.6$

$\rightarrow I_p^c = 3 \cdot (10.6)^2 I_p^o = 335\ I_p^o$

교량단면에서 계수는 훨씬 더 크다.

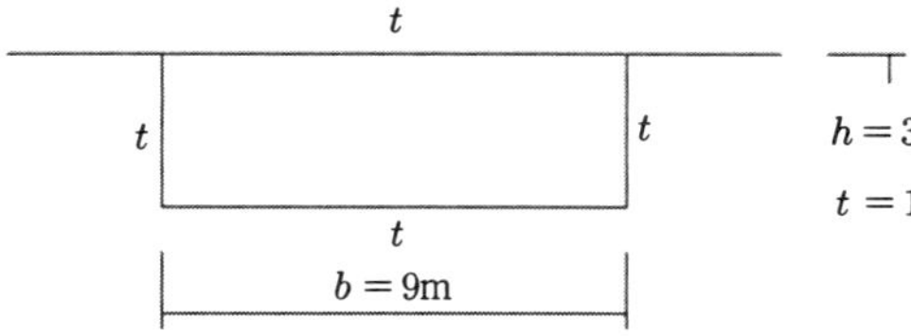

$h = 3\text{m} = \frac{b}{3}$

$t = 12\text{mm}$

$$I_p^o = \frac{1}{3}\left(2b + \frac{2}{3}b\right)t^3 = \frac{8}{9}bt^3 \qquad I_p^c = \frac{4 \cdot \left(b \cdot \frac{b}{3}\right)^2}{\frac{8}{3}\frac{b}{t}} = \frac{4 \cdot 3b^3}{9 \cdot 8}t = b^3 t \cdot \frac{1}{6}$$

$$\frac{I_p^c}{I_p^o} = \frac{1}{6}\frac{b^3 t}{bt^3} \cdot \frac{9}{8} = \frac{9}{48}\left(\frac{b}{t}\right)^2 \qquad \frac{b}{t} = \frac{9{,}000}{12} = 750$$

$I_p^c = I_p^o \cdot 105{,}500$

비틀림이 작용한다면, 폐쇄형 단면을 선택하는 것이 합리적이다.

7.4 비틀림 모멘트와 변각

비틀림 미분방정식은 선형방정식이다.

$$\theta' = \frac{M_T}{GI_p}$$

이 방정식을 적분하면

$$\theta(a) = \int_{(s)}^{a} \frac{M_{T(x)}}{GI_p(x)}\, dx$$

초기 단면($x = 0$)에 대한 $x = a$ 점에서 단면의 변각을 나타낸다.

7.4.1 정정 지지

부재가 변각에 대하여 한 점에서만 고정된다면, 정역학적 지지가 가능해진다. 비틀림 모멘트분포는 평형조건으로부터 직접 구할 수 있다. (Fork bearing)

비틀림 구속 지점(Fork bearing)의 정의

$$\theta = 0$$

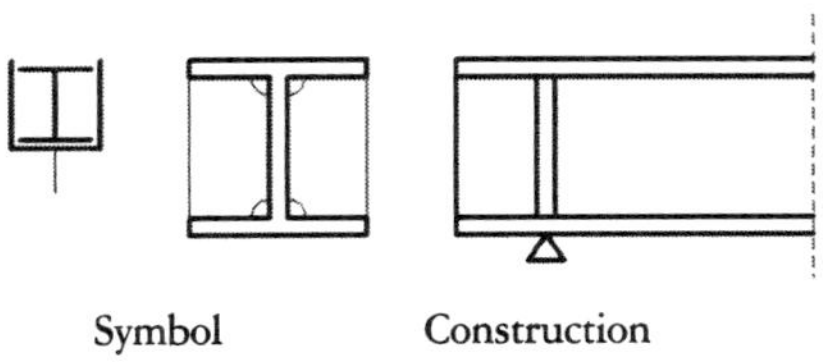

$\underline{M_T \text{ 유도}}$:

그림 7.4.1
비틀림의 정정 지지조건

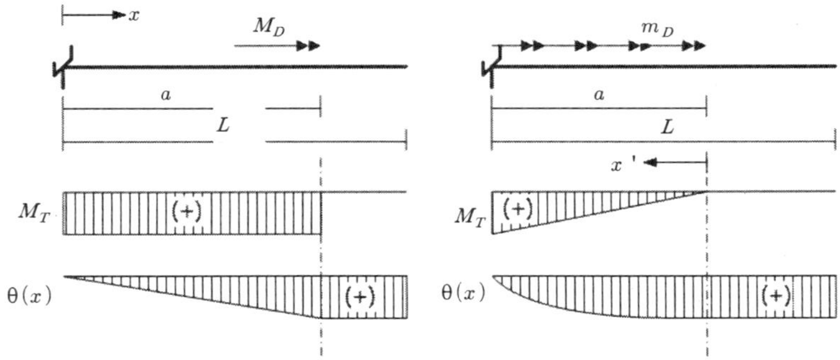

$x \le a$	$x > a$	$M_T = m_d\, x'$ $x \le a$	$x > a$
$M_T = M_D$ $\theta(x) = \dfrac{M_T}{GI_p}x$	$M_T = 0$ $\theta = \dfrac{M_T}{GI_p}a$	$M_T = m_d\, a\left(1 - \dfrac{x}{a}\right)$ $\theta = \dfrac{m_d\, a}{GI_p}x\left(1 - \dfrac{x}{2a}\right)$	$M_T = 0$ $\theta = \dfrac{m_d\, a}{GI_p}\dfrac{a}{2}$

7.4.2 부정정지지

그림 7.4.2
비틀림의 부정정 지지조건

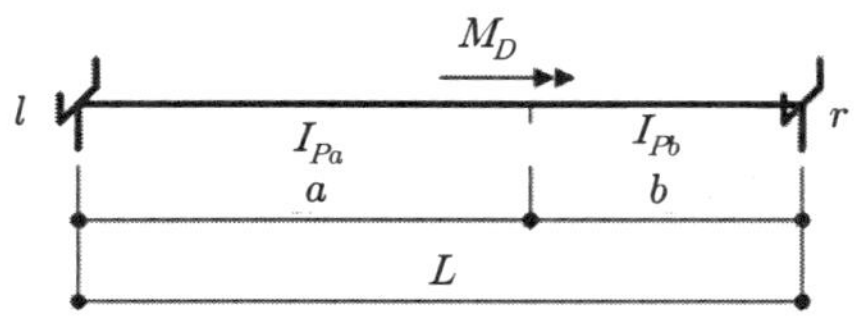

부정정으로써 오른쪽 단부 r 에서 비틀림모멘트가 도입된다.

r 점에서 변각은 0이다.

가상일법으로 부정정구조물을 해석하기 위하여 우선, 부정정구조물을 정정구조물의 상태로 가정한다. 여기서 우측 r 지점의 구속조건을 해제하여 일단 구속 일단 자유인 정정구조물로 가정한다.

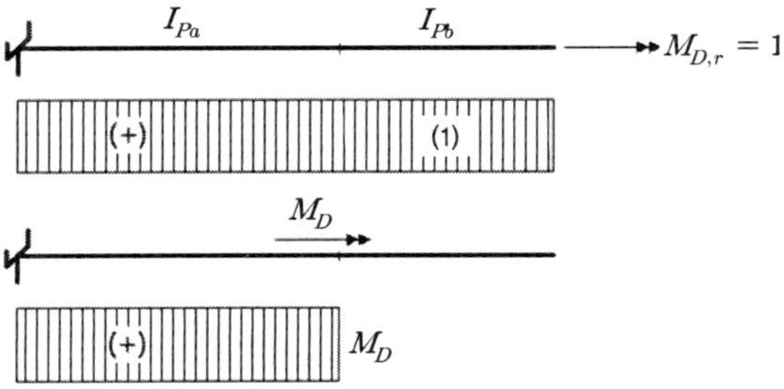

그림 7.4.3
가상일법에 의한 모멘트도

1) 정정구조물로 가정하기 : r지점을 자유단으로 가정함

2) 가상일의 원리를 가정한 정정구조물에 적용함

$$\delta_{10} + X_1\delta_{11} = 0$$

여기서 δ_{10} : 실제 M_D 작용상태에서 r지점의 변각

δ_{11} : r지점에 가상 모멘트 $M_{D,r} = 1$ 작용상태에서 r지점의 변각

X_1 : r지점에서 변각이 θ라는 실제 구조물의 조건을 만족시키기 위한 모멘트 M_{Tr}

$$\theta^0_{r[M_D]} + M_{Tr}\theta^0_{r[M_D=1]} = 0$$

$$M_{Tr} = -\frac{\theta^0_{r[M_D]}}{\theta^0_{r[M_D=1]}}$$

$$M_{Dr} = 1$$

$$\delta_{11} = \theta^0_{r[M_D=1]} = \int_{(s)} \frac{1dx}{GI_{pa}} + \int \frac{1dx}{GI_{pb}}$$

$$= \frac{a}{GI_{pa}} + \frac{b}{GI_{pb}}$$

$$\delta_{10} = \theta_{r[M_D]} = \frac{aM_D}{GI_{pa}}$$

$$M_{Tr} = -\frac{aM_D/GI_{pa}}{a/GI_{pa} + b/GI_{pb}} = -\frac{M_D a}{a + \frac{I_{pa}}{I_{pb}}b}\ ,\quad (X_1 = -\frac{\delta_{10}}{\delta_{11}})$$

특수해 :

$I_{pa} = 2 I_{pb}$인 경우

$b = 2a$

$$M_{Tr} = -M_D \frac{a}{a + 2 \cdot 2a} = -\frac{M_D}{5}$$

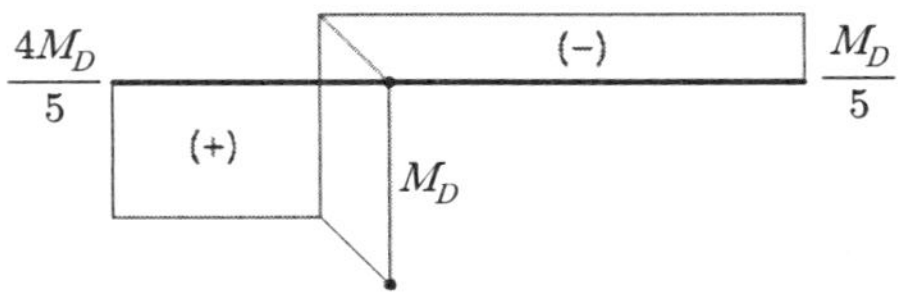

$I_{pa} = I_{pb}$인 경우

$b = 2a$

$$M_{Tr} = -M_D \frac{a}{a + 2a} = -M_D \frac{1}{3}$$

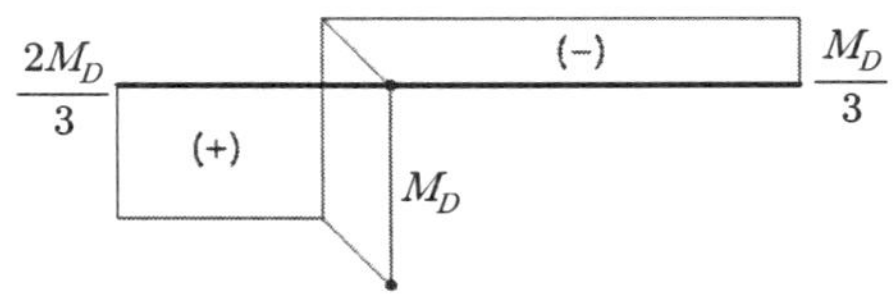

$$\theta' = \frac{M_T}{GI_p}$$

$$\theta_l' = \frac{2M_D}{3} \frac{1}{GI_p}$$

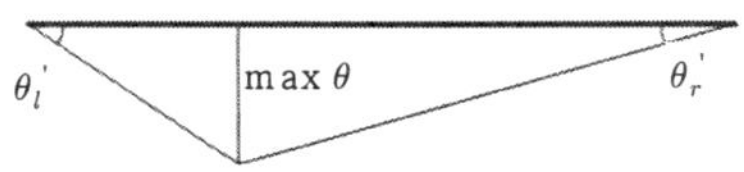

$$\max \theta = \theta_l' a \qquad \max \theta = \frac{2M_D}{3} \frac{a}{GI_p}$$

변각 θ는 비틀림 모멘트 M_D의 작용점에서 꺾임현상이 나타난다.

수직하중이 작용하는 부재 :

부정정구조물에 유사해석 방법으로 사용될 수 있다.

V : 전단력 분포

I_p 가 일정하면 보의 V (전단력) 분포와 같은 M_T (모멘트) 분포를 나타낸다.

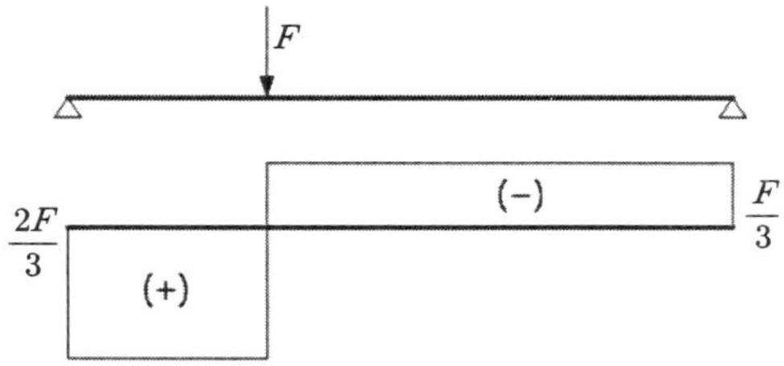

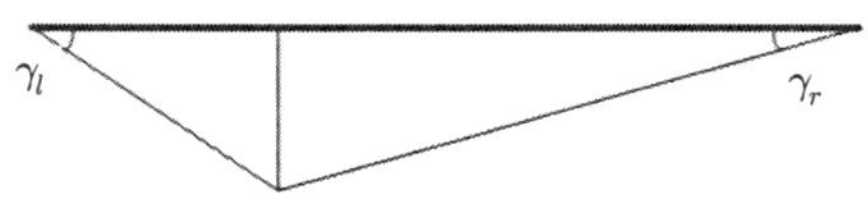

| 예제 7.2 |

박판 튜브형 단면의 비틀림

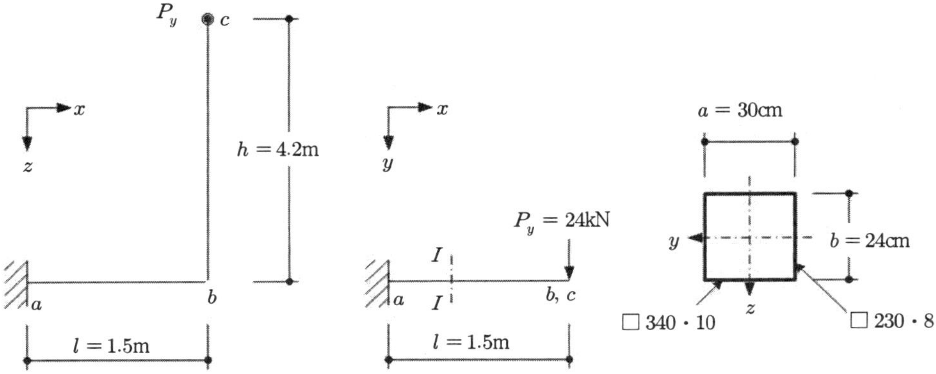

$SM275$, $G = 81{,}000\text{MPa}$ 일 때, 전단응력 τ와 변각의 기울기 θ'를 구하라.

| 풀이 |

비틀림 : $M_T = P_y \cdot h = 24\,(4.2) = 100.8\,\text{kN}\cdot\text{m}$

단면 성질 : $A_m = a \cdot b = 30 \cdot 24 = 720\text{cm}^2$

$$I_p = 4 \cdot A_m^2 \;/ \oint \frac{ds}{t} = \frac{4 \cdot 720^2}{2\left[\dfrac{30}{1} + \dfrac{24}{0.8}\right]} = 17{,}280\text{cm}^4$$

전단응력도 :

□ 230 · 8 : $\tau = \dfrac{M_T}{2 \cdot A_m \cdot t} = \dfrac{100.8 \times 100}{2 \times 720 \times 0.8} = 8.75\text{kN/cm}^2 \le \dfrac{F_y}{\sqrt{3}}$: (ASD)

□ 340 · 10 : $\tau = \dfrac{100.8 \times 100}{2 \times 720 \times 1} = 7\text{kN/cm}^2$

θ' : $\theta' = \dfrac{M_T}{G \cdot I_p} = \dfrac{100.8 \times 100}{7910 \times 17280} = 7.338 \times 10^{-5}(1/\text{cm})$

$= 7.338 \times 10^{-5} \times \dfrac{180^\circ}{\pi} = 4.204 \times 10^{-3}$(degree/cm)

$\theta_b(x = 150cm) = \theta'\, l = 6.3^\circ$

| 예제 7.3 |

다음 고정단에 B점과 C점에서 비틀림 모멘트가 작용할 때, 비틀림 모멘트도와 각도를 구하여라.

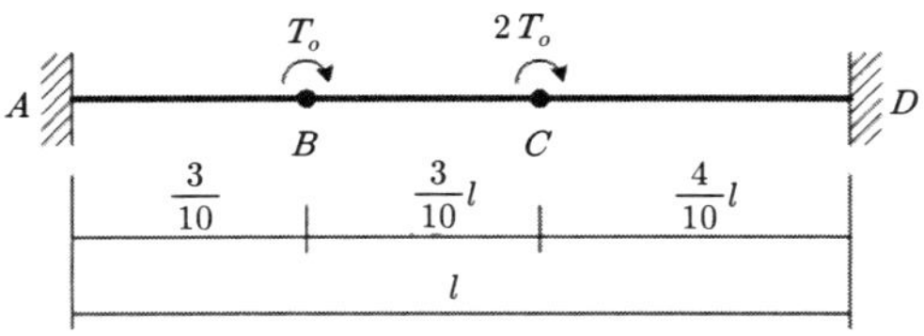

| 풀이 |

비틀림 모멘트에 대하여 부정정지지상태에 놓여 있어 수직하중이 작용하는 부재로 대체하여 비틀림 모멘트를 구할 수 있다.

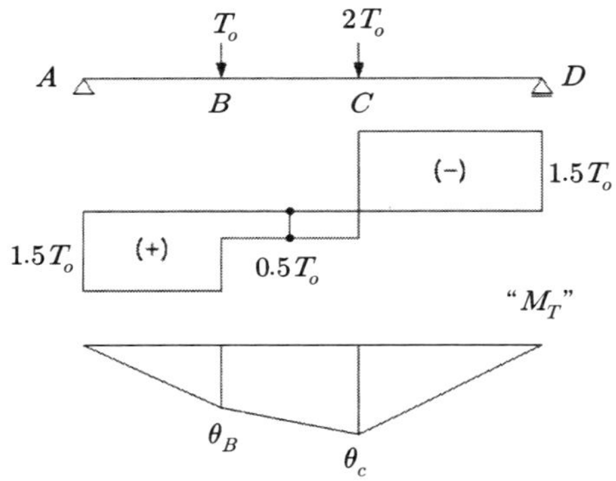

(재하상태-비틀림 모멘트)

(전단력 분포-비틀림 모멘트 분포)

$$\theta_B = \int_A^B \frac{1.5T_o}{GI_P} \cdot dx = \frac{1.5T_O}{GI_P}\left(\frac{3}{10}l\right) = \frac{T_o \cdot l}{GI_P}0.45$$

$$\theta_C = \int_D^C \frac{1.5T_o}{GI_P} \cdot dx = \frac{1.5T_O}{GI_P}\left(\frac{4}{10}l\right) = \frac{T_o \cdot l}{GI_P}0.60$$

제 8 장

골조의 안정성(Frame Stability)

8.1 | 일반사항

8.1.1 안정성(Stability)

어떤 물체가 외력을 받을 때, 원래 상태로 유지되거나 회복되는 상태

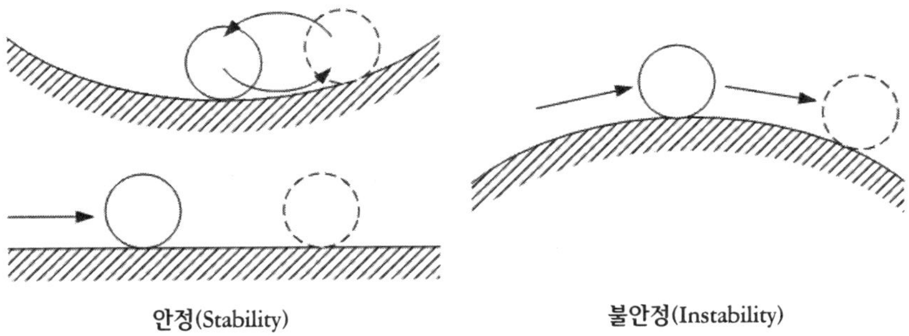

그림 8.1.1
안정과 불안정

구조물 전체의 구조 안정성 확보를 위하여

1) 연직하중에 의해 좌굴이 일어나지 않고,
2) 변위에 의한 2차($P-\Delta$)효과를 고려한 모멘트로부터 구조의 횡적 안정을 유지해야 한다.

8.1.2 2차효과 ($P-\Delta$ 효과)

골조는 수직하중과 수평하중이 작용하면 횡변위가 발생한다. 변형된 형태의 골조에 수직하중의 작용에 의해 구조부재에 부가적인 2차모멘트와 축력이 발생하며 구조의 횡적 불안정 효과를 유발할 수 있다. 이러한 부가적인 효과를 2차($P-\Delta$)효과라 하여 구조설계 시 반드시 고려해야 한다.

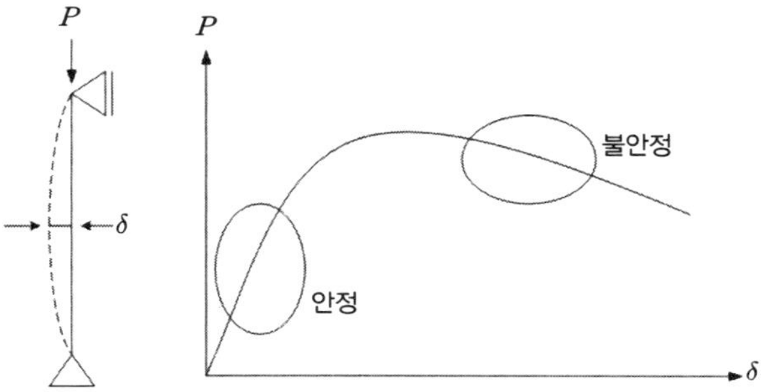

그림 8.1.2
기둥의 안정과 불안정

8.2 | 골조의 안정성

8.2.1 지지골조의 안정성

(1) 가새 및 전단벽에 의하여 횡방향 구속되어 있는 골조 시스템

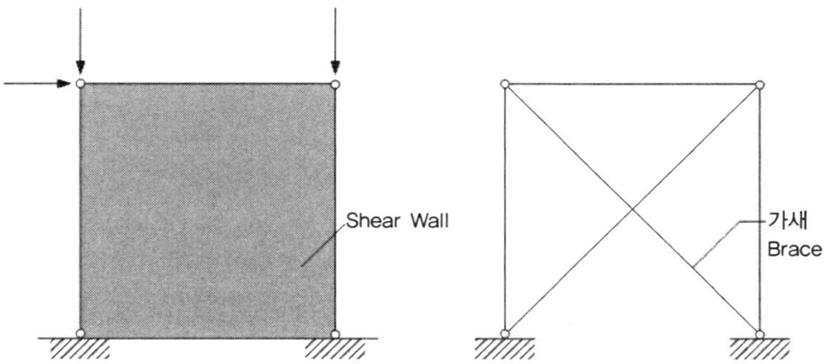

그림 8.2.1
지지골조 시스템

(2) 2차효과

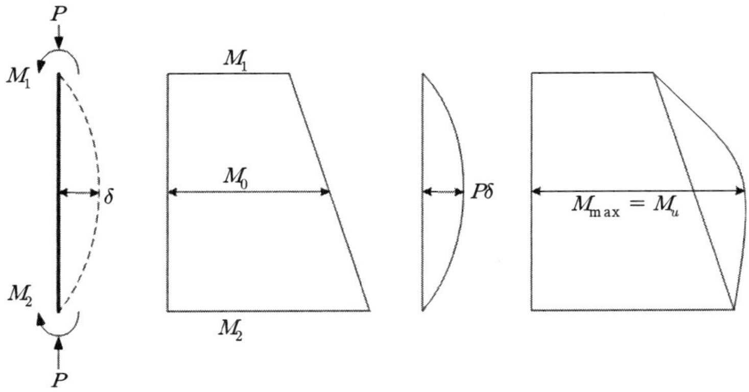

그림 8.2.2
지지골조의 2차 효과

$$M_u = (AF)M_o = M_o + P\delta$$

AF : Amplication Factor (모멘트 증폭계수)

(3) 유효길이 계수 K

$K = 1.0$: 가새골조, 트러스

$$L_k = K \cdot L$$

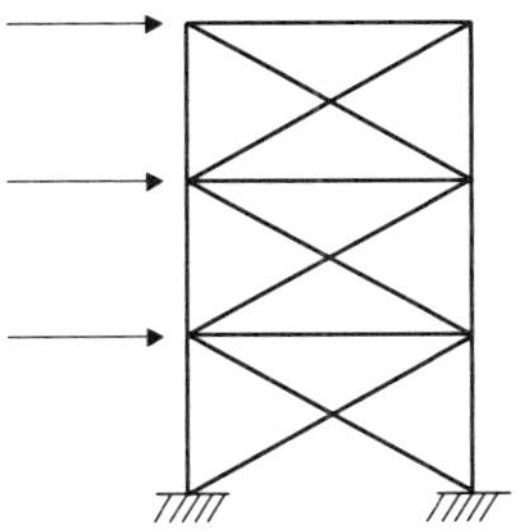

(4) 수직가새 시스템

- 전단벽, 바닥슬래브, 지붕데크와 함께 작용
- 기둥, 보, 사재는 단순접합으로 간주
- 수직가새 시스템의 보는 $P+M$ 에 대하여 설계

  → $P-\Delta$ 효과는 그다지 크지 않다. (수평변위 미소)

8.2.2 비지지 골조의 안정성 (Unbraced Frames)

(1) 모멘트 저항 골조 시스템

강절점으로 접합된 보와 기둥의 휨강성으로 구조물의 횡적 안정성을 확보하는 골조시스템

(모멘트 저항골조)

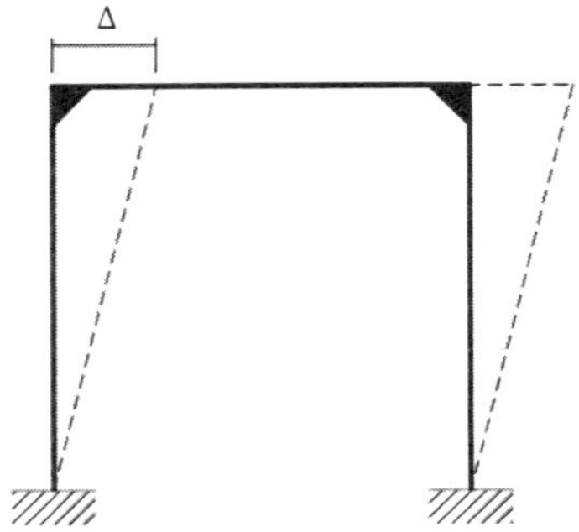

그림 8.2.3
비지지 골조 시스템

(2) 2차효과

횡변위가 발생하여 $P-\Delta$ 모멘트라고 하는 부가적인 2차 휨모멘트가 발생할 수 있다. $P-\Delta$ 효과는 골조 설계시 고려되어야 한다.

$$2차효과\ (P-\Delta) \rightarrow M_u = HL + P\Delta = B_2 M_o$$

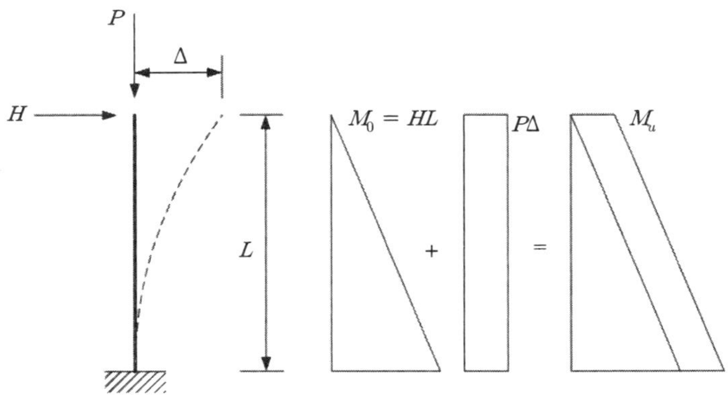

그림 8.2.4
지지골조의 2차 효과

(3) 유효길이 계수 K

- $K = 1.0$: 구조해석에 2차효과를 포함하는 경우
- $K \geq 1.0$: 구조해석에 2차효과를 포함하지 않은 경우

축하중을 받는 기둥의 강도는 골조의 형태에 따라 다르다.

표 8.2.1 유효길이계수

	(a)	(b)	(c)	(d)	(e)	(f)
기둥의 좌굴형태를 점선으로 표시	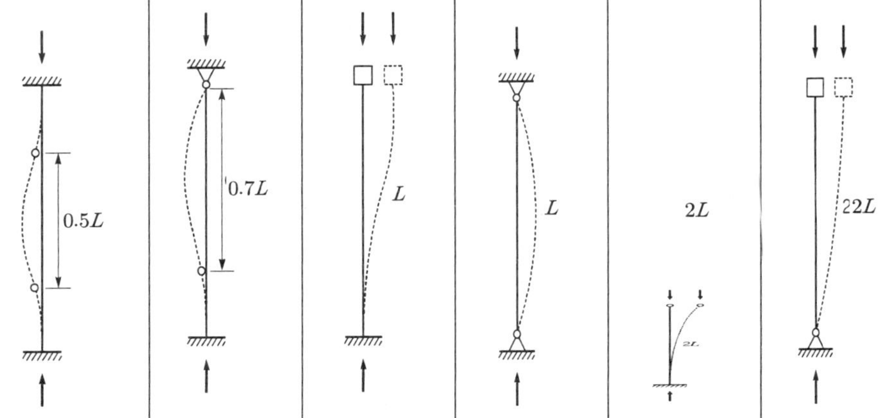					
이론적인 K값	0.5	0.7	1.0	1.0	2.0	2.0
대략적인 이상적 조건에서 권장하는 설계값	0.65	0.8	1.2	1.0	2.1	2.0
단부조건		회전고정 및 이동고정				
		회전자유 및 이동고정				
		회전고정 및 이동자유				
		회전자유 및 이동자유				

- 횡변위를 일으키는 비가새 골조의 경우 : $K \geq 1.0$
- 횡변위가 골조 내의 가새 등에 의해 저항되는 골조의 경우 : $K \leq 1.0$
- 고정단 : 이론적인 고정상태를 실제 설계에서는 불가능하기 때문에 약간 큰 K 값을 권장하고 있다.
- 핀 접합 : 이론적인 핀은 실제 설계에서 완전 핀을 이룰 수 없는 경우 작은 K를 취하여야 하지만 안전측면에서 이론값 K를 적용함.

표 8.2.2
유효길이계수 산정 계산도표

비가새 골조에서 유효길이 계수 산정

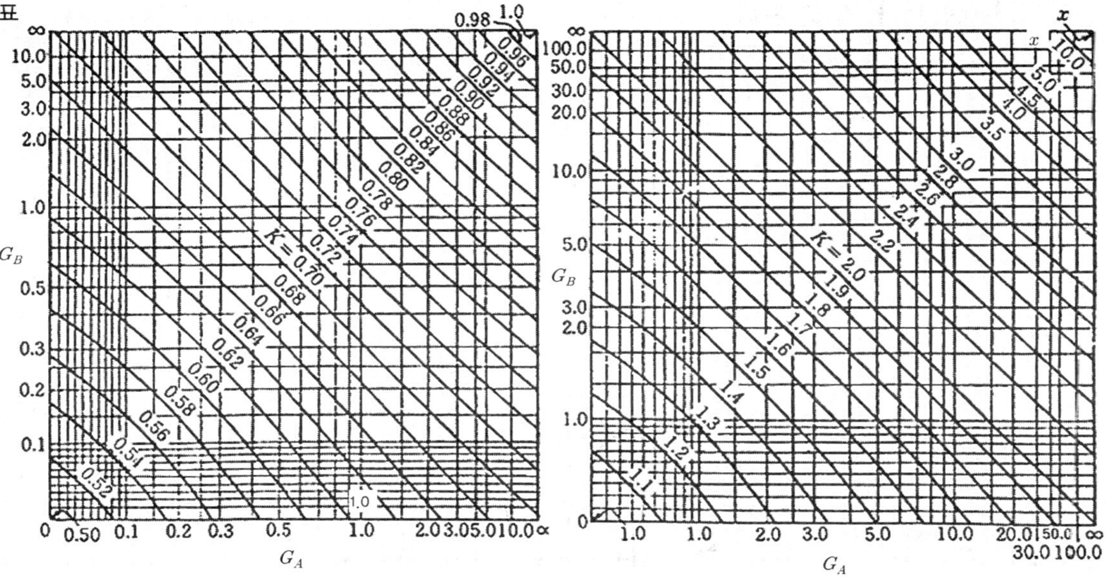

(a) 횡변위가 구속된 경우 (b) 횡변위가 구속되지 않은 경우

그림 8.2.5
보 기둥 강성

$$G = \frac{\Sigma(I_c/L_c)}{\Sigma(I_g/L_g)}$$

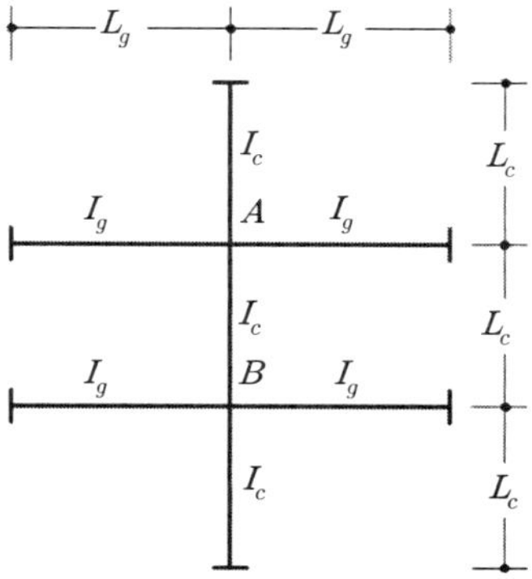

가) 기초면에 강접합으로 지지되지 않은 기둥단일 경우 : 이론적으로 G는 무한대 값이나, 현실적으로 완전 핀으로 설계되지 않는 한 $G = 10$을 적용

	횡변위가 구속된 경우	횡변위가 구속되지 않은 경우
타단 힌지	1.5	0.50
타단 고정	2.0	0.67

표 8.2.3
보의 강성 보정계수

나) 단부가 적절하게 강접합인 경우 : 이론적으로 G는 0이나, $G = 1.0$으로 한다.

다) 보의 타단이 힌지나 고정인 경우 : I_g / L_g에 표 8.2.3의 값을 곱한다.

| 예제 8.1 |

유효좌굴길이 예제

그림과 같은 골조에서 기둥 C_1, C_2, C_3, C_4의 유효좌굴길이를 구하라. 단, 모든 부재의 약축은 좌굴변형이 구속된 것으로 하고, 골조의 위층은 가새지지되어 있지 않고, 아래층은 가새지지가 되어 있다.

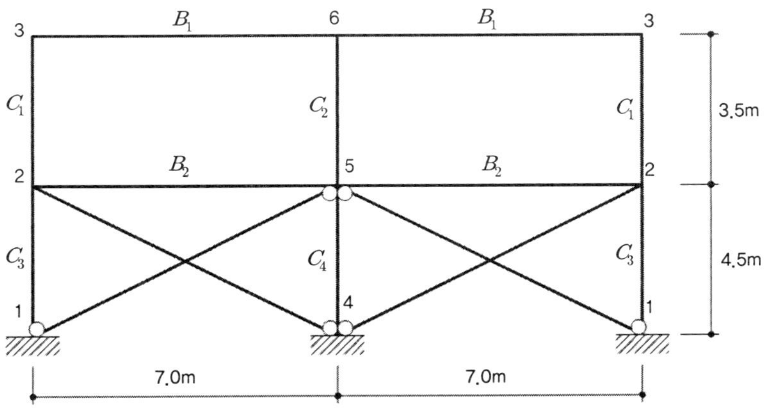

부재치수

부 재	H 형강	I_X (cm⁴)	L(cm)	I_X/L (cm³)
B_1	H-400×200×8×13	23,700	700	33.86
B_2	H-450×200×9×14	33,500	700	47.86
C_1	H-200×200×8×12	4,720	350	13.49
C_2	H-250×250×9×14	10,800	350	30.86
C_3	H-200×200×8×12	4,720	450	10.49
C_4	H-250×250×9×14	10,800	450	24.00

| 풀이 |

Unbraced Frame

C_1 : $G_A = \dfrac{C_1}{B_1} = \dfrac{13.49}{33.86} = 0.398$

$G_B = \dfrac{C_1 + C_3}{B_2} = \dfrac{13.49 + 10.49}{47.86} = 0.501$

C_2 : $G_A = \dfrac{C_2}{2 \times B_1} = \dfrac{30.86}{2 \times 33.86} = 0.456$

$G_B = \dfrac{C_2 + C_4}{2 \times B_2} = \dfrac{30.86 + 24}{2 \times 47.86} = 0.573$

Braced Frame

C_3(Pin) : $G_A = \dfrac{C_3 + C_1}{B_2} = \dfrac{10.49 + 13.49}{47.86} = 0.501$

$G_B = \infty$

또는 $G_B = 10$

C_4(Fix) : $G_A = \dfrac{C_4 + C_2}{2 \times B_2} = \dfrac{24.00 + 30.86}{2 \times 47.86} = 0.573$

$G_B = 0$

또는 $G_B = 1.0$

유효길이계수

부 재	G_A	G_B	K	L(m)	L_k(m)
C_1	0.398	0.501	1.15	3.5	4.03
C_2	0.456	0.573	1.19	3.5	4.17
C_3(Pin, $G_B = \infty$)	0.501	∞	0.83	4.5	3.74
C_3($G_B = 10$)	0.501	10	0.82	4.5	3.69
C_4(Fix, $G_B = 0$)	0.573	0	0.59	4.5	2.66
C_4($G_B = 1.0$)	0.573	1.0	0.74	4.5	3.33

인장재(Tension Members)

9.1 | 일반사항

중심축 인장력을 받는 부재에 대해 적용한다.

(1) 중심축 인장력

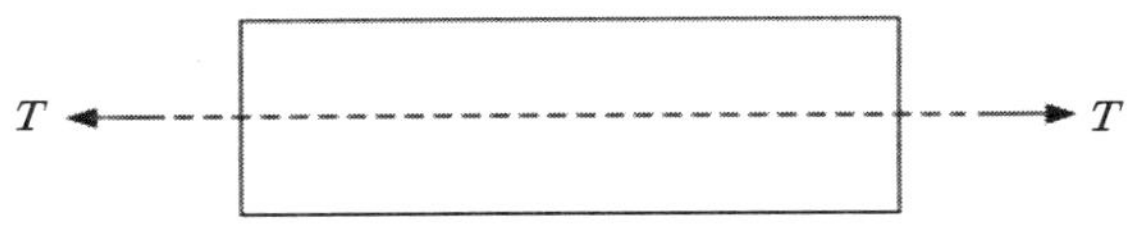

그림 9.1.1
중심축 인장력을 받는 부재

(2) 편심 인장력

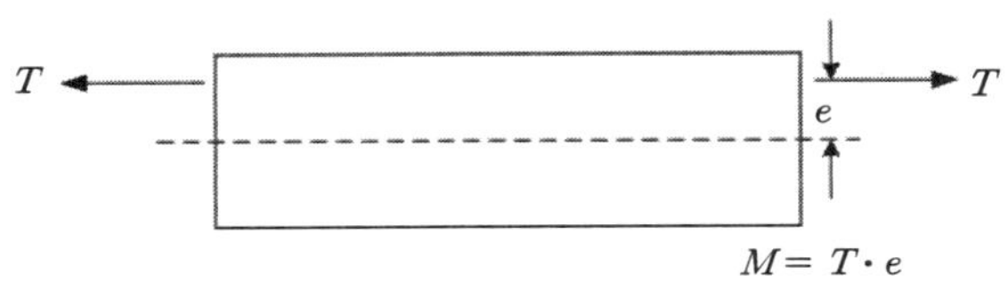

그림 9.1.2
편심 인장력을 받는 부재

9.2 | 설계 인장강도 (Design Tensile Strength)

인장부재의 설계강도는($\phi_t\ P_n$) 총단면의 항복한계상태와 유효 순단면의 파괴한계상태 중에서 먼저 도달되는 상태에 지배된다.

9.2.1 총단면 항복의 경우

(1) 구조 역학적 전통이론

$$P = \sigma \cdot A = F_y \cdot A_g = P_n$$

미소변형이론(small deflection theory)

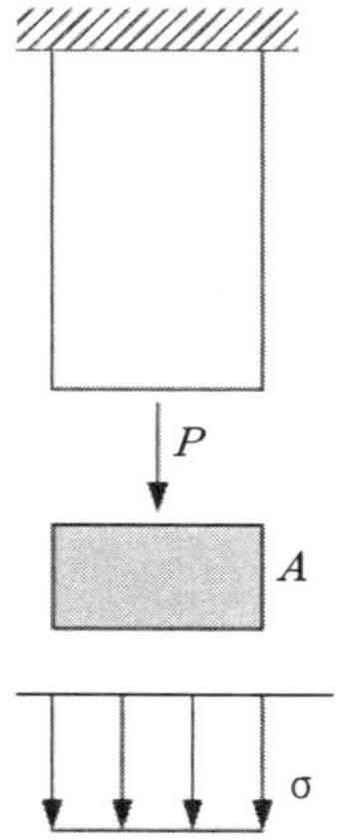

그림 9.2.1
구조역학적 전통 이론

(2) 파스너(Fastener)로 연결된 인장부재

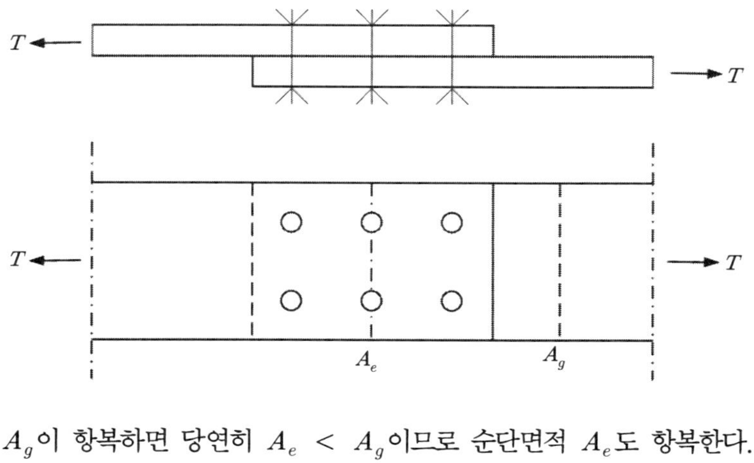

그림 9.2.2
파스너로 연결된 인장부재

가) 총단면적 A_g이 항복하면 당연히 $A_e < A_g$이므로 순단면적 A_e도 항복한다.

나) A_e부분은 미소한 국부영역이므로 변형량이 크지 않다. 전체 길이에 대한 전체 변형량의 비례 관계로 볼 때, 국부영역은 결정적이지 않다.

다) 전체단면(A_g)이 항복(F_y)에 달했을 때가 한계상태이다.

$\phi_t = 0.90$

$P_n = F_y \cdot A_g$

라) 인장부재의 항복 한계상태를 검토하지 않으면 실제 부재 파단과 같은 정도의 막대한 피해가 구조물에 생길 수 있다.

＊참고

트러스의 하현재가 항복(Yield)한다면, 비록 파단하지 않는다 하더라도 대변형상태(Large Deflection Phenomenon)가 발생하여 붕괴하게 된다. (탄성이론=미소변형 현상범위내)

9.2.2 유효순단면 파괴의 경우

(1) 유효순단면 파괴

국부영역 A_e에서 총체적인 변형이 발생하여 파괴될 수 있다.

• F_u일 때 $\varepsilon \gg \varepsilon_{st}$

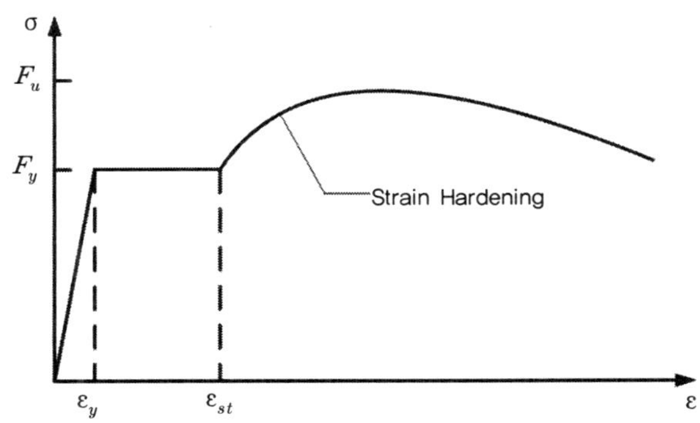

그림 9.2.3
강재의 성질

$$\phi_t = 0.75$$

$$P_n = F_u \cdot A_e$$

여기서, $A_g =$ 부재의 총단면적, mm^2

$A_e =$ 유효순단면적, mm^2

$F_y =$ 항복강도, MPa

$F_u =$ 인장강도, MPa

$P_n =$ 공칭인장강도, N

저항계수 ϕ_t는 연성을 갖는 총단면의 항복강도에서는 0.9의 값을 적용하며, 취성파괴(brittle failure)가 일어나는 유효순단면의 파단강도에서는 0.75의 값을 적용한다.

(2) 총단면 항복(9.2.1)과 순단면 파괴(9.2.2)가 동시에 일어나는 경우

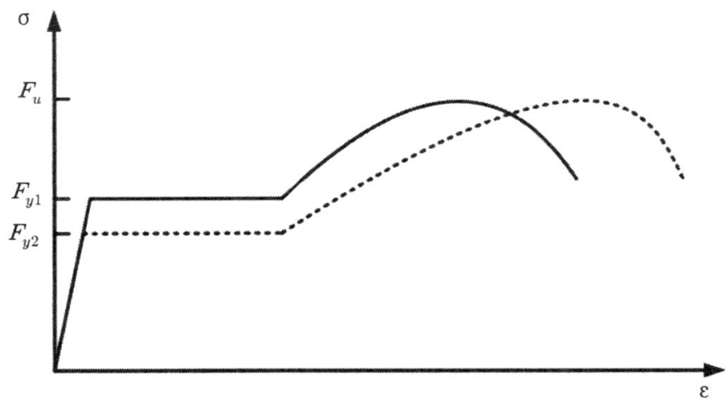

그림 9.2.4
연강과 고강도강

$$F_u \cdot A_e = F_y \cdot A_g$$

$$\frac{A_e}{A_g} = \frac{F_y}{F_u}$$

전체단면(A_g) 항복조건 : $A_e / A_g > F_y / F_u$

순단면(A_e) 파괴조건 : $A_e / A_g \ < \ F_y / F_u$

항복비(F_y/F_u)가 작은 강재, 즉 연강(Mild Steel)에서는 파단한계상태가 지배하기 전에 볼트형성에 의한 단면 손실을 더 많이 허용할 수 있다. 큰 여분의 능력을 가진 인성이 많은 강재(Dutile Steel)에서는 단면의 고응력 부분(A_e)에서 저응력 부분(A_g)으로의 응력 재분배가 쉽게 일어난다.

이러한 비교는 일반적인 볼트접합과 그와 관련된 단면에서만 적용될 수 있다.

9.3 조립인장재

띠판은 조립인장재의 비충복면에 사용할 수 있으며, 다음 조건에 맞도록 하여야 한다.

구조 권장사항 : $\lambda = l/r \ \leq \ 300$(세장비)

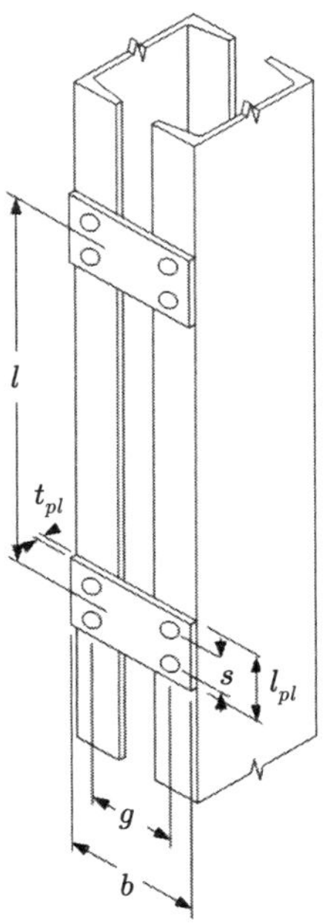

그림 9.3.1
조립 인장재(띠판)

$$l_{pl} \geq \frac{2}{3} \times g$$

$$t_{pl} \geq \frac{1}{50} \times g$$

$$s \leq 150\text{mm}$$

9.4 | 아이바와 핀 접합부재

9.4.1 아이바(Eye Bar)

아이바는 핀 접합부재의 특수한 형태이다.

그림 9.4.1
아이바의 요구사항

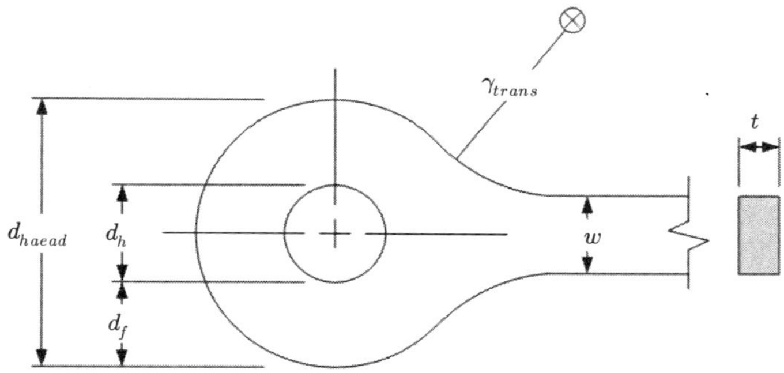

- 핀 구멍 부분을 보강하지 않은 균일한 두께
- 핀 구멍과 동심원이 되는 원형머리
- 구조제한 유지 : 파괴가 발생하지 않게 미리 고려하므로 항복 한계상태

$$\phi_t = 0.90$$

$$P_n = F_y A_g$$

$$t \geq 13\text{mm}$$

$$\gamma_{trans} \geq d_{head}$$

$$\omega \leq 8 \times t$$

$$\frac{2}{3}w \ \le \ (d_{head} - d_h)/2 \ \le \ \frac{3}{4}w$$

$$d_{pin} \ \ge \ \frac{7}{8}w$$

$$d_h \ \le \ d_{pin} + 1\text{mm}$$

$$d_h \ \le \ 5 \times t \ \ (F_y > 485\text{MPa})$$

9.4.2 핀 접합(Pin-Connected Members)

핀 접합은 파괴 및 항복이 발생할 수 있는 경우를 4가지로 나눌 수 있으며 이중에서 가장 작은 값으로 설계강도를 구한다.

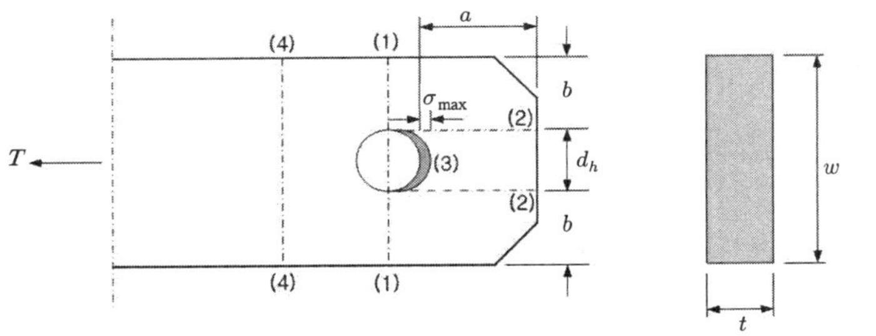

그림 9.4.2
핀접합의 파괴 및 항복조건

(1) 유효순단면적에 대한 인장파괴

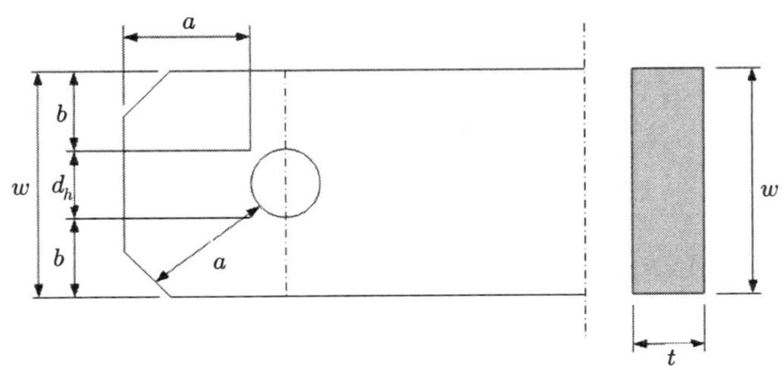

그림 9.4.3
핀접합 단부치수

$$a \geq \frac{2}{3} \times 2b_{eff}$$

$$d_h \leq d_{pin} + 1\text{mm}$$

$$\phi_t = 0.75$$

$$P_n = A_e \cdot F_u \rightarrow P_n = 2t\, b_{eff} \cdot F_u$$

$$A_e = 2 \cdot t \cdot b_{eff}$$

$$b_{eff} = 2t + 16\text{mm} < b$$

(2) 유효단면적에 대한 전단파괴

$$\phi_{sf} = 0.75$$

$$P_n = A_{sf} \cdot (0.6F_u)$$

$$A_{sf} = 2(a + \frac{d_{pin}}{2}) \cdot t$$

$$F_{us} = F_u / \sqrt{3} = 0.577F_u \fallingdotseq 0.6F_u$$

(3) 핀의 투영면적에 대한 지압파괴

$$\phi_t = 0.75$$

$$P_n = 1.8 \cdot d_{pin} \cdot t \cdot F_y$$

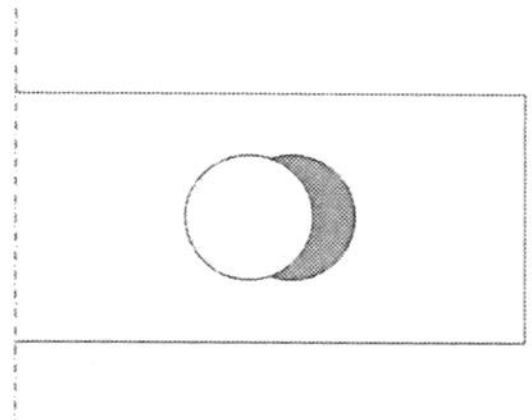

그림 9.4.4
핀의 지압파괴

(4) 총 단면적에 대한 항복

항복조건은 9.2.1항에 따라 산정된다. 일반적으로 항복조건은 파괴조건의 경우보다 크므로 고려하지 않아도 된다.

| 예제 9.1 |

Eye bars 설계 예제

입력사항 :

$DL\ :=150\mathrm{kN}$

$LL\ :=300\mathrm{kN}$

$F_y\ :=345\mathrm{MPa}$
$(16\mathrm{mm}\le t<40\mathrm{mm}$ 인 경우$)$

$\phi_t\ :=0.9$

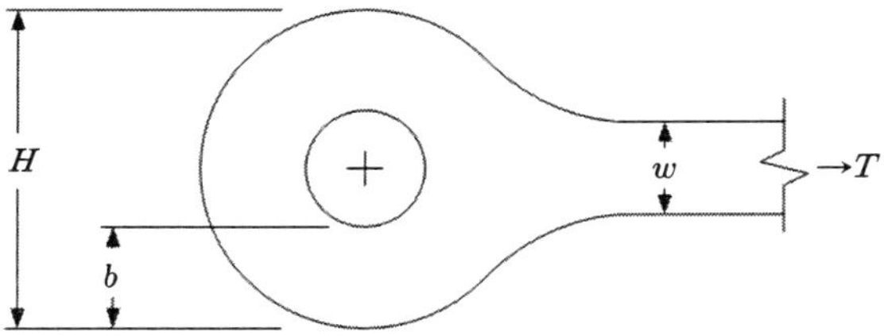

| 풀이 |

1. P_u 산정

$P_u\ :=1.2\cdot DL+1.6\cdot LL$ $\qquad P_u=660\mathrm{kN}$

2. A_g 산정

$A_g\ :=\dfrac{P_u}{\phi_t\cdot F_y}$ $\qquad A_g=21.256\mathrm{cm}^2$ $\qquad$ w/t < 8에서 유도

$t\ :=\sqrt{\dfrac{A_g}{8}}$

$t=1.63\mathrm{cm}\quad t_c\ :=\dfrac{\mathrm{t}}{\mathrm{cm}}$ $\qquad t\ :=ceil(t_c)\cdot\mathrm{cm}$

$t=2\mathrm{cm}$

$8\cdot t=16\mathrm{cm}$ $\qquad \dfrac{A_g}{t}=10.628\mathrm{cm},\quad \dfrac{A_g}{t}\ \le\ w\ <\ 8\cdot t$

$w\ :=\dfrac{\left(8\cdot t+\dfrac{A_g}{t}\right)}{2}$ (평균값)

$w=13.314\mathrm{cm}$ $\qquad w_c\ :=\dfrac{w}{\mathrm{cm}}$ $\qquad w\ :=ceil(w_c)\cdot\mathrm{cm}$

$w=14\mathrm{cm}$

3. 구조제한 및 치수결정

3.1) b값 결정

$\dfrac{2}{3}\cdot w=9.333\mathrm{cm}$ $\qquad \dfrac{3}{4}\cdot w=10.5\mathrm{cm}$ $\qquad \dfrac{2}{3}\cdot w\ <\ b\ <\ \dfrac{3}{4}\cdot w$

$$b := \frac{\left(\frac{2 \cdot w}{3} + \frac{3 \cdot w}{4}\right)}{2}$$ (평균값)

$b = 9.917\text{cm}$ $\quad b_c := \frac{b}{\text{cm}}$ $\quad b := ceil(b_c) \cdot \text{cm}$

$b = 10\text{cm}$

3.2) d_{pin} 값 결정

$\frac{7}{8} \cdot w = 12.25\text{cm}$ $\quad d_{pin} := \frac{7}{8} \cdot w$ $\quad d_{pin} \geq \frac{7}{8} \cdot w$

$d_{pin} = 12.25\text{cm}$ $\quad d_c := \frac{d_{\pi n}}{\text{cm}}$ $\quad d_{pin} := ceil(d_c) \cdot \text{cm}$

$d_{pin} = 13\text{cm}$

3.3) d_h 값 결정

$d_h := d_{pin} + 1.0\text{mm}$ $\quad d_h = 13.1\text{cm}$

3.4) H 결정

$H := 2 \cdot b + d_h$ $\quad H = 33.1\text{cm}$

⟨Eye bar flow chart⟩

1. Input

2. A_g

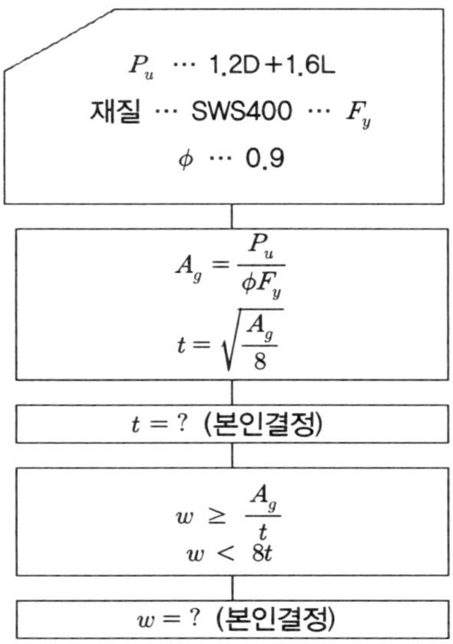

3. 치수결정

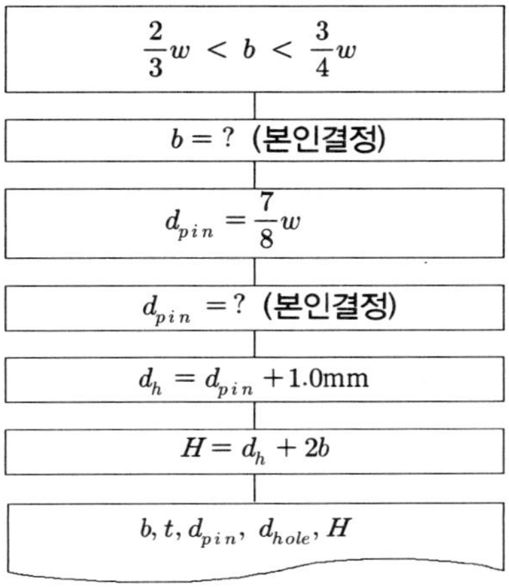

| 예제 9.2 |

핀접합 설계 예제

입력사항 :

$P_u := 660\text{kN}$ $MA := $ "SM 355"

$t := 2\text{cm}$ $d_{pin} := 10\text{cm}$

$F_y := 345\text{MPa}$ $F_u := 490\text{MPa}$

$\phi := 0.9$ $\phi_t := 0.75$

$\phi_{sf} := 0.75$

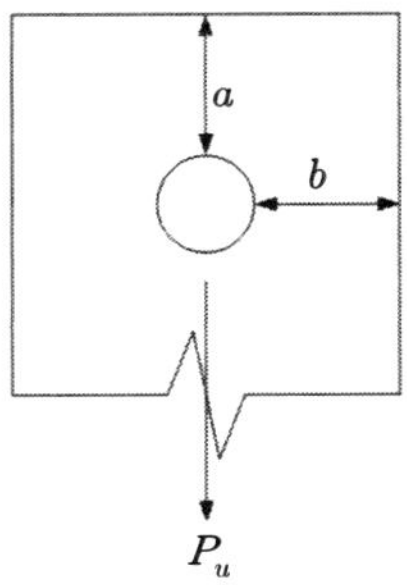

| 풀이 |

파괴모드 4가지에 대한 설계강도를 구하여 그 중 가장 작은 값이 한계상태의 설계강도이다.

1. 순단면에 대한 인장파괴

$b_{eff} := 2 \cdot t + 1.6\text{cm}$ $b_{eff} = 5.6\text{cm}$

$$b_c := \frac{b_{eff}}{\text{cm}} \qquad b := ceil(b_c) \cdot \text{cm} \qquad b = 6\text{cm}$$

$$P_{n1} := 2 \cdot t \cdot b_{eff} \cdot F_u \qquad P_{n1} = 1.098 \times 10^3\text{kN}$$

$$\phi_t \cdot P_{n1} = 823.2\text{kN}$$

2. 유효단면적에 대한 전단파괴

2.1 치수제한

$$a := \frac{2}{3} \cdot 2 \cdot b \qquad a = 8\text{cm}$$

$$a_c := \frac{a}{\text{cm}}$$

$$a := ceil(a_c) \cdot \text{cm} \qquad a = 8\text{cm}$$

2.2 A_{sf}

$$A_{sf} := 2 \cdot t \cdot \left(a + \frac{d_{pin}}{2}\right) \qquad A_{sf} = 52\text{cm}^2$$

$$P_{n2} := A_{sf} \cdot 0.6 \cdot F_u \qquad P_{n2} = 1.529 \times 10^3\text{kN}$$

$$\phi_{sf} \cdot P_{n2} = 1.147 \times 10^3\text{kN}$$

3. 핀의 투영면적에 대한 지압파괴

$$A_{pb} := d_{pin} \cdot t \qquad A_{pb} = 20\text{cm}^2$$

$$P_{n3} := 1.8 \cdot A_{pb} \cdot F_y \qquad P_{n3} = 1242kN$$

$$\phi_t \cdot P_{n3} = 931.5kN$$

4. 전체단면에 대한 항복조건

$$A_g := (2 \cdot b + d_{pin} + 0.1\text{cm}) \cdot t \qquad A_g = 44.2\text{cm}^2$$

$$P_{n4} := F_y \cdot A_g \qquad P_{n4} = 1525kN$$

$$\phi \cdot P_{n4} = 1372kN$$

5. 내력 검토

$$P_d := \min(\phi_t \cdot P_{n1},\ \phi_{sf} \cdot P_{n2},\ \phi_t \cdot P_{n3},\ \phi \cdot P_{n4})$$

$$P_d = 823.2\text{kN}$$

$$\text{Check\_P}_d := \begin{cases} \text{"O.K."} & if\ P_d \geq P_u \\ \text{"N.G."} & \text{otherwise} \end{cases}$$

$$\text{Check\_P}_d = \text{"O.K."}$$

✱SUMMARY

1. 입력사항

$P_u = 660\text{kN}$ $\quad MA =$ "SM 355"

$t = 2\text{cm}$ $\quad d_{pin} = 10\text{cm}$

2. 결과

$\phi_t \cdot P_{n1} = 823.2\text{kN}$ $\quad \phi_{sf} \cdot P_{n2} = 1147\text{kN}$

$\phi_t \cdot P_{n3} = 931.5\text{kN}$ $\quad \phi_{sf} \cdot P_{n4} = 1372\text{kN}$

설계강도 $\quad p_d = 823.2\text{kN}$

⟨Pin Connection Flow Chart⟩

1. Input

$P_u \cdots D/L$

재질(SM275/355…) $\Rightarrow F_y,\ F_u$

가정 : t/d_{pin}

$\phi = 0.75, 0.9$

2. Tension on the Net Effective Area

$b_{eff} = 2 \cdot t + 1.6\text{cm}$

$\phi P_{n1} = \phi(2 \cdot t \cdot b_{eff} \cdot F_u)$

b 결정 $\geq b_{eff}$

3. Shear on the Effective Area

a 결정 $\geq \frac{4}{3}b$

$A_{sf} = 2t(a + d/2)$

$\phi P_{n2} = \phi \cdot (0.6 \cdot A_{sf} \cdot F_u)$

4. Bearing on the Projected Area of the Pin

$$A_{pb} = d \cdot t$$
$$\phi P_{n3} = \phi(1.8 \cdot A_{pb} \cdot F_y)$$

5. Yielding in the Gross Section

$$A_g = (2b + (d + 0.1))t$$
$$\phi F_y A_g = 0.9 \cdot F_y \cdot A_g = \phi P_{n4}$$

6. Design Strength

- $\phi P_n = \min(\phi P_{n1}, \phi P_{n2}, \phi P_{n3}, \phi P_{n4})$
- 치수 : a, b
- Check : $\phi P_n > P_u$

제 10 장

압축재(Compression Members)

10.1 | 안정성(Stability)

충분한 안전성(Safety) 확보를 위한 다양한 판단기준

- 강도검증

 – 허용응력도 : $\sigma \le \dfrac{F_y}{\nu}$, (예 ; $\dfrac{275}{1.5} = 183\text{MPa}$), ν : 안전율

 – 한계상태설계법 : $\sigma \le \phi F_y$, (예 ; $0.9 \times 275 = 247.5\text{MPa}$),

 ϕ : 강도저항계수

- 처짐제한 : $\dfrac{L}{300}$
- 수평변위 : $\dfrac{H}{500}$
- 진동수제한 : 경량구조물, 보(12m 이상)
- 내구성(피로현상) : $\sigma < F_y$
- 전도 및 부력저항 : 지하수위가 있는 경우, 안전율 1.1 이상 확보
- 안정성 : 하중의 미소한 증가로 인하여 급격한 변형을 초래하는 현상(좌굴)

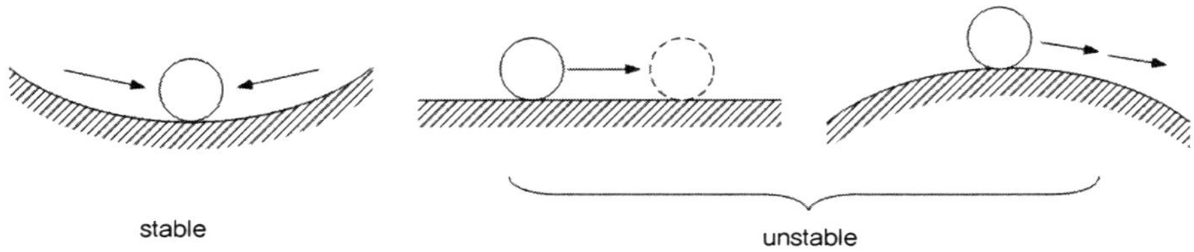

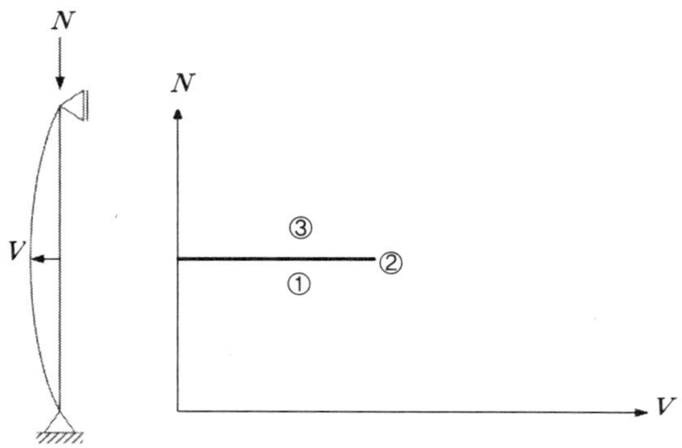

그림 10.1.1
안정과 불안정

10.2 | 단일 압축부재

(1) 재료의 성질

그림 10.2.1 재료의 성질

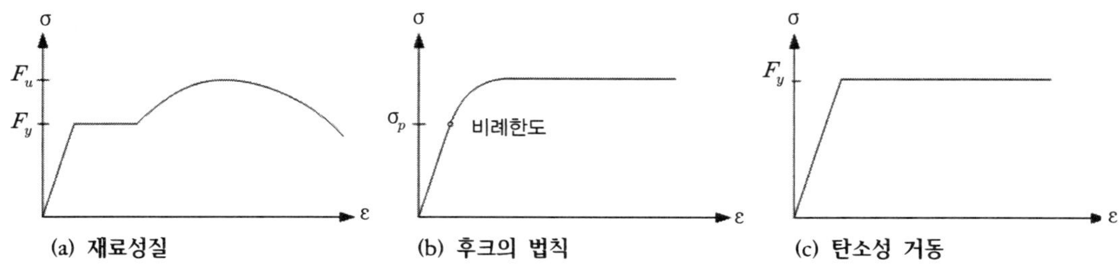

설계 시 재료는 후크(Hook)의 법칙이 적용되며 탄소성거동을 하는 것으로 간주한다.

(2) 축력만 작용하는 경우 : 중심축력

(3) $P+M$ 작용하는 경우

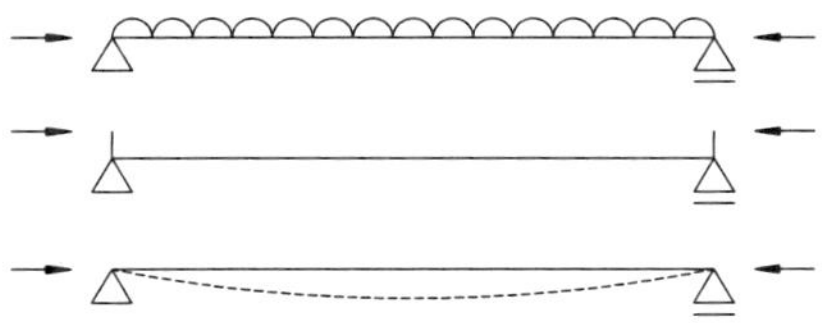

등분포하중에 의한 M 발생

편심가력

초기변형

10.2.1 Euler 하중(P_E, P_{cr})

가정 : 평면 유지의 법칙(Bernoulli 정리), 등방성 물질, 곧은 직선재 중심 압축력($M=0$), Hook 법칙 무제한 적용

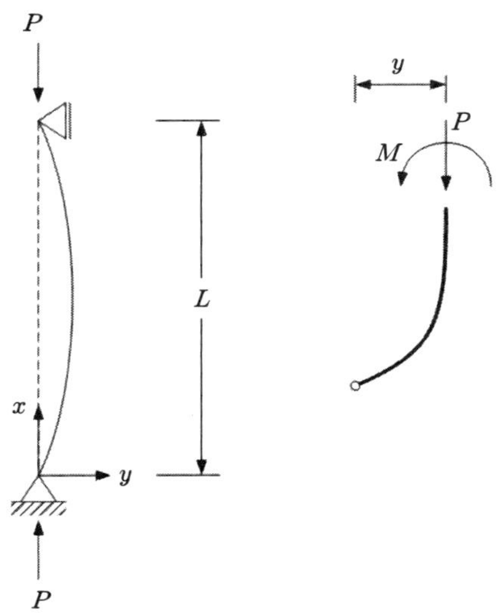

그림 10.2.2
중심압축을 받는 부재

외부모멘트

$$M = P \cdot y$$

내부모멘트

$$y'' = -\frac{M}{EI}$$

$$\rightarrow \; y'' + k^2 y = 0, \; k^2 = \frac{P}{EI}$$

$$y = A \sin kx + B \cos kx$$

경계조건 ($y = 0$, when $x = 0$ & $x = L$)

공업수학을 이용하여 해를 구한다.

해) 최소하중=임계하중(P_{cr})=오일러하중(P_E)=좌굴하중

$$P_{cr} = \frac{\pi^2 EI}{L^2}$$

- 지지조건이 가정한 단순지지가 아닌 일반적인 경우

$$P_{cr} = \frac{\pi^2 EI}{(KL)^2}$$

K : 유효좌굴길이계수 (effective buckling length factor)

- 좌굴응력도 (buckling stress)

$$\sigma_{cr} = \frac{P_{cr}}{A} = \frac{\pi^2 E}{\lambda^2}$$

$$\lambda \text{ (세장비, Slenderness)} = \frac{KL}{r}$$

$$r \text{ (단면2차반경, radius of gyration)} = \sqrt{\frac{I}{A}}$$

- 변경하면

$\lambda = \pi \sqrt{\dfrac{E}{\sigma_{cr}}}$ 에서 σ_{cr}이 F_y에 도달하는 λ_1는

$$\lambda_1 = \pi \sqrt{\frac{E}{F_y}}$$

한계세장비

$$\lambda_p = \pi \sqrt{\frac{E}{\sigma_p}} \quad \text{비례세장비}$$

• 세장비의 무차원화 (Non-Dimension)

세장비 계수 (Slenderness coefficient) ; 비교세장비

$$\lambda_c = \frac{\lambda}{\lambda_1} = \frac{(KL/r)}{\pi\sqrt{E/F_y}} = \frac{KL}{r\pi}\sqrt{\frac{F_y}{E}}$$

• σ_{cr}

$$\sigma_{cr} = \frac{\pi^2 E}{\lambda^2} = \frac{\pi^2 E}{(\lambda_c \lambda_1)^2} = \frac{1}{\lambda_c^2}\frac{\pi^2 E}{\pi^2 \frac{E}{F_y}} = \frac{1}{\lambda_c^2} F_y = F_e, \; F_e = \frac{\pi^2 E}{(\frac{KL}{r})^2}$$

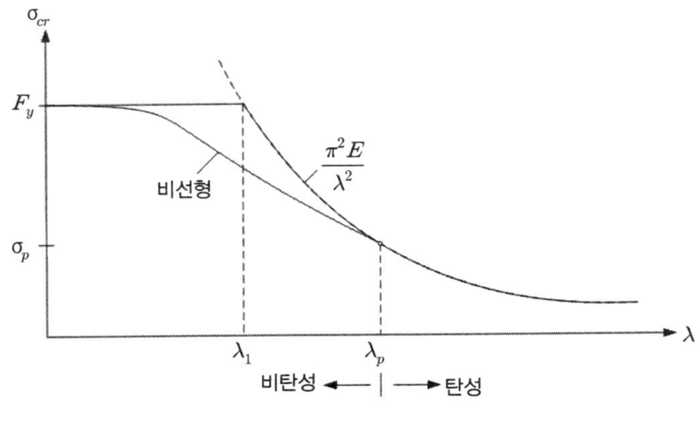

그림 10.2.3
세장비와 좌굴응력도

$$\frac{F_e}{F_y} = \frac{1}{\lambda_c^2}$$

– 잔류응력의 영향($\lambda \leq \lambda_p$)

– 초기처짐의 영향($L/1500$)

그림 10.2.4
세장계수와
좌굴응력도

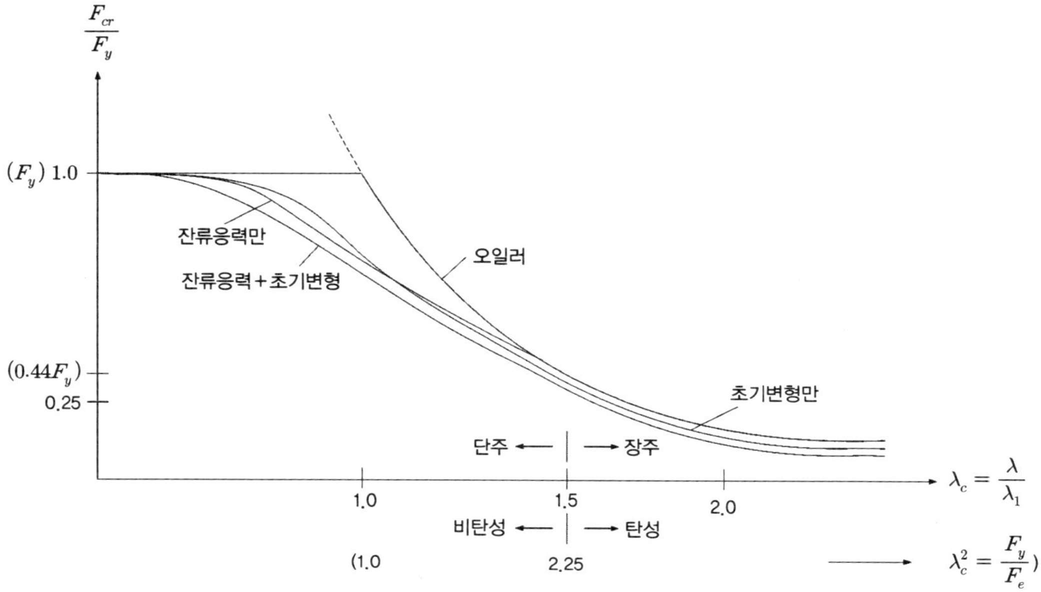

$$\lambda_c = \sqrt{\frac{F_y}{F_e}} = 1.5$$

$$\lambda_c^2 = \frac{F_y}{F_e} = 1.5^2 = 2.25$$

$$\frac{F_e}{F_y} = \frac{1}{2.25} = 0.44,\ \ F_e = 0.44F_y$$

10.3 | 일반사항

(1) 중심축압을 받는 Compact, Non-Compact 단면부재에 적용

(2) $P + M$: 12장에서 설명

10.4 | 유효길이와 세장변수

10.4.1 유효길이계수(K)

유효좌굴계수는 단부구속조건에 영향을 받는다. 양단 힌지인 경우 $K = 1.0$이며 8장에서 상술되어 있다.

10.4.2 압축재의 세장비 제한

세장비는 200을 넘지 않도록 권장한다. 다만, 제작 및 시공기술자에 의한 특별한 주의가 기울어진 경우는 제외한다.

10.5 | 설계압축강도 (Design Compressive Strength)

$$\phi_c P_n$$

$$\phi_c = 0.90$$

$$P_n = A_g F_{cr}$$

(1) $\dfrac{KL}{r} \le 4.71\sqrt{\dfrac{E}{F_y}}$ 또는 $\dfrac{F_y}{F_e} \le 2.25$ 인 경우

$$F_{cr} = (0.658^{F_y/F_e})F_y$$

(2) $\dfrac{KL}{r} > 4.71\sqrt{\dfrac{E}{F_y}}$ 또는 $\dfrac{F_y}{F_e} > 2.25$ 인 경우

$F_{cr} = 0.877\,F_e$, 오일러 좌굴응력도에 계수 0.877을 곱한 값

여기서 F_e : 탄성좌굴응력, $\dfrac{\pi^2 E}{(\dfrac{KL}{r})^2}$, MPa

식 유도 :

$$\lambda_c = \frac{\lambda}{\lambda_1} = \frac{(KL/r)}{\pi\sqrt{E/F_y}} = \frac{KL}{r\pi}\sqrt{\frac{F_y}{E}} \le 1.5$$

$$\frac{KL}{r} \le 1.5\pi\sqrt{\frac{E}{F_y}} = 4.71\sqrt{\frac{E}{F_y}}$$

10.6 LRFD – 압축력 설계강도용(Flow chart)

(1) Input Data

재 질 : F_y, E

단 면 : A_g, r_x, r_y

부재길이 : l_x, l_y

좌굴계수 : K_x, K_y

소요압축강도 : $P_u = 1.2D + 1.6L$

(2) 세장비 계산

$$\lambda_x = \frac{K_x L_x}{r_x}, \qquad \lambda_y = \frac{K_y L_y}{r_y}$$

$$\lambda_0 = 4.71\sqrt{\frac{E}{F_y}}, \; F_e = \frac{\pi^2 E}{\lambda^2}$$

(3) F_{cr} 계산

$\lambda = \max(\lambda_x, \lambda_y)$

if $\lambda \le \lambda_0$, $F_{cr} = (0.658^{F_y/F_e})F_y$

if $\lambda > \lambda_0$, $F_{cr} = 0.877F_e$

(4) Design Compressive Strength

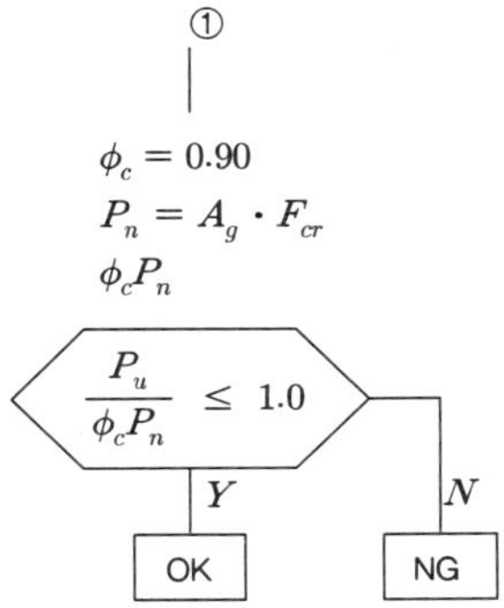

| 예제 10.1 | (기둥설계)

다음 기둥의 안전성을 검토하라. 약축 방향으로 3등분점에서 좌굴에 지지되어 있다.

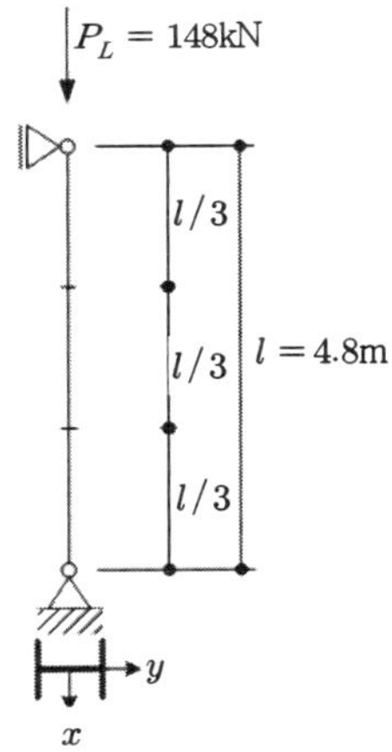

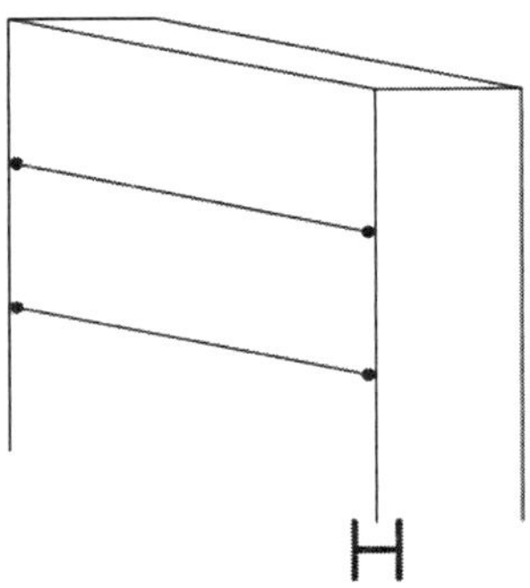

부재조건 :

H 형강치수 : = “150×75×5×7×8” MA : = “SS275”

재질 :

$F_y := 275\text{MPa}$ $E := 210{,}000\text{MPa}$

단면 :

$A_g := 17.85\text{cm}^2$

$r_x := 6.11\text{cm}$ $r_y := 1.66\text{cm}$

유효길이계수 :

$K_x := 1.0$ $K_y := K_x$

소요압축강도 :

$DL := 0\text{kN}$ $LL := 148\text{kN}$

$P_u := 1.2DL + 1.6LL$

기둥길이 :

$l := 4.8\text{m}$

$l_x := l$ $l_y := \dfrac{1}{3}l$

| 풀이 |

1. 부재길이

$l_x = 4.8\text{m}$ $l_y = 1.6\text{m}$

2. 세장비

$\lambda_0 := 4.71\sqrt{\dfrac{E}{F_y}}$ $\lambda_0 = 130.156$

$\lambda_x := \dfrac{K_x \cdot l_x}{r_x}$ $\lambda_x = 78.56$

$\lambda_y := \dfrac{K_y \cdot l_y}{r_y}$ $\lambda_y = 96.386$

$\lambda := \max(\lambda_x, \lambda_y)$ $\lambda = 96.386$

$F_e := \frac{\pi^2 E}{\lambda^2}$ $\qquad F_e = 223.098\,MPa$

3. F_{cr} 계산

$$F_{cr} := \begin{cases} (0.658^{F_y/F_e}) \cdot F_y & \text{if } \lambda \le \lambda_0 \\ 0.877 \cdot F_e & otherwise \end{cases}$$

$F_{cr} = 164.161\text{MPa}$

4. 설계압축강도

$\phi_c := 0.90$ $\qquad P_n := A_g \cdot F_{cr}$

$\phi_c \cdot P_n = 263.725\text{kN} \qquad P_u = 236.8\text{kN}$

$\frac{P_u}{\phi_c P_n} = 0.898$

$$\text{Check} := \begin{cases} \text{“O.K.”} & if\ \frac{P_u}{\phi_c \cdot P_n} \le 1.0 \\ \text{“N.G.”} & otherwise \end{cases}$$

Check = “O.K.”

최대하중 :

$LL := \phi_c \cdot \frac{P_n}{1.6}$ $\qquad LL = 164.828\text{kN}$

| 연습문제 10.1 | (기둥설계)

다음 기둥의 안전성을 검토하라.

$L = 3\text{m},\ P_D = 500\,\text{kN},\ P_L = 400\,\text{kN}$

H-$200 \times 200 \times 8 \times 12 \times 13$이고 재질은 SN355이다.

| 풀이 |

$$\frac{P_u}{\phi P_n} = \frac{1240\text{kN}}{1571\text{kN}} = 0.789 < 1.0 \quad \text{O.K}$$

제 11 장

휨재(Bending Members)

11.1 | 보의 기초 이론 (Basic Theory)

전소성 모멘트(Plastic moment)

$M_n = M_p = ZF_y\ (\ \leq\ 1.5\,M_y)$ Z : 소성 단면계수

설계모멘트 $\phi_b M_n$, $\phi_b = 0.9$

✱비교 : 탄성모멘트(Yield Moment)

– $M_y = F_y S$
  S : 탄성 단면계수

11.2 | 보의 거동 (Behavior of Beams)

한계상태 : – 국부좌굴(Local Buckling)

– 횡좌굴(Lateral Torsional Buckling)

11.2.1 국부좌굴 (Local Buckling)

(1) 압축플랜지 (Compressive Flange)

압축플랜지에 국부좌굴이 발생하여 평면을 유지하지 못하고 변형되는 경우

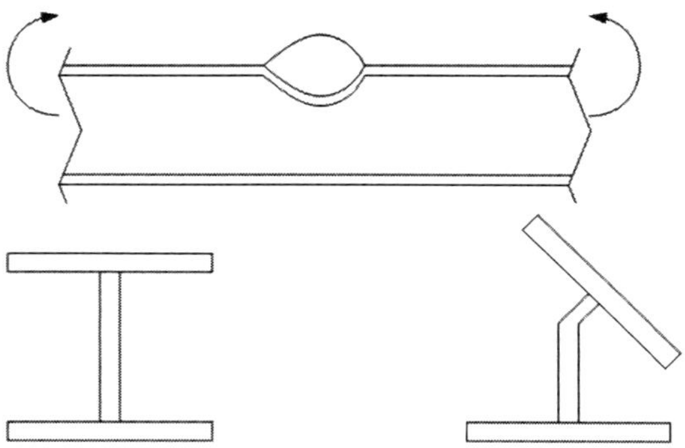

그림 11.2.1
압축플랜지의 국부좌굴

(2) 웨브(Web)

웨브에 국부좌굴이 상단부에 발생하여 휘어지면서 변형되는 경우

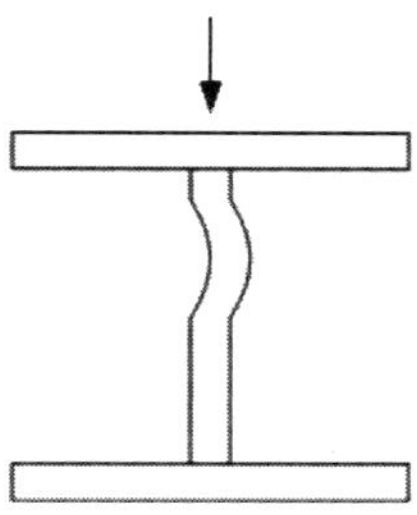

그림 11.2.2
웨브의 국부좌굴

*** 참고**

- 플랜지, 웨브가 너무 세장한 경우 국부좌굴이 발생할 수 있다. 단면분류 방법은 Compact Section(소성설계), Non-Compact Section(탄성설계), Slender Plate(좌굴)로 분류한다.

11.2.2 횡좌굴 (Lateral Torsional Buckling)

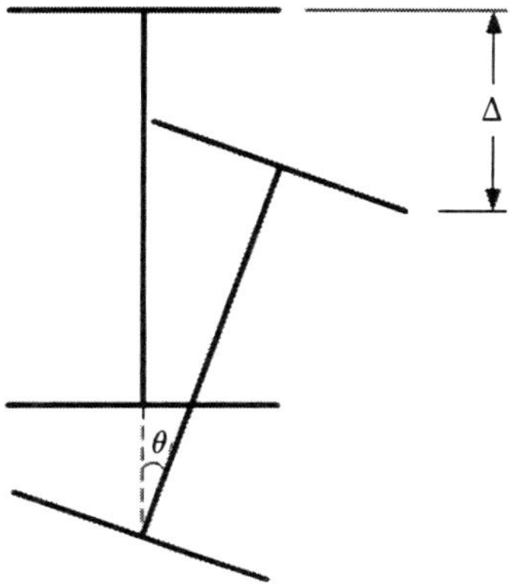

그림 11.2.3
보의 횡좌굴

압축플랜지가 충분히 지지되어 있지 않을 때 처짐과 비틀림이 생겨 횡좌굴 현상이 발생→ 약축 방향으로 붕괴되는 경향.

세장비 정의(국부좌굴)

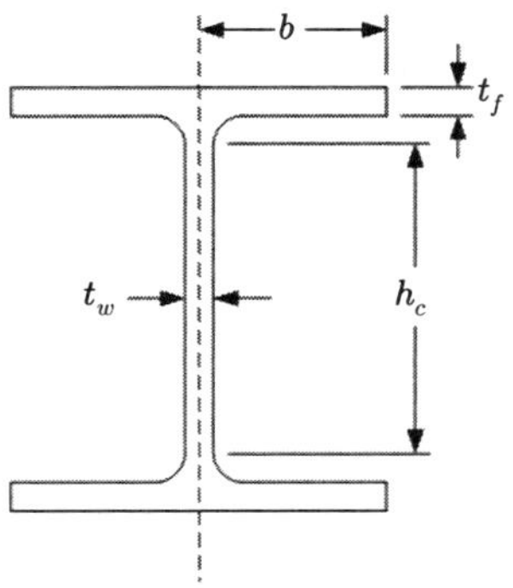

그림 11.2.4
단면의 기호

플랜지 : $\lambda = \dfrac{b}{t_f}$

웨브 : $\lambda = \dfrac{h_c}{t_w}$

11.3 | 보의 휨강도

11.3.1 일반사항

11.3.1.1 설계 휨강도 $\phi_b M_n$

$$\phi_b = 0.9$$

공칭휨강도 M_n은 11.3.2, 11.3.3에 따라 적용한다.

11.3.1.2 횡좌굴모멘트 수정계수 C_b

$$C_b = \frac{12.5\,M_{\max}}{2.5M_{\max} + 3M_A + 4M_B + 3M_C} R_m \le 3.0 \qquad (11.3.1)$$

여기서, $M_{\max}$: 비지지구간에서 최대모멘트 절대값, N · mm

M_A : 비지지구간에서 1/4지점의 모멘트 절대값, N · mm

M_B : 비지지구간에서 중앙부의 모멘트 절대값, N · mm

M_C : 비지지구간에서 3/4지점의 모멘트 절대값, N · mm

R_m : 단면형상계수

= 1.0, 2축대칭부재

= 1.0, 1축대칭 단곡률부재

$= 0.5 + 2\left(\frac{I_{yc}}{I_y}\right)^2$, 1축대칭 복곡률부재

I_y : y축에 대한 단면2차모멘트, mm^4

I_{yc} : y축에 대한 압축플랜지의 단면2차모멘트 또는 복곡률의 경우 압축플랜지 중 작은 플랜지의 단면2차모멘트, mm^4

복곡률이 발생하는 1축대칭부재의 경우에는 상하플랜지 모두에 대하여 횡좌굴강도를 검토한다. 이 때 C_b의 값은 모든 경우에 있어서 1.0으로 한다.

1) 예를 들어 중앙부에 집중하중 P이 작용하고, 비지지길이가 부재길이 L인 경우 : $L_b = L$

$M_{Max} = PL/4$, $M_A = 0.5M_{Max}$, $M_B = M_{Max}$, $M_C = 0.5M_{Max}$

$C_b = 12.5/(2.5 + 3 \times 0.5 + 4 \times 1 + 3 \times 0.5) = 1.32$

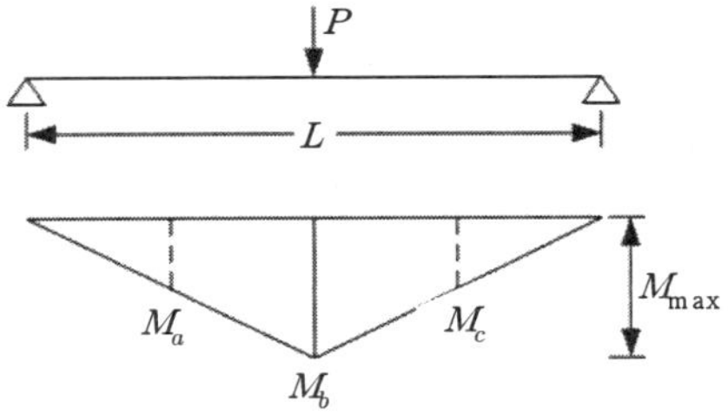

2) 1)의 경우에서 중앙부에 횡지지가 되어 있는 경우 : $L_b = L/2$

$M_{Max} = PL/4$, $M_A = \frac{1}{4}M_{Max}$, $M_B = \frac{1}{2}M_{Max}$, $M_C = \frac{3}{4}M_{Max}$

$C_b = 12.5/(2.5 \times 1 + 3 \times \frac{1}{4} + 4 \times \frac{1}{2} + 3 \times \frac{3}{4}) = 1.67$

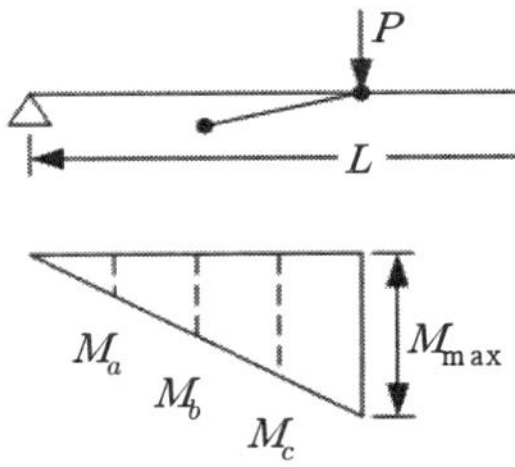

11.3.2 콤팩트부재(2축대칭 또는 ㄷ형강)

강축휨을 받는 2축대칭 또는 ㄷ형강 콤팩트부재는 다음의 한계상태 중에서 최소값으로 한다.

11.3.2.1 소성휨모멘트

콤팩트부재에서는 국부좌굴이 발생하지 않으므로 공칭강도는 전소성모멘트값으로 한다.

$$M_n = M_p = F_y Z_x \tag{11.3.2}$$

여기서, F_y : 강재의 항복강도, MPa

Z_x : x축에 대한 소성단면계수, mm^3

11.3.2.2 횡좌굴강도

횡좌굴에서 횡지지길이 또는 비지지길이 L_b가 놓인 영역에 따라 다음과 같이 산정한다.

그림 11.3.1
횡좌굴길이와 공칭모멘트의 관계

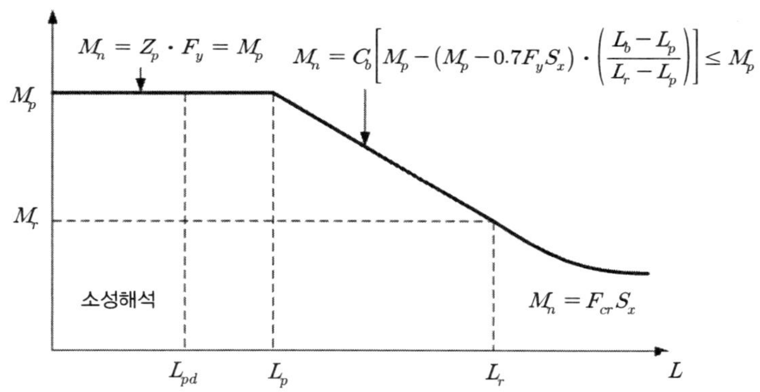

(1) $L_b \le L_p$**의 경우**에는 횡좌굴강도를 고려하지 않아도 된다.

(2) $L_p < L_b \le L_r$**의 경우**

$$M_n = C_b\left[M_p - (M_p - 0.7F_yS_x)\left(\frac{L_b - L_p}{L_r - L_p}\right)\right] \le M_p \tag{11.3.3}$$

여기서 $0.7F_y$는 $F_y - F_r = F_y - 0.3F_y = 0.7F_y$으로, 잔류응력의 영향을 고려한 값이다.

$M_r = 0.7F_yS_x$

그림 11.3.2 C_b의 영향

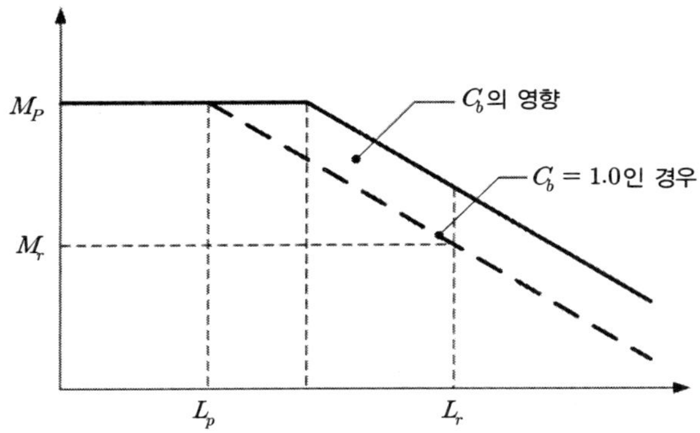

(3) $L_b > L_r$의 경우

$$M_n = F_{cr} S_x \leq M_p$$

여기서, $$F_{cr} = \frac{C_b \pi^2 E}{\left(\frac{L_b}{r_{ts}}\right)^2} \sqrt{1 + 0.078 \frac{J_C}{S_x h_o} \left(\frac{L_b}{r_{ts}}\right)^2} \tag{11.3.4}$$

E : 강재의 탄성계수, MPa

J : 단면 비틀림상수, mm^4

S_x : 강축에 대한 탄성단면계수, mm^3

소성 한계비지지길이 L_p 및 탄성 한계비지지길이 L_r은 다음과 같이 산정한다.

$$L_p = 1.76 r_y \sqrt{\frac{E}{F_y}} \tag{11.3.5}$$

$$L_r = 1.95 r_{ts} \frac{E}{0.7 F_y} \sqrt{\frac{Jc}{S_x h_o}} \sqrt{1 + \sqrt{1 + 6.76 \left(\frac{0.7 F_y}{E} \frac{S_x h_o}{Jc}\right)^2}} \tag{11.3.6}$$

여기서, $$r_{ts}^2 = \frac{\sqrt{I_y C_w}}{S_x} \tag{11.3.7}$$

$c = 1$: 2축대칭 H형부재의 경우

$$c = \frac{h_o}{2}\sqrt{\frac{I_y}{C_w}} \quad : \text{ㄷ형강의 경우} \tag{11.3.8}$$

h_o : 상하부플랜지간 중심거리, mm

2축 대칭 단면의 경우

$$C_w = \frac{I_y h_0^2}{4} \quad \text{(뒤틀림 상수, warping torsion)}$$

$$r_{ts}^2 = \frac{I_y h_0}{2S_x}$$

11.3.3 국부좌굴강도(콤팩트 웨브, 비콤팩트 플랜지 또는 세장판 플랜지)

웨브가 콤팩트인 부재라 할지라도 강축에 대한 압축플랜지가 비콤팩트 또는 세장한 요소를 갖는 단면에서는 플랜지의 국부좌굴을 고려하여야 한다. 다음 한계상태중에서 최소값으로 한다. 웨브의 비콤팩트 단면의 경우는 생략하였으나 건축구조기준(KBC 2016)을 참조바란다.

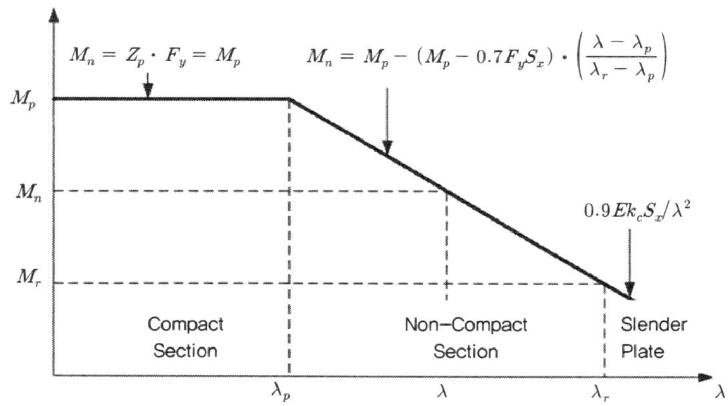

그림 11.3.3
플랜지 세장비와 공칭모멘트의 관계

11.3.3.1 횡좌굴강도

횡좌굴강도는 11.3.2.2에 따른다.

11.3.3.2 압축플랜지 국부좌굴강도

(1) 비콤팩트플랜지의 경우 ($\lambda_{pf} < \lambda \le \lambda_{rf}$)

$$M_n = \left[M_p - (M_p - 0.7F_y S_x)\left(\frac{\lambda - \lambda_{pf}}{\lambda_{rf} - \lambda_{pf}} \right) \right] \tag{11.3.9}$$

(2) 세장판요소단면의 경우 ($\lambda > \lambda_{rf}$)

$$M_n = \frac{0.9E\,k_c S_x}{\lambda^2} \tag{11.3.10}$$

여기서, $\lambda = \dfrac{b_f}{2t_f}$

$\lambda_{pf} = \lambda_p$이며 〈표 4.4.1〉에 제시된 콤팩트단면의 한계세장비

$\lambda_{rf} = \lambda_r$이며 〈표 4.4.1〉에 제시된 비콤팩트단면의 한계세장비

$$k_c = \frac{4}{\sqrt{h/t_w}},\ 0.35 \le k_c \le 0.76 \tag{11.3.11}$$

11.4 설계전단강도

11.4.1 일반사항

웨브에 전단력을 받는 1축 또는 2축대칭단면, 단일 C형강과 강관에 적용된다. 단, 웨브의 좌굴 이후 강도를 고려하지 않는 경우로 한정한다. 웨브의 좌굴 이후 강도를 이용하는 경우는 건축구조기준을 참고할 수 있다.

설계전단강도 $\phi_v V_n$의 감소계수 ϕ_v는 $h/t_w \le 2.24\sqrt{E/F_y}$인 압연 H형강의 웨브에서는 1.0을 사용하고, 그 밖에는 $\phi_v = 0.90$를 사용한다.

11.4.2 공칭전단강도

전단 좌굴강도는 다음과 같다.

$$F_{cr} = \frac{\pi^2 E k_v}{12(1-\nu^2)(h/t_w)^2} \tag{11.4.1}$$

$F_{cr} = F_{yw}$로 가정하고 웨브의 세장비로 표현하면

$$\frac{h}{t_w} = \pi\sqrt{\frac{1}{12(1-\nu^{2)}}}\sqrt{\frac{E\,k_v}{F_{yw}}}\,(=0.95\sqrt{\frac{Ek_v}{F_y}}\,) \tag{11.4.2}$$

($\nu = 0.3$, $k_v =$ 웨브 전단 좌굴계수, $h/t_u =$ 판의 세장비)

비구속판 또는 구속판요소웨브의 공칭전단강도 V_n은 전단항복과 전단좌굴의 한계상태에 따라 산정한다.

$$V_n = 0.6F_y A_w C_v \tag{11.4.3}$$

여기서, A_w는 웨브의 단면적, 부재 전체의 춤(d)과 웨브두께(t_w)의 곱, mm^2

C_v는 전단좌굴감소계수, $C_v = \frac{\tau_{cr}}{\tau_y}$ (11.4.4)

τ_{cr}은 좌굴전단강도, τ_y는 항복 전단강도이며 $0.6F_y$이다.

11.4.2.1 $h/t_w \le 2.24\sqrt{E/F_y}$ 인 압연 H형강의 웨브

(식 11.4.2에서 $k_v = 5.6$일 때 → 2.24)

여기서, $\phi_v = 1.00$

$C_v = 1.0$

ϕ값을 0.9에서 1.0으로 증가하여 사용하고 있다. 이는 압연 H형강의 전체적인 성능에서 인장과 압축항복에 비해 전단항복이 미비함을 반영한 것이다.

11.4.2.2 원형강관을 제외한 모든 2축 대칭단면, 1축 대칭단면 및 ㄷ형강의 전단상수 C_v 산정

(1) $h/t_w \leq 1.10\sqrt{k_v E/F_y}$ **일 때**

$$C_v = 1.0$$

여기에서, h/t_w 한계값은 전단좌굴을 유발하는 임계응력 F_{cr}을 웨브의 항복응력 $F_{yw} = F_y$로 가정한 값으로 웨브가 전단항복하는 경우이다. 왜 식 11.4.2의 계수 0.95가 1.10으로 되었는가?

(2) $1.10\sqrt{k_v E/F_y} < h/t_w \leq 1.37\sqrt{k_v E/F_y}$ **일 때**

전단좌굴에서 후크의 법칙이 적용되는 것으로 가정하였으나 실제로는 비례한계인 80%의 F_y까지 유효하다. 항복강도와 탄성좌굴강도 사이의 영역에서 임계강도는 다음과 같다.

$$\tau_{cr} = \sqrt{\tau_{prop \cdot \lim} \tau_{elastic \cdot buckling}} \tag{11.4.5}$$

여기서, $\tau_{prop \cdot \lim} = 0.8\tau_y$, 비례한계 전단강도

$\tau_{elastic \cdot buckling} = c_{v \cdot el} \cdot \tau_y$, 탄성좌굴 전단강도 (참조 : 식 11.4.9)

$$C_v = \frac{\tau_{cr}}{\tau_y} = \frac{\sqrt{(0.8\tau_y)(C_{v \cdot el}\,\tau_y)}}{\tau_y} = \sqrt{0.8}\sqrt{C_{v \cdot el}} = \sqrt{0.8(1.51)}\sqrt{k_v E/F_y}/(h/t_w)$$

(1.51 : 식 11.4.9 참조)

$$C_v = \frac{1.10\sqrt{k_v E/F_y}}{h/t_w} \tag{11.4.6}$$

$$C_v = 1.0 \text{일 때, } h/t_w = 1.10\sqrt{k_v E/F_y} \tag{11.4.7}$$

$$C_v = 0.8 \text{일 때, } h/t_w = \frac{1.10\sqrt{k_v E/F_y}}{0.8(= C_v)} = 1.37\sqrt{k_v E/F_y} \tag{11.4.8}$$

이 영역에서는 비탄성좌굴에 의해 지배된다.

(3) $h/t_w > 1.37\sqrt{k_v E/F_y}$ 일 때

탄성좌굴에 지배를 받는 영역으로 탄성좌굴식(11.4.1)과 $\tau_y = 0.6F_y$을 사용하여 구한 값이다.

$$C_v = \frac{\tau_{cr}}{\tau_y} = \frac{k_v \pi^2 E}{12(1-\nu^2)} \frac{1}{(h/t_w)^2} \left(\frac{1}{0.6F_y}\right) = \frac{\pi^2}{12(1-\upsilon^2)0.6} \frac{E\,k_v}{(h/t_w)^2 F_y}$$

$$C_v = \frac{1.51Ek_v}{(h/t_w)^2 F_y} \tag{11.4.9}$$

그림 11.5.1
웨브세장비와 전단감소계수

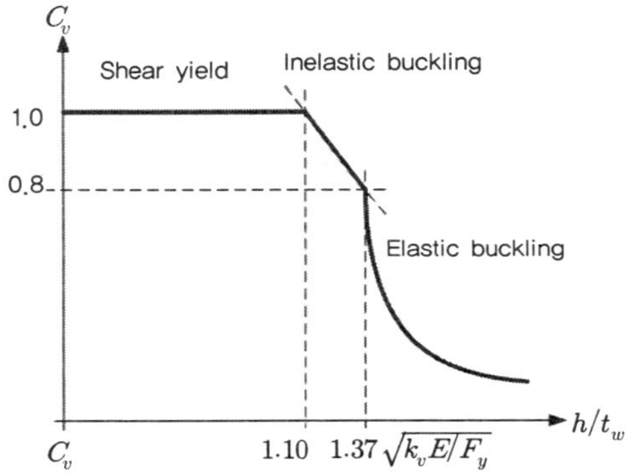

그림 11.5.2
$F_y = 275\,\mathrm{MPa}$ 일 때, C_v

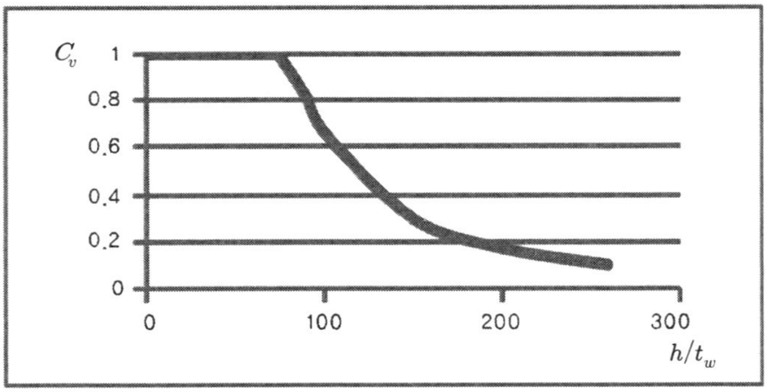

웨브판좌굴계수 k_v는 다음과 같이 산정한다.

(가) T형강의 스템을 제외한 $h/t_w < 260$인 비구속지지된 판요소웨브

$$k_v = 5$$

실제로 보강스티프너가 없는 경우 a/h가 무한대로 되어 k_v는 5가 된다.

(나) $h/t_w < 260$인 T형강의 스템

$$k_v = 1.2$$

T형강에서는 한쪽이 구속되어 있지 않기 때문에 더 약하게 산정되었다.

(다) 구속판요소웨브

$$k_v = 5 + \frac{5}{(a/h)^2}$$

$a/h > 3.0$ 또는 $a/h > \left[\frac{260}{(h/t_w)}\right]^2$인 경우

$$k_v = 5$$

여기서, a : 수직스티프너의 순간격, mm

h : 압연강재에서 모살 또는 코너반경을 제외한 플랜지간 순거리, mm

용접한 경우에는 플랜지간 순거리, mm

볼트조립단면에서는 파스너 열간거리, mm

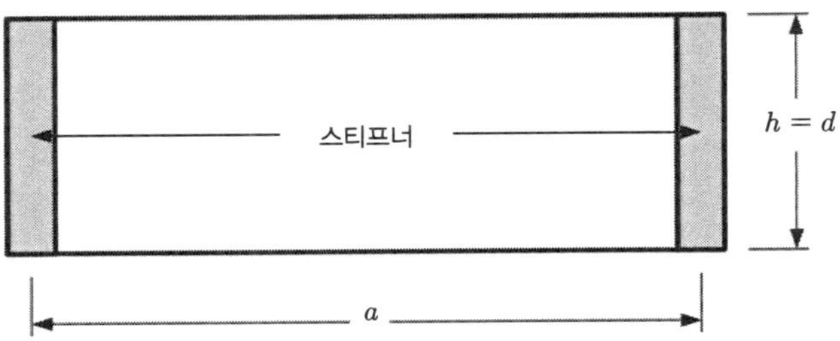

그림 11.5.3
스티프너 설치

| 예제 11.1 |

보의 부재 치수를 결정하라.

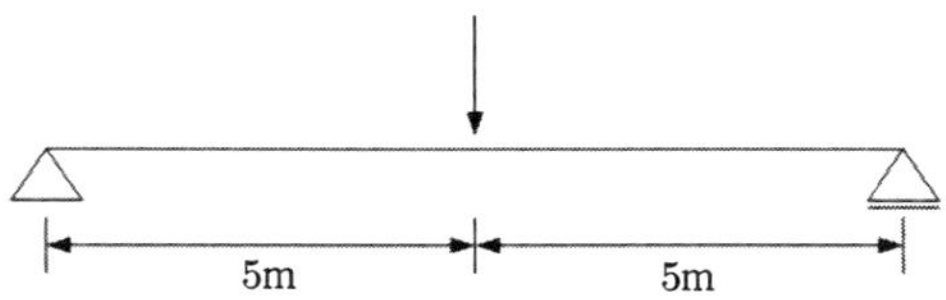

조건 1) 횡좌굴 지지가 되어 있다.

조건 2) Compact Section을 사용 ($\lambda \le \lambda_P$)

부재조건 :

$P := 400\text{kN}$ $\quad L := 10\text{m}$

$F_y := 345\text{MPa}$ $\quad \phi_b := 0.9$

$E := 210{,}000\text{MPa}$ $\quad a := L$

(플랜지 두께가 16mm 이상인 경우)

| 풀이 |

Compact Section이므로 국부좌굴이 발생하지 않고 횡좌굴지지되어 있으므로 횡좌굴도 발생하지 않는다. 소성단면계수에 의한 소성모멘트가 부재의 공칭모멘트가도이다.

$M_u := \dfrac{P \cdot L}{4}$ $\quad M_u = 1000 \cdot \text{kNm}$

$Z_r := \dfrac{M_u}{\phi_b \cdot F_y}$ $\quad Z_r = 3220 \cdot \text{cm}^3$ $\quad Z_r$ 소요 단면계수

부재치수 : = "$H\ 488 \times 300 \times 11 \times 18 \times 26$"

$B := 300\text{mm}$ $\quad H := 488\text{mm}$ $\quad Z_x := 3230\text{cm}^3$

$t_f := 18\text{mm}$ $\quad t_w := 11\text{mm}$ $\quad r := 26\text{mm}$

$$Check\_Z_x := \begin{cases} \text{"OK" if } Z_r \le Z_x \\ \text{"NG" otherwise} \end{cases} \qquad Check\_Z_x := \text{"OK"}$$

1.1 플랜지

$b := \dfrac{B}{2}$ $\quad b = 15\text{cm}$

$\lambda_f := \dfrac{b}{t_f}$ $\quad \lambda_f = 8.333$

$\lambda_{pf} := 0.38 \cdot \sqrt{\dfrac{E}{F_y}}$ $\quad \lambda = 9.375$

$$Check\_\lambda_f := \begin{cases} \text{"Compact Section" if } \lambda_f < \lambda_{pf} \\ \text{"Non-Compact Section" otherwise} \end{cases} \qquad Check\_\lambda_f := \text{"Compact Section"}$$

1.2 웨브

$$h := H - 2 \cdot t_f - 2 \cdot r \qquad h = 40\text{cm}$$

$$\lambda_w := \frac{h}{t_w} \qquad \lambda_w = 36.364$$

$$\lambda_{pw} := 3.76\sqrt{\frac{E}{f_y}} \qquad \lambda_{pw} = 92.766$$

$$Check\_\lambda_w := \begin{cases} \text{"Compact Section" if } \lambda_w < \lambda_{pw} \\ \text{"Non-Compact Section" otherwise} \end{cases} \qquad Check\_\lambda_w := \text{"Compact Section"}$$

$$Check\_Section := \begin{cases} \text{"부재 결정" if } (Check\_\lambda_f = Check\_\lambda_w) \\ \text{"부재 재산정" otherwise} \end{cases}$$

$$Check\_Section = \text{"부재 결정"}$$

1.3 전단강도 검증

$$A_w := H \cdot t_w \qquad A_w = 53.68 \cdot \text{cm}^2$$

$$\frac{h}{t_w} = 36.364$$

$$k_v := \begin{cases} 5 \text{ if } \frac{a}{h} > 3 \\ 5 \text{ if } \frac{a}{h} > \left[\frac{260}{(\frac{h}{t_w})}\right]^2 \\ \left[5 + \frac{5}{(\frac{a}{h})^2}\right] \text{ otherwise} \end{cases} = 5$$

$$\phi_v := \begin{cases} 1.0 \text{ if } \frac{h}{t_w} \leq 2.24 \cdot \sqrt{\frac{E}{F_y}} \\ 0.9 \text{ otherwise} \end{cases} = 1$$

$$C_v := \begin{cases} 1.0 & \text{if } \frac{h}{t_w} \le 2.24 \cdot \sqrt{\frac{E}{F_y}} \\ 1.0 & \text{if } \frac{h}{t_w} \le 1.10 \cdot \sqrt{\frac{k_v \cdot E}{F_y}} \\ \frac{1.10 \cdot \sqrt{\frac{k_v \cdot E}{F_y}}}{\frac{h}{t_w}} & \text{if } 1.10 \cdot \sqrt{\frac{k_v \cdot E}{F_y}} \le \frac{h}{t_w} \le 1.37 \cdot \sqrt{\frac{k_v \cdot E}{F_y}} \\ \frac{1.51 \cdot E \cdot k_v}{(\frac{h}{t_w})^2 \cdot F_y} & \text{if } \frac{h}{t_w} \ge 1.37 \cdot \sqrt{\frac{k_v \cdot E}{F_y}} \end{cases} = 1$$

$V_n := 0.6 \cdot F_y \cdot A_w \cdot C_v = 1111 \cdot \mathrm{kN}$

$\phi_v \cdot V_n = 1111 \cdot \mathrm{kN}$ $\phi_v V_n$ 설계전단강도

$V_u := \frac{P}{2}$ $V_u = 200 \cdot \mathrm{kN}$

$$Check\_V := \begin{cases} \text{"O.K." if } \phi_v \cdot V_n > V_u \\ \text{"N.G." otherwise} \end{cases}$$ $Check\_V :=$ "O.K."

✻SUMMARY

1. 부재 조건 : $P = 400 \cdot \mathrm{kN}$ $L = 10\mathrm{m}$ $F_y = 345 \cdot \mathrm{MPa}$

   부재치수 = "$H\,488 \times 300 \times 11 \times 18 \times 26$"

   플랜지 $\lambda_f = 8.333$ $\lambda_{pf} = 9.375$

   $Check\_\lambda_f =$ "Compact Section"

2. 웨브 $\lambda_w = 36.364$ $\lambda_{pw} = 92.766$

   $Check\_\lambda_w =$ "Compact Section"

3. 전단강도 검증 $\phi_v \cdot V_n = 1111 \cdot \mathrm{kN}$

   $V_u = 200 \cdot \mathrm{kN}$

   $Check\_V =$ "O.K."

| 예제 11.2 |

보 부재의 치수가 $H-488\times300\times11\times18\times26$일 때, 다음 시스템의 안전을 검토하라. 단, 보의 중앙부에서 횡지지되어 있다.

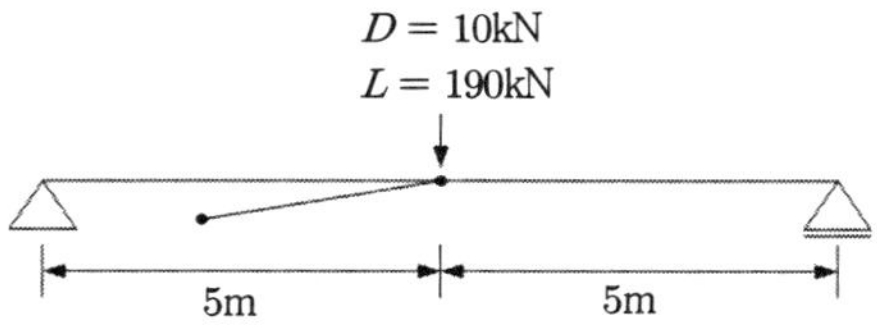

부재조건 := "$H-488\times300\times11\times18\times26$"

$D := 10\text{kN}$ $\quad LL := 190\text{kN}$

$P_u := 1.2D + 1.6LL$ $\quad P_u = 316\cdot\text{kN}$

$P := D + LL$ $\quad P = 200\cdot\text{kN}$

$H := 488\text{mm}$ $\quad B := 300\text{mm}$ $\quad t_w := 11\text{mm}$

$t_f := 18mm$ $\quad r := 26\text{mm}$

$L := 10\text{m}$ $\quad L_b := \dfrac{L}{2}$ $\quad F_y := 345\cdot\text{MPa}$ $\quad \phi := 0.9$

$I_x := 71{,}000\text{cm}^4$ $\quad I_y := 8{,}100\text{cm}^4$ $\quad A := 163.5\text{cm}^2$ $\quad S_x := 2{,}910\text{cm}^3$

$Z_x := 3{,}230\text{cm}^3$ $\quad r_x := 20.8\text{cm}$ $\quad r_y := 7.04\text{cm}$

$E := 210{,}000\text{MPa}$ $\quad G := 81{,}000\text{MPa}$

$M_u := P_u\cdot\dfrac{L}{4} = 790\cdot\text{kN}\cdot\text{m}$ $\quad M_{\max} := M_u$

$M_A := \dfrac{1}{4}M_{\max}$ $\quad M_B := \dfrac{1}{2}M_{\max}$ $\quad M_C := \dfrac{3}{4}M_{\max}$

| 풀이 |

1. 소성모멘트

$M_p := Z_x\cdot F_y$ $\quad M_p = 1114.35\cdot\text{kN}\cdot\text{m}$

$\phi\cdot M_p = 1002.915\cdot\text{kN}\cdot\text{m}$

2. 횡좌굴

$L_b = 5\text{m}$

$$C_b := \frac{12.5 \cdot M_{max}}{2.5M_{max} + 3 \cdot M_A + 4 \cdot M_B + 3 \cdot M_C} = 1.667$$ C_b = 횡좌굴 모멘트계수

$$L_p := 1.76 \cdot \sqrt{\frac{E}{F_y}} \cdot r_y = 3.057\text{m}$$ L_p 산정

$$J := \frac{2 \cdot B \cdot t_f^3 + (H - t_f) \cdot t_w^3}{3}$$ L_r 산정

$$C_w := \frac{I_y}{4} \cdot (H - t_f)^2$$

$$r_{ts} := \sqrt{\frac{\sqrt{I_y \cdot C_w}}{S_x}}$$

$$h_0 := H - t_f$$

$$c := 1$$

$$L_r := 1.95 \cdot r_{ts} \cdot \frac{E}{0.7 \cdot F_y} \cdot \sqrt{J \cdot \frac{c}{S_x \cdot h_0}} \cdot \sqrt{1 + \sqrt{1 + 6.76\left(\frac{0.7 \cdot F_y}{E} \cdot \frac{S_x \cdot h_0}{J \cdot c}\right)^2}} = 8.851\text{m}$$

횡좌굴 공칭모멘트

$$M_{n.Lt} := \begin{array}{|l} M_p \ \text{if} \ L_b \le L_p \\ \min\left[C_b\left[M_p - (M_p - 0.7F_y \cdot S_x) \cdot \left(\frac{L_b - L_p}{L_r - L_p}\right)\right], M_p\right] \ \text{if} \ L_p < L_b \le L_r \\ \text{if}(L_b > L_r) \\ \quad \begin{array}{|l} F_{cr} \leftarrow \frac{c_b \cdot \pi^2 E}{\left(\frac{L_b}{r_{ts}}\right)^2} \cdot \sqrt{1 + 0.078 \cdot \frac{J \cdot c}{S_x \cdot h_0} \cdot \left(\frac{L_b}{r_{ts}}\right)^2} \\ \min(F_{cr} \cdot S_x, M_p) \end{array} \end{array}$$

$$M_{n.Lt} = 1114.35 \cdot \text{kN} \cdot \text{m}$$

3. 단면분류

3.1 플랜지 단면분류

$$\lambda_f := \frac{\frac{B}{2}}{t_f} = 8.333 \qquad \lambda_{pf} := 0.38 \cdot \sqrt{\frac{E}{F_y}} = 9.375$$ 표 4.4.1 참조

$$\lambda_{rf} := 1.0 \cdot \sqrt{\frac{E}{F_y}} = 24.672$$

$$Check\_\lambda_f := \begin{array}{|l} \text{"Compact" if } \lambda_f \le \lambda_{pf} \\ \text{"Non-Compact" if } \lambda_{pf} < \lambda_f \le \lambda_{rf} \\ \text{"Slender" if } \lambda_f > \lambda_{rf} \end{array} = \text{"Compact"}$$

3.2 웨브 단면 분류

$h := H - 2 \cdot (t_f + r)$

$\lambda_w := \frac{h}{t_w} = 36.364$ $\lambda_{pw} := 3.76 \cdot \sqrt{\frac{E}{F_y}} = 92.766$ 표 4.4.1 참조

$\lambda_{rw} := 5.70 \cdot \sqrt{\frac{E}{F_y}} = 140.629$

$$Check\_\lambda_w := \begin{cases} \text{"Compact" if } \lambda_w \le \lambda_{pw} \\ \text{"Non-Compact" if } \lambda_{pw} < \lambda_w \le \lambda_{rw} \\ \text{"Slender" if } \lambda_w > \lambda_{rw} \end{cases} = \text{"Compact"}$$

4. 플랜지 국부좌굴 검토

$$M_{n.f} := \begin{cases} M_p \text{ if } \lambda_f \le \lambda_{pf} \\ M_p - (M_p - 0.7F_y \cdot S_x) \cdot \left(\frac{\lambda_f - \lambda_{pf}}{\lambda_{rf} - \lambda_{pf}}\right) \text{ if } \lambda_{pf} < \lambda_f \le \lambda_{rf} \\ \text{if } (\lambda_f > \lambda_{rf}) \\ \quad \begin{vmatrix} k_c \leftarrow \frac{4}{\sqrt{\frac{h}{t_w}}} \\ \min\left(\frac{0.9 \cdot E \cdot k_c \cdot S_x}{\lambda_f^2}, M_P\right) \end{vmatrix} \end{cases}$$

$M_{n.f} = 1114.35\text{m} \cdot \text{kN}$

5. 안전성 검토

$M_n := \min(M_p, M_{n.Lt}, M_{n.f}) = 1114.35 \cdot \text{kN} \cdot \text{m}$

$\phi \cdot M_n = 1002.915 \cdot \text{kN} \cdot \text{m}$

$$Check\_M := \begin{cases} \text{"O.K." if } M_u \le \phi \cdot M_n \\ \text{"N.G." otherwise} \end{cases} \qquad Check\_M := \text{"O.K."}$$

6. 처짐검토

$\delta_{\max} := \frac{P \cdot L^3}{48 \cdot E \cdot I_x} = 27.945 \cdot \text{mm}$

$\delta_{lim} := \frac{L}{300} = 33.333 \cdot \text{mm}$

$$Check\_deflection := \begin{cases} \text{"O.K." if } \delta_{\max} < \frac{L}{300} \\ \text{"N.G." otherwise} \end{cases} \qquad Check\_deflection := \text{"O.K."}$$

✱SUMMARY

부재조건 = "$H-488\times300\times11\times18\times26$"	$F_y = 345 \cdot \text{MPa}$
소성모멘트	$M_p = 1114.35 \cdot \text{kN} \cdot \text{m}$
횡좌굴	$M_{n.Lt} = 1114.35 \cdot \text{kN} \cdot \text{m}$
단면분류	$Check\_\lambda_f :=$ "Compact"
	$Check\_\lambda_w :=$ "Compact"
플랜지 국부좌굴	$M_{n.f} = 1114.35 \cdot \text{kN} \cdot \text{m}$
안전성 검토	$\phi M_n = 1002.92 \cdot \text{kN} \cdot \text{m}$
	$M_u = 790 \cdot \text{kN} \cdot \text{m}$
	$Check\_M=$ "O.K."
처짐검토	$Check\_deflection =$ "O.K."

| 예제 11.3 |

보 부재의 치수가 $H-488\times300\times11\times18\times26$일 때, 다음 시스템의 안전성을 검토하라. 단, 등분포하중을 받으며 보의 중앙부에서 횡지지되어 있다.

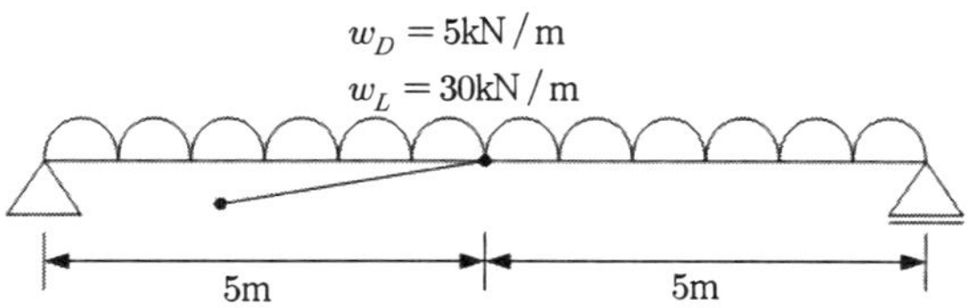

부재조건 : = "$H-488\times300\times11\times18\times26$", 재질 : SM355

$D := 5\text{kN/m}$ $\qquad LL := 30\text{kN/m}$

$\omega_u := 1.2D + 1.6LL$ $\qquad \omega_u = 54 \cdot \text{kN/m}$

$\omega := D + LL$ $\qquad \omega = 35 \cdot \text{kN/m}$

$H := 488\text{mm}$ $\quad B := 300\text{mm}$ $\quad t_w := 11\text{mm}$ $\quad t_f := 18\text{mm}$ $\quad r := 26\text{mm}$

$L := 10\text{m} \qquad L_b := \frac{L}{2} = 5\text{m} \qquad F_y := 345 \cdot \text{MPa} \qquad \phi := 0.9$

$I_x := 71{,}000\text{cm}^4 \qquad I_y := 8{,}100\text{cm}^4 \qquad A := 163.5\text{cm}^2 \qquad S_x := 2{,}910\text{cm}^3$

$Z_x := 3{,}230\text{cm}^3 \qquad r_x := 20.8\text{cm} \qquad r_y := 7.04\text{cm}$

$E := 210{,}000\text{MPa} \qquad G := 81{,}000\text{MPa}$

$$M_u := \frac{\omega_u \cdot L^2}{8} = 675 \cdot \text{kN} \cdot \text{m}$$

$$M_{\max} := M_u$$

$$M(x) := \frac{\omega_u \cdot L}{2} \cdot x - \frac{\omega_u \cdot x^2}{2}$$

$$M_A := M(\frac{L}{8}) \quad M_B := M(\frac{2L}{8})$$

$$M_C := M(\frac{3L}{8})$$

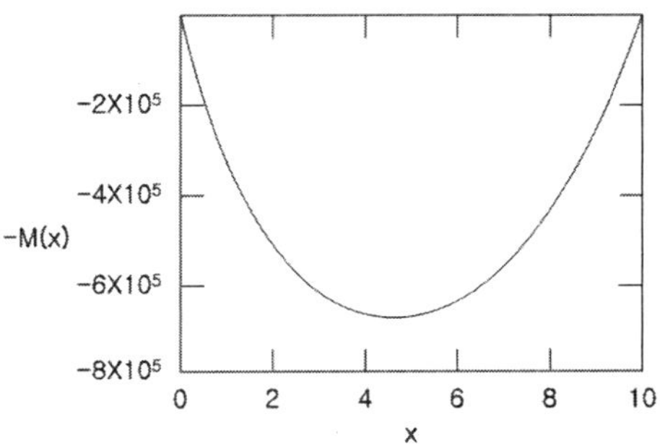

$$\frac{M_A}{M_{\max}} = \frac{7}{16} \qquad \frac{M_B}{M_{\max}} = \frac{3}{4} \qquad \frac{M_C}{M_{\max}} = \frac{15}{16}$$

| 풀이 |

1. 소성모멘트

$M_p := Z_x \cdot F_y \qquad M_p = 1114.35 \cdot \text{kN} \cdot \text{m}$

$\phi \cdot M_p = 1002.92 \cdot \text{kN} \cdot \text{m}$

2. 횡좌굴

$L_b = 5\text{m}$

$$C_b := \frac{12.5 \cdot M_{\max}}{2.5 \cdot M_{\max} + 3 \cdot M_A + 4 \cdot M_B + 3 \cdot M_C} = 1.299$$ C_b = 횡좌굴 모멘트계수

$$L_p := 1.76 \cdot \sqrt{\frac{E}{F_y}} \cdot r_y = 3.057\text{m}$$ L_p 산정

$$J := \frac{2 \cdot B \cdot t_f^3 + (H - t_f) \cdot t_w^3}{3}$$ L_r 산정

$$C_w := \frac{I_y}{4} \cdot (H - t_f)^2$$

$$r_{ts} := \sqrt{\frac{\sqrt{I_y \cdot C_w}}{S_x}}$$

$$h_0 := H - t_f$$

$$c := 1$$

$$L_r := 1.95 \cdot r_{ts} \cdot \frac{E}{0.7 \cdot F_y} \cdot \sqrt{J \cdot \frac{c}{S_x \cdot h_0}} \cdot \sqrt{1 + \sqrt{1 + 6.76(\frac{0.7 \cdot F_y}{E} \cdot \frac{S_x \cdot h_0}{J \cdot c})^2}} = 8.851\text{m}$$

$$M_{n.Lt} := \begin{vmatrix} M_p \ \text{ if } L_b \le L_p \\ \min\left[C_b\left[M_p - (M_p - 0.7F_y \cdot S_x) \cdot (\frac{L_b - L_p}{L_{r-L_p}})\right], M_p\right] \ \text{ if } L_p < L_b \le L_r \\ \text{if } (L_b > L_r) \\ \begin{vmatrix} F_{cr} \leftarrow \frac{c_b \cdot \pi^2 E}{(\frac{L_b}{r_{ts}})^2} \cdot \sqrt{1 + 0.078 \cdot \frac{J \cdot c}{S_x \cdot h_0} \cdot (\frac{L_b}{r_{ts}})^2} \\ \min(F_{cr} \cdot S_x, M_p) \end{vmatrix} \end{vmatrix}$$

횡좌굴공칭모멘트

$$M_{n.Lt} = 1114.35 \cdot \text{kN} \cdot \text{m}$$

3. 단면분류

3.1 플랜지 단면분류

$$\lambda_f := \frac{\frac{B}{2}}{t_f} = 8.333 \qquad \lambda_{pf} := 0.38 \cdot \sqrt{\frac{E}{F_y}} = 9.375$$

표 4.4.1 참조

$$\lambda_{rf} := 1.0 \cdot \sqrt{\frac{E}{F_y}} = 24.672$$

$$Check\_\lambda_f := \begin{vmatrix} \text{"Compact" if } \lambda_f \le \lambda_{pf} \\ \text{"Non-Compact" if } \lambda_{pf} < \lambda_f \le \lambda_{rf} \\ \text{"Slender" if } \lambda_f > \lambda_{rf} \end{vmatrix} = \text{"Compact"}$$

3.2 웨브 단면분류

$$h := H - 2 \cdot (t_f + r)$$

$$\lambda_w := \frac{h}{t_w} = 36.364 \qquad \lambda_{pw} := 3.76 \cdot \sqrt{\frac{E}{F_y}} = 92.766$$

표 4.4.1 참조

$$\lambda_{rw} := 5.70 \cdot \sqrt{\frac{E}{F_y}} = 140.629$$

$$Check\_\lambda_w := \begin{vmatrix} \text{"Compact" if } \lambda_w \le \lambda_{pw} \\ \text{"Non-Compact" if } \lambda_{pw} < \lambda_w \le \lambda_{rw} \\ \text{"Slender" if } \lambda_w > \lambda_{rw} \end{vmatrix} = \text{"Compact"}$$

4. 플랜지 국부좌굴 검토

$$M_{n.f} := \begin{cases} M_p & \text{if } \lambda_f \le \lambda_{pf} \\ M_p - (M_p - 0.7F_y \cdot S_x) \cdot \left(\dfrac{\lambda_f - \lambda_{pf}}{\lambda_{rf} - \lambda_{pf}}\right) & \text{if } \lambda_{pf} < \lambda_f \le \lambda_{rf} \\ \text{if } (\lambda_f > \lambda_{rf}) & \left| \begin{array}{l} k_c \leftarrow \dfrac{4}{\sqrt{\dfrac{h}{t_w}}} \\ \min\left(\dfrac{0.9 \cdot E \cdot k_c \cdot S_x}{\lambda_f^2}, M_P\right) \end{array} \right. \end{cases}$$

$M_{n.f} = 1114.35\text{m} \cdot \text{kN}$

5. 안전성 검토

$M_n := \min(M_p, M_{n.Lt}, M_{n.f}) = 1114.35 \cdot \text{kN} \cdot \text{m}$

$\phi \cdot M_n = 1002.92 \cdot \text{kN} \cdot \text{m}$

$$Check\_M := \begin{cases} \text{"O.K."} & \text{if } M_u \le \phi \cdot M_n \\ \text{"N.G."} & otherwise \end{cases}$$

$Check\_M := \text{"O.K."}$

6. 처짐검토

$\delta_{\max} := \dfrac{5 \cdot \omega \cdot L^4}{384 \cdot E \cdot I_x} = 30.565 \cdot \text{mm}$

$\delta_{lim} := \dfrac{L}{300} = 33.333 \cdot \text{mm}$

$$Check\_deflection := \begin{cases} \text{"O.K."} & \text{if } \delta_{\max} < \dfrac{L}{300} \\ \text{"N.G."} & otherwise \end{cases}$$

$Check\_deflection := \text{"O.K."}$

*** SUMMARY**

부재조건 = "$H - 488 \times 300 \times 11 \times 18 \times 26$" $F_y = 345 \cdot \text{MPa}$

1. 소성모멘트	$M_p = 1114.35 \cdot \text{kN} \cdot \text{m}$
2. 횡좌굴	$M_{n.Lt} = 1114.35 \cdot \text{kN} \cdot \text{m}$
3. 단면분류	$Check\_\lambda_f :=$ "Compact"
	$Check\_\lambda_w :=$ "Compact"
4. 플랜지 국부좌굴	$M_{n.f} = 1114.35 \cdot \text{kN} \cdot \text{m}$
5. 안전성 검토	$\phi M_n = 1002.92 \cdot \text{kN} \cdot \text{m}$
	$M_u = 675 \cdot \text{kN} \cdot \text{m}$
	$Check\_M =$ "O.K."
6. 처짐검토	$Check\_deflection =$ "O.K."

| 예제 11.4 |

보 부재의 치수가 $H-600\times200\times11\times17\times22$일 때, 다음 시스템의 안전성을 검토하라. 단, 등분포하중을 받으며 보의 중앙부에서 횡지지되어 있다.

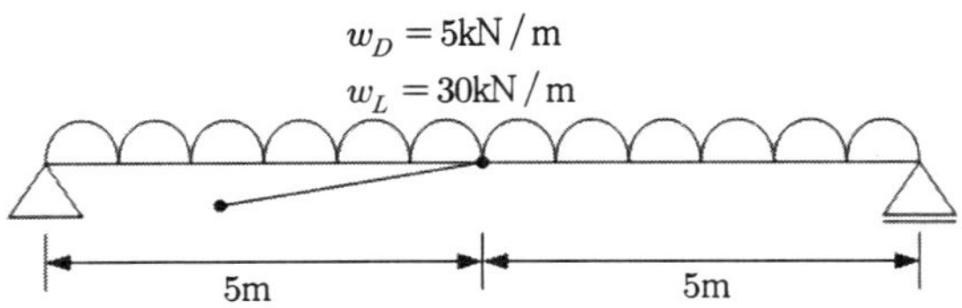

부재조건 : = "$H-600\times200\times11\times17\times22$"

$D := 5\text{kN/m}$ $\qquad LL := 30\text{kN/m}$

$\omega_u := 1.2D + 1.6LL$ $\qquad \omega_u = 54\cdot\text{kN/m}$

$\omega := D + LL$ $\qquad \omega = 35\cdot\text{kN/m}$

$H := 600\text{mm}$ $\quad B := 200\text{mm}$ $\quad t_w := 11\text{mm}$ $\quad t_f := 17\text{mm}$ $\quad r := 22\text{mm}$

$L := 10\text{m}$ $\quad L_b := \dfrac{L}{2} = 5\text{m}$ $\quad F_y := 345\cdot\text{MPa}$ $\quad \phi := 0.9$

$I_x := 77{,}600\text{cm}^4$ $\quad I_y := 2{,}280\text{cm}^4$ $\quad A := 134.4\text{cm}^4$ $\quad S_x := 2{,}590\text{cm}^3$

$Z_x := 2{,}980\text{cm}^3$ $\quad r_x := 24\text{cm}$ $\quad r_y := 4.12\text{cm}$

$E := 210{,}000\text{MPa}$ $\quad G := 81{,}000\text{MPa}$

$M_u := \dfrac{\omega_u\cdot L^2}{8} = 675\cdot\text{kN}\cdot\text{m}$ $\quad M_{max} := M_u$

$M(x) := \dfrac{\omega_u\cdot L}{2}\cdot x - \dfrac{\omega_u\cdot x^2}{2}$

$M_A := M(\dfrac{L}{8})$ $\quad M_B := M(\dfrac{2L}{8})$

$M_C := M(\dfrac{3L}{8})$

$\dfrac{M_A}{M_{max}} = \dfrac{7}{16}$ $\quad \dfrac{M_B}{M_{max}} = \dfrac{3}{4}$ $\quad \dfrac{M_C}{M_{max}} = \dfrac{15}{16}$

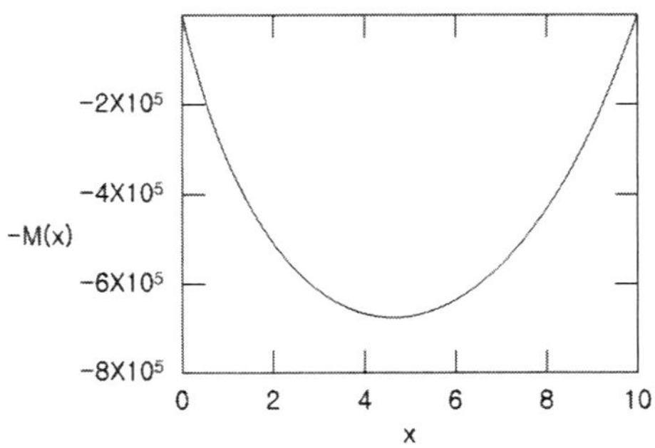

| 풀이 |

1. 소성모멘트

$M_p := Z_x \cdot F_y$ $\qquad\qquad$ $M_p = 1028.1 \cdot \text{kN} \cdot \text{m}$

$\phi \cdot M_p = 925.3 \cdot \text{kN} \cdot \text{m}$

2. 횡좌굴

$L_b = 5\text{m}$

$$C_b := \frac{12.5 \cdot M_{\max}}{2.5 \cdot M_{\max} + 3 \cdot M_A + 4 \cdot M_B + 3 \cdot M_C} = 1.299$$

C_b = 횡좌굴 모멘트계수

$$L_p := 1.76 \cdot \sqrt{\frac{E}{F_y}} \cdot r_y = 1.789\text{m}$$

L_p 산정

$$J := \frac{2 \cdot B \cdot t_f^3 + (H - t_f) \cdot t_w^3}{3}$$

L_r 산정

$$C_w := \frac{I_y}{4} \cdot (H - t_f)^2$$

$$r_{ts} := \sqrt{\frac{\sqrt{I_y \cdot C_w}}{S_x}}$$

$$h_0 := H - t_f$$

$$c := 1$$

$$L_r := 1.95 \cdot r_{ts} \cdot \frac{E}{0.7 \cdot F_y} \cdot \sqrt{J \cdot \frac{c}{S_x \cdot h_0}} \cdot \sqrt{1 + \sqrt{1 + 6.76\left(\frac{0.7 \cdot F_y}{E} \cdot \frac{S_x \cdot h_0}{J \cdot c}\right)^2}} = 5.194\text{m}$$

횡좌굴공칭모멘트

$$M_{n.Lt} := \left| \begin{array}{l} M_p \ \text{ if } \ L_b \le L_p \\ \min\left[C_b\left[M_p - (M_p - 0.7F_y \cdot S_x) \cdot \left(\frac{L_b - L_p}{L_{r-L_p}}\right)\right], M_p\right] \ \text{ if } \ L_p < L_b \le L_r \\ \text{if } (L_b > L_r) \\ \quad \left| \begin{array}{l} F_{cr} \leftarrow \frac{c_b \cdot \pi^2 E}{\left(\frac{L_b}{r_{ts}}\right)^2} \cdot \sqrt{1 + 0.078 \cdot \frac{J \cdot c}{S_x \cdot h_0} \cdot \left(\frac{L_b}{r_{ts}}\right)^2} \\ \min(F_{cr} \cdot S_x,\ M_p) \end{array} \right. \end{array} \right.$$

$M_{n.Lt} = 842.0 \cdot \text{kN} \cdot \text{m}$

3. 단면분류

3.1 플랜지 단면분류

$$\lambda_f := \frac{\frac{B}{2}}{t_f} = 5.882 \qquad \lambda_{pf} := 0.38 \cdot \sqrt{\frac{E}{F_y}} = 9.375$$

표 4.4.1 참조

$$\lambda_{rf} := 1.0 \cdot \sqrt{\frac{E}{F_y}} = 24.672$$

$$Check\_\lambda_f := \left| \begin{array}{l} \text{"Compact" if } \lambda_f \le \lambda_{pf} \\ \text{"Non-Compact" if } \lambda_{pf} < \lambda_f \le \lambda_{rf} \\ \text{"Slender" if } \lambda_f > \lambda_{rf} \end{array} \right. = \text{"Compact"}$$

3.2 웨브 단면분류

$$h := H - 2 \cdot (t_f + r)$$

$$\lambda_w := \frac{h}{t_w} = 47.455 \qquad \lambda_{pw} := 3.76 \cdot \sqrt{\frac{E}{F_y}} = 92.766$$

표 4.4.1 참조

$$\lambda_{rw} := 5.70 \cdot \sqrt{\frac{E}{F_y}} = 140.629$$

$$Check\_\lambda_w := \left| \begin{array}{l} \text{"Compact" if } \lambda_w \le \lambda_{pw} \\ \text{"Non-Compact" if } \lambda_{pw} < \lambda_w \le \lambda_{rw} \\ \text{"Slender" if } \lambda_w > \lambda_{rw} \end{array} \right. = \text{"Compact"}$$

4. 플랜지 국부좌굴 검토

$$M_{n.f} := \left| \begin{array}{l} M_p \text{ if } \lambda_f \le \lambda_{pf} \\ M_p - (M_p - 0.7F_y \cdot S_x) \cdot \left(\dfrac{\lambda_f - \lambda_{pf}}{\lambda_{rf} - \lambda_{pf}} \right) \text{ if } \lambda_{pf} < \lambda_f \le \lambda_{rf} \\ \text{if } (\lambda_f > \lambda_{rf}) \\ \quad \left| \begin{array}{l} k_c \leftarrow \dfrac{4}{\sqrt{\dfrac{h}{t_w}}} \\ \min\left(\dfrac{0.9 \cdot E \cdot k_c \cdot S_x}{\lambda_f^2},\ M_P \right) \end{array} \right. \end{array} \right.$$

$$M_{n.f} = 1028.1\text{m} \cdot \text{kN}$$

5. 안전성 검토

$$M_n := \min(M_p, M_{n.Lt}, M_{n.f}) = 842.0 \cdot \text{kN} \cdot \text{m}$$

$$\phi \cdot M_n = 757.8 \cdot \text{kN} \cdot \text{m}$$

$$Check\_M := \left| \begin{array}{l} \text{"O.K." if } M_u \le \phi \cdot M_n \\ \text{"N.G." } otherwise \end{array} \right. \qquad Check\_M := \text{"O.K."}$$

6. 처짐검토

$\delta_{max} := \dfrac{5 \cdot \omega \cdot L^4}{384 \cdot E \cdot I_x} = 27.966 \cdot mm$ $\delta_{lim} := \dfrac{L}{300} = 33.333 \cdot mm$

$Check\_deflection := \begin{cases} \text{"O.K."} & \text{if } \delta_{max} < \dfrac{L}{300} \\ \text{"N.G."} & otherwise \end{cases}$ $Check\_deflection :=$ "O.K."

***SUMMARY**

부재조건 = "$H-600 \times 200 \times 11 \times 17 \times 22$" $F_y = 345 \cdot MPa$

1. 소성모멘트 $M_p = 1028.1 \cdot kN \cdot m$
2. 횡좌굴 $M_{n.Lt} = 842.0 \cdot kN \cdot m$
3. 단면분류 $Check\_\lambda_f :=$ "Compact"
   $Check\_\lambda_w :=$ "Compact"
4. 플랜지 국부좌굴 $M_{n.f} = 1028.1 \cdot kN \cdot m$
5. 안전성 검토 $\phi M_n = 757.8 \cdot kN \cdot m$
   $M_u = 675 \cdot kN \cdot m$
   $Check\_M =$ "O.K."
6. 처짐검토 $Check\_deflection =$ "O.K."

제 12 장

조합력을 받는 부재
(Members for combinded forces)

12.1 | 서론

(1) 축력(P)과 모멘트(M)를 동시에 받는 부재(Beam–Columns)

(2) 발생하는 경우

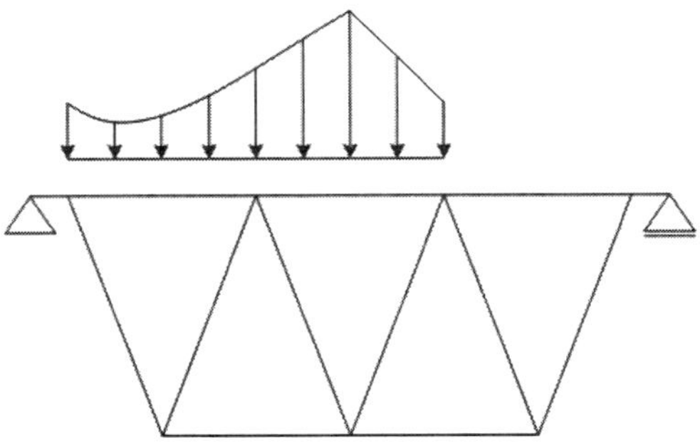

(a) Truss(P+수직하중 → M)

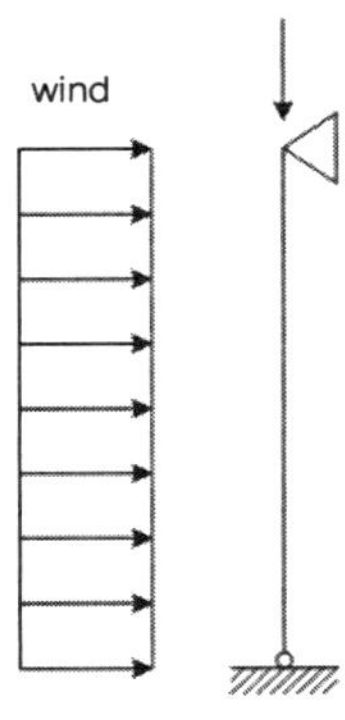

(b) 기둥+벽(P+wind 횡력 → M)

그림 12.1.1
조합하중이 발생하는 경우

그림 12.1.1
조합하중이 발생하는 경우(계속)

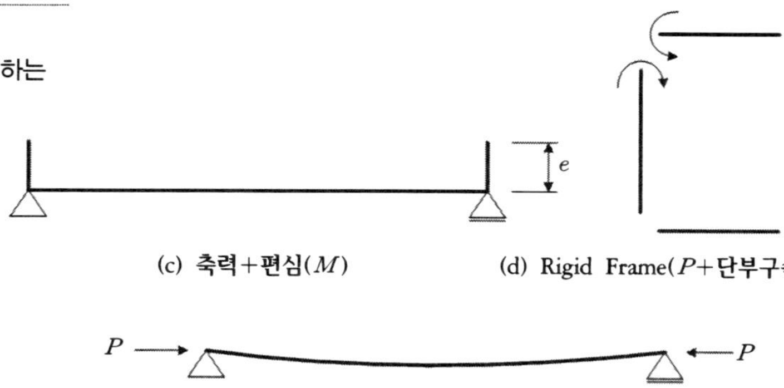

(c) 축력+편심(M)

(d) Rigid Frame(P+단부구속모멘트)

(e) 초기 처짐이 있는 경우

(3) Beam-Columns 거동의 이해

: Interaction Curve Equation(상관곡선 방정식)

그림 12.1.2
P, M_x, M_y 상관관계 원리

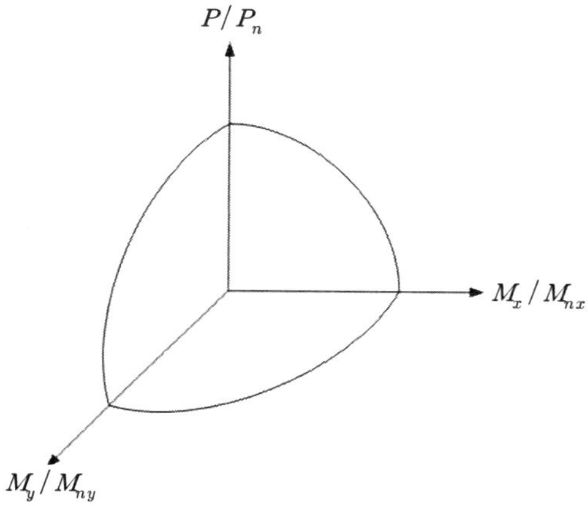

- 각축의 좌표 : P, M_x, M_y의 강도
- 곡선 : 두 하중의 조합
- 상관표면(Interaction surface) : 세 하중의 조합
- 곡선의 끝점 : 축력 내력(P), 모멘트 내력(M)

12.2 상관관계 원칙(Interaction Principles)

(1) 탄성영역에서 중첩의 원리 적용

(2) 실제 구조물의 한계상태에 근접하기 위한 제약조건

- 응력의 중첩 : 탄성영역에서만 유효
- 변형의 중첩 : 미소변형일 때만 소성영역으로 확장할 수 있다.
- 부재, 형상 변화, 국부좌굴 등의 안정성 효과 : 중첩원리 적용 불가
- 구조체의 처짐, 구조체 안정성 : 중첩원리 적용 불가

(3) 실제 한계상태에 반영 (Reflection the true limit states)되어야 할 특징

Axial Load : 1. Maximum Column Strength
2. Individual Column Slenderness

Bending Moment : 1. Lateral support conditions
2. Sidesway conditions

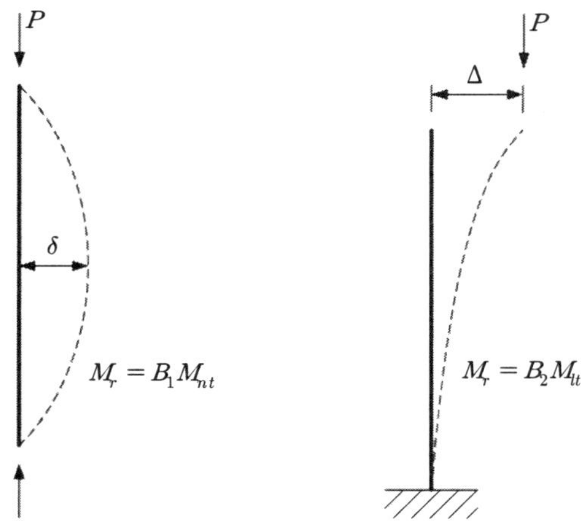

3. Member second-order effects 4. Structure second-order effects

그림 12.2.1
2차 효과

5. Moment gradient along Member, C_m

기준에서는 부재2차효과(Member second-order effects)와 골조2차효과(Structure second-order effects)를 구분하여 2차효과를 반영한 소요 모멘트 M_r를 산정한다.

$$M_r = B_1 M_{nt} + B_2 M_{lt}$$

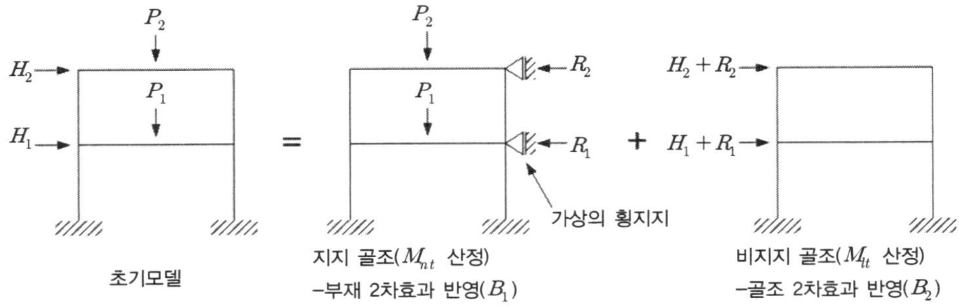

(4) **일정한 상관관계 :** 실험결과와 이론해석을 근거로 관계 설정

(5) **상관방정식의 적용 :** M가 주어진 상태에서 축력의 가능성은 주어진 M가 기둥내력의 일부분을 소비하며, 압축내력을 감소시킨다.

12.3 | 상관방정식

(1) **기본형태 :** $\dfrac{P}{P_n} + \dfrac{M_x}{M_{nx}} + \dfrac{M_y}{M_{ny}} \le 1.0$

그림 12.3.1
상관관계 방정식

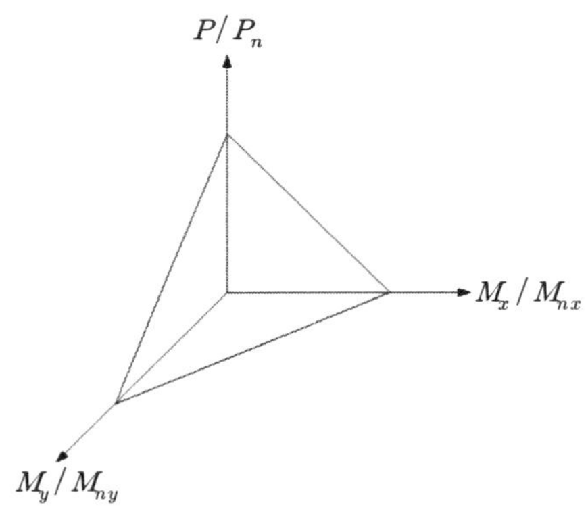

(2) LRFD : 기본형태를 실험Data에 근거하여 개발하였음.

(Sidesway가 허용된 Frame 82개 실험 자료)

$$\frac{P_r}{P_c} \geq 0.2 \text{인 경우}$$

$$\frac{P_r}{P_c} + \frac{8}{9}\left(\frac{M_{rx}}{M_{cx}} + \frac{M_{ry}}{M_{cy}}\right) \leq 1.0 \tag{12.3.1}$$

$$\frac{P_r}{P_c} < 0.2 \text{인 경우}$$

$$\frac{P_r}{2P_c} + \left(\frac{M_{rx}}{M_{cx}} + \frac{M_{ry}}{M_{cy}}\right) \leq 1.0 \tag{12.3.2}$$

여기서, P_r : 소요압축강도

P_c : 설계압축강도($= \phi_c P_n$)

M_r : 소요휨강도

M_c : 설계휨강도($= \phi_b M_n$)

ϕ_c : 압축강도저항계수(=0.90)

ϕ_b : 휨강도저항계수(=0.90)

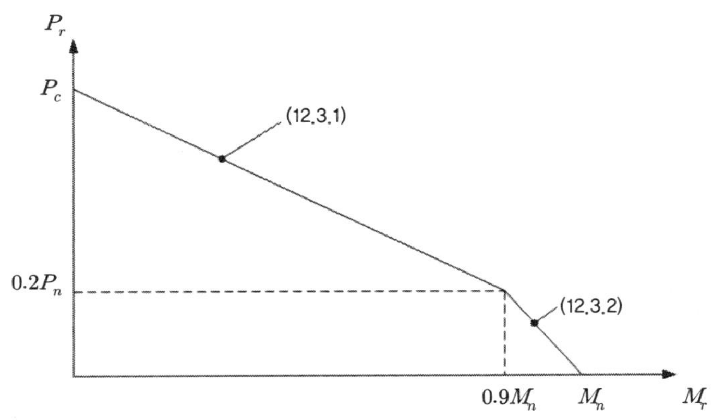

그림 12.3.2
$P-M$상관 방정식

＊주의사항

1) 공칭 압축강도 P_n – 가장 긴 세장비 축에 관하여
2) M_n : 공칭 휨강도
3) P_r : 소요압축계수하중, 탄성해석시
4) M_r : 2차 효과를 고려한 소요휨강도 모멘트, 증폭계수(지지골조, 비지지골조)

12.4 | 지지골조(Braced Frames)

(1) Braced Frame

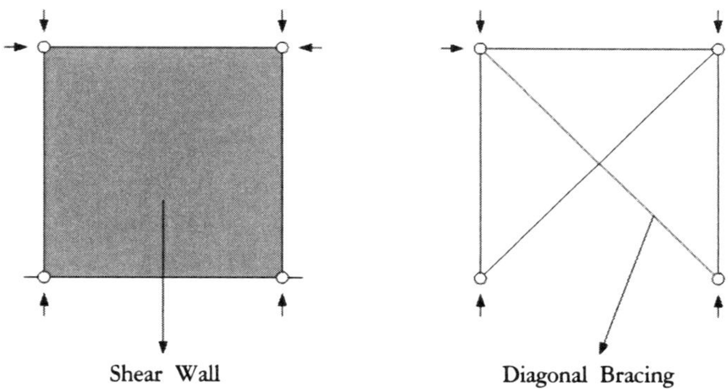

그림 12.4.1
지지골조

$K \leq 1.0$

기둥길이의 변위 → 부가 모멘트(ΔM) → 모멘트 증폭계수 (Amplification Factor)

(2) 모멘트 증폭계수(AF)의 유도

$M_r = M + P\delta$

$$AF = M_r / M = \frac{M + P\delta}{M}$$

$$AF = \frac{1}{1 - P\delta / (M + P\delta)} (= \frac{1}{M / (M + P\delta)})$$

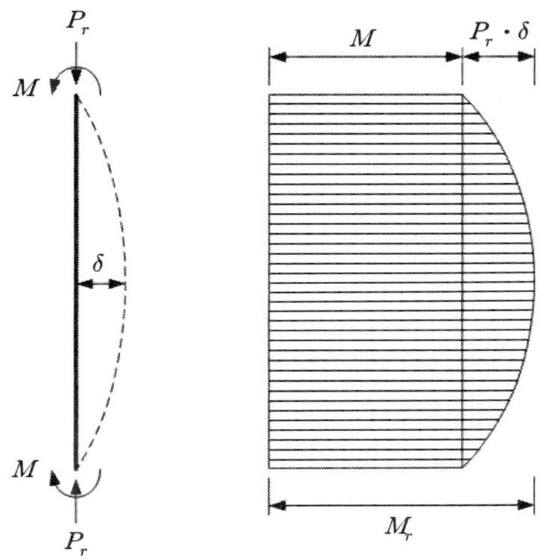

그림 12.4.2
지지골조의 부가모멘트

단순화하기 위한 가정

1) $\delta \to 0$; $\delta / (M + P\delta) \approx \delta / M$

2) $M / \delta = \dfrac{8EI}{L^2} \approx \dfrac{\pi^2 EI}{L^2} = P_{cr} = P_E$

$$\delta = ML^2 / 8EI$$

$$\delta = \frac{\int M\overline{M}\,dx}{EI} = \frac{1}{EI} \cdot 2 \cdot \frac{1}{2} \cdot \frac{L}{2} \cdot M \cdot \frac{L}{4} = \frac{ML^2}{8EI}$$

$$AF = \frac{1}{1 - P_r / P_e}$$

P_e : 횡방향으로 구속된 휨평면에 대한 탄성좌굴하중

$$P_e = \frac{\pi^2 EI}{(K_1 L)^2}$$

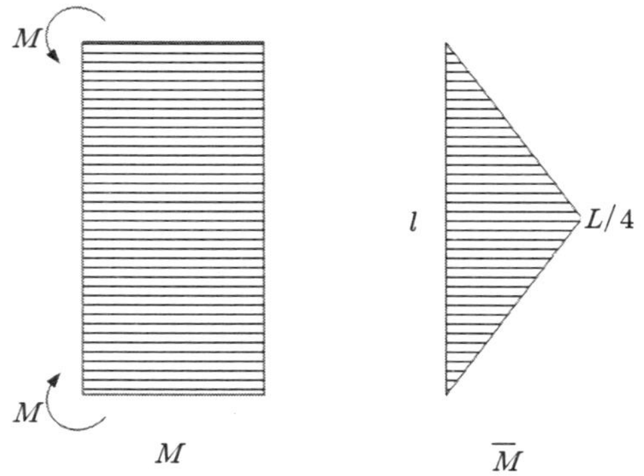

그림 12.4.3
처짐산정을 위한 가상일법

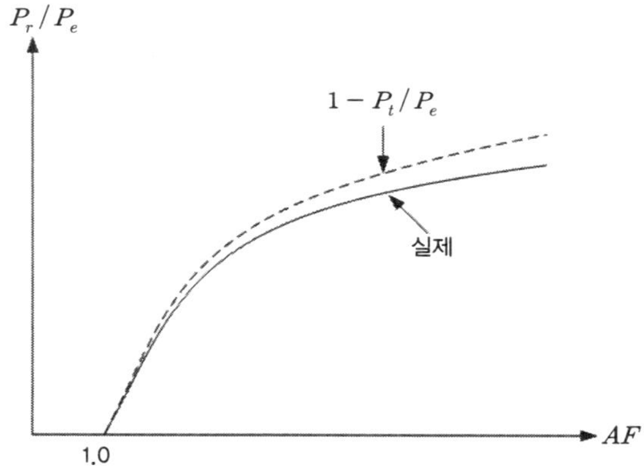

그림 12.4.4
지지골조의 모멘트 증폭계수

양단부에 같은 모멘트가 작용하며, 전구간에 등분포하는 경우를 기본형으로 했다. (δ가 가장 큰 경우 가장 불리 : AF 증가)

(3) 모멘트가 다르게 분포하는 경우 : C_m

① 횡변위에 저항하는 골조 시스템, 지지점 사이에 횡하중이 작용하지 않는 보-기둥 부재 : 기본 가정된 등분포모멘트 AF 경우보다 영향이 적다.

$$C_m = 0.6 + 0.4(M_1 / M_2)$$

$$|M_1| \le |M_2|$$

단곡률일 때 $\dfrac{M_1}{M_2}$의 부호는 : (+)

② 지지점 사이에 횡하중이 작용하는 보-기둥 부재 : C_m은 해석에 의해 산정하거나 모든 경우에 안전측으로 1.0으로 할 수 있다.

③ 근사해석시 : $C_m = 0.85$ 양단고정

$C_m = 1.0$ 양단힌지

(4) 2차 효과를 고려한 조합

$$M_r = B_1 M_{nt}$$

$$B_1 = \frac{C_m}{1 - P_r / P_e} \ge 1.0$$

여기서 M_{nt}는 지지골조의 1차 모멘트

12.5 | 비지지골조(Unbraced Frames)

(1) 비지지골조

- 보 기둥의 강성에 영향을 받음
- 안정성 확보를 위한 외적 구조체가 없음
- 기둥부재에 P, M 동시작용 : 횡변위 발생
- 골조의 횡변위, sway에 의한 2차 효과를 추가 반영

그림 12.5.1
비지지골조의
등가횡하중

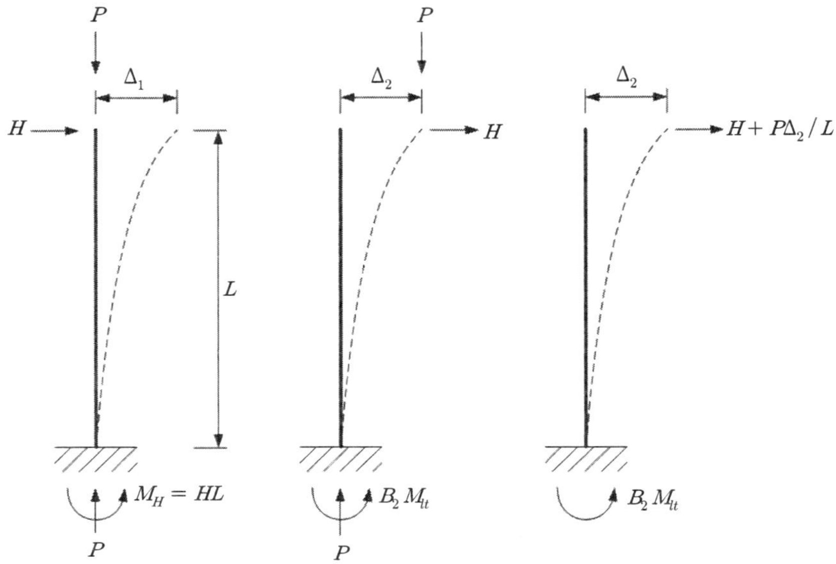

(a) 탄성(1차)　(b) 1차 효과　(c) 등가횡하중

(2) 거동 : 캔틸레버보

축력(P)과 횡력(H) 작용

그림 12.5.1(a) : 탄성해석(1차)

$$M_{lt} = HL \quad \cdots\cdots ①$$

$$처짐\ \Delta_1 = \frac{HL^3}{3EI} \quad \cdots\cdots ②$$

그림 12.5.2
캔틸레버 처짐산정을
위한 가상일법

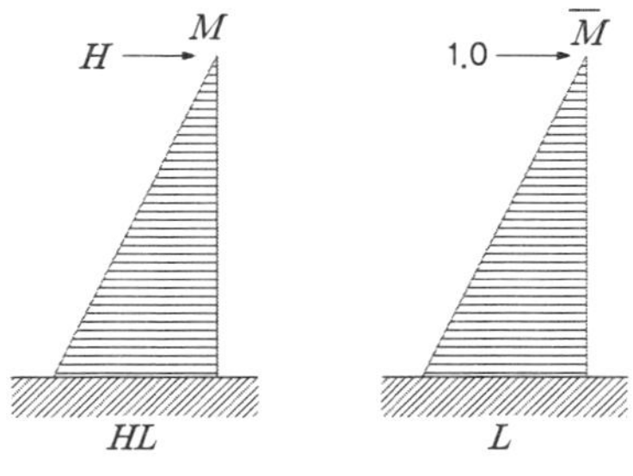

그림(b) : 2차 해석

처짐 Δ_2 : 2차 효과를 포함한 전체 변위

2차 효과를 포함한 모멘트

$B_2M_2 = B_2M_{lt} = HL + P\Delta_2$ ·· ③

$P\Delta_2 = \Delta H \cdot L$, $\Delta H = P\Delta_2 / L$, 여기서 ΔH는 2차효과를 고려한 추가 횡방향 하중

그림(c) : 등가 횡하중

$H + P\Delta_2 / L$

등가 하중에 의한 변위

$\Delta_2 = (H + P\Delta_2 / L)\dfrac{L^3}{3EI}$ ·· ④

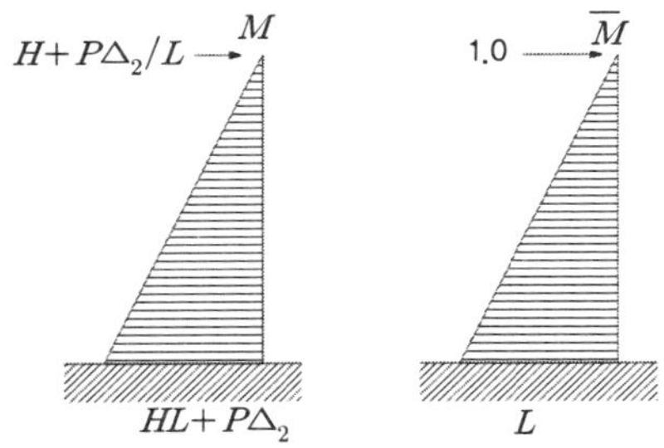

그림 12.5.3
등가 횡하중을 고려한 처짐산정을 위한 가상일법

(유도) ②를 ④에 대입

$$\Delta_2 = (H + \frac{P\Delta_2}{L})\frac{\Delta_1}{H} = \Delta_1 + \frac{P\Delta_1}{LH}\Delta_2$$

$$\rightarrow \Delta_2 = \frac{\Delta_1}{(1 - \frac{P\Delta_1}{LH})} = \frac{LH\Delta_1}{LH - P\Delta_1} \quad \cdots\cdots ⑤$$

③에서 $B_2 M_{lt} = HL(1 + \dfrac{P\Delta_2}{HL}) = M_{lt}(1 + \dfrac{P\Delta_2}{HL})$

⑤대입

$$B_2 = 1 + \frac{P}{HL} \cdot \frac{LH\Delta_1}{LH - P\Delta_1} = 1 + \frac{P\Delta_1}{LH - P\Delta_1}$$

$$= \frac{1}{1 - \dfrac{P\Delta_1}{LH}}$$

한 층에 작용하는 기둥 총하중(축력)과 횡하중을 포함하는 식으로 (층강성 개념)

$$B_2 = \frac{1}{1 - \dfrac{\Sigma P_{nt}\Delta_{oh}}{\Sigma HL}}$$

Δ_{oh} = story drift(횡변위 제한) ← 사용성 제한 $L/300$

＊참고

가정된 부재치수는 불필요하다.

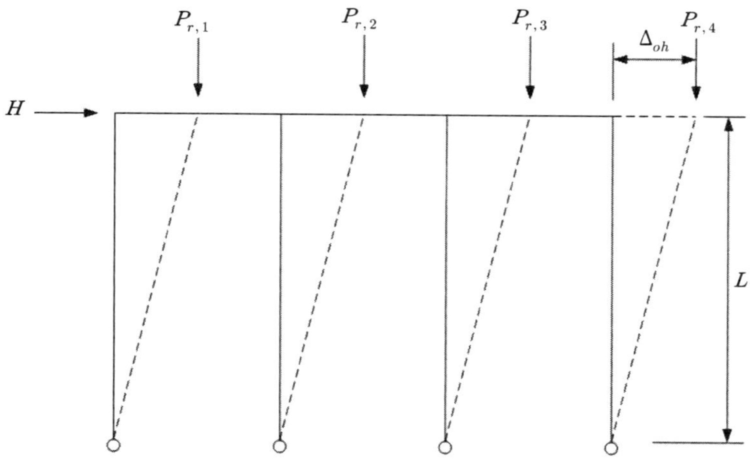

그림 12.5.4
비지지골조의 축하중과 횡변위

또는 안전측에 놓인 대안(층 좌굴강도 개념)

$$B_2 = \frac{1}{1 - \Sigma P_{nt} / \Sigma P_e}$$

ΣP_{nt} : 층 총하중, 지지골조의 1차 축력

ΣP_e : 모든 기둥의 총 오일러 하중, $K \geq 1.0$

$$\sum P_e = R_M \frac{\sum HL}{\Delta_{oh}}$$

R_M : 1.0 가새 골조시스템

0.85 모멘트 골조시스템 또는 조합 구조시스템

기타 골조시스템 $(1 - 0.15(P_{mf} / \sum P_{nt}))$

P_{mf} : 모멘트 골조에 해당하는 기둥에 작용하는 해당 층의 모든 수직하중의 합

M_r : 부재(member)와 구조체(structure)의 2차 효과를 포함

$M_r = B_1 M_{nt} + B_2 M_{lt}$

M_{nt} : 횡변위가 없는 부재의 1차 소요 휨강도 (기둥)

M_{lt} : 횡변위만에 의한 부재의 1차 소요 휨강도

| 예제 12.1 |

다음 시스템에서 기둥 A, B 부재 H − 400 × 400 × 13 × 21 × 22가 안전한지 검토하라.

조건 1) 기둥은 면외좌굴에 지지된 것으로 한다.

조건 2) 기둥 A, B 상하에 같은 크기의 기둥을 사용한다.

조건 3) 1차 해석결과는 중력하중에 대하여 그림(b), 또한 중력하중과 풍하중에 대하여 그림(c)와 같다.

조건 4) 계수하중에 의한 층간변위는 $L / 300$로 제한한다고 가정한다.

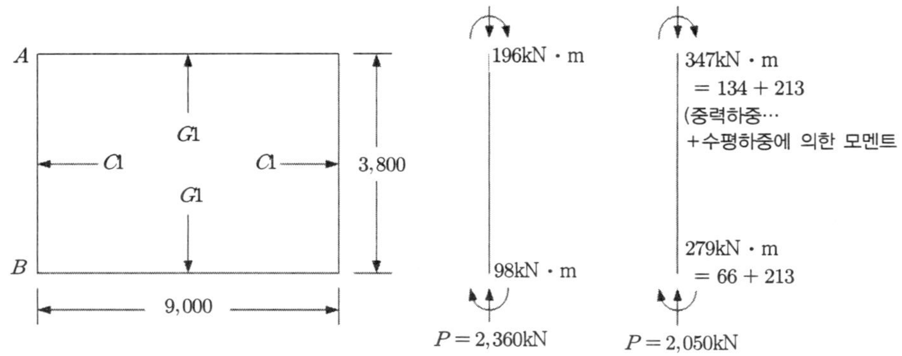

(a) Total Load (b) 중력하중 (1.2D+1.6L) (c) 중력하중+풍하중 (1.2D+1.0L+1.3W)

입력사항 :

부재조건 :

기둥 : $C1$: = "400 × 400 × 13 × 21 × 22"

MA : = "SM 275"일 경우 F_y : = 265MPa

탄성계수 : E : = 210,000MPa

단면적 : A : = 218.7cm²

2차반경 : r_x : = 17.5cm

r_y : = 10.1cm

압축저항계수 : ϕ : = 0.9

a. Total Load의 경우

$G1$: = "H − 600 × 200 × 11 × 17 × 22"

I_{xg} : = 77,600cm⁴ L_g : = 900cm

$C1$: = "400 × 400 × 13 × 21 × 22"

I_{xc} : = 66,600cm⁴ L_c : = 380cm

Total Load : $\sum P_r := 9{,}570\text{kN}$

$\sum H := 670\text{kN}$

b. 중력하중에 의한 경우 ; 1.2D+1.6L

$P_b := 2{,}360\text{kN}$

$M_{b1} := 98\text{kN} \cdot \text{m}$

$M_{b2} := 196\text{kN} \cdot \text{m}$

c. 중력하중과 풍하중이 동시에 작용하는 경우 ; 1.2D+1.0L+1.3W

$P_r := 2{,}050\text{kN}$

$P_{c1} := 1{,}600\text{kN}$ (중력하중에 의한 축력)

$M_{c1} := 66\text{kN} \cdot \text{m}$ (중력하중에 의한 모멘트 i)

$M_{c2} := 134\text{kN} \cdot \text{m}$ (중력하중에 의한 모멘트 j)

$M_{nt} := M_{c2} = \max(M_{c1}, M_{c2}) = 134\text{kNm}$ Non sway - 중력하중에 의한 1차 모멘트

$M_{lt} := 213\text{kN} \cdot \text{m}$ Sway - 수평하중에 의한 1차 모멘트

부재의 유효길이계수 : $K_y := 1.0$

| 풀이 |

1. 압축강도

1.1 AISI-LRFD의 Nomograph를 이용하여 유효길이계수 K를 산정한다.

$$G_A := \frac{2 \cdot \frac{I_{xc}}{L_c}}{\left(\frac{I_{xg}}{L_g}\right)} \qquad G_B := G_A \qquad G_A = 4.07$$

K from Nomograph of Unbraced Frame $K_x := 2.0$

1.2 세장비 비교

X축 : $\lambda_x := \frac{K_x \cdot L_c}{r_x}$ $\lambda_x = 43.43$

Y축 : $\lambda_y := \frac{K_y \cdot L_c}{r_y}$ $\lambda_y = 37.62$

$$\lambda := \max(\lambda_x, \lambda_y) \qquad \lambda = 43.43$$

$$\lambda_0 := 4.71\sqrt{\frac{E}{F_y}} \qquad \lambda_0 = 132.6$$

$$F_e := \frac{\pi^2 E}{\lambda^2} \qquad F_e = 1099\,\text{MPa}$$

1.3 설계압축강도

$$F_{cr} := \begin{cases} (0.658^{F_y/F_e}) \cdot F_y & \text{if } \lambda \le \lambda_0 \\ 0.877 \cdot F_e & \textit{otherwise} \end{cases} \qquad F_{cr} = 239.7\,\text{MPa}$$

$$\phi P_n := \phi \cdot A \cdot F_{cr} \qquad \phi P_n = 4717\,\text{kN}$$

$$P_c := \phi P_n$$

2. 중력하중과 풍하중을 고려한 경우(그림C)

2.1 B_1 산정

$$C_m := 0.6 + 0.4\left(-\frac{M_{c1}}{M_{c2}}\right) = 0.6 + 0.4\left(-\frac{66}{134}\right) \qquad C_m = 0.4$$

$$P_e := \frac{\pi^2 \cdot E \cdot I_{xc}}{L_c^2} \qquad P_e = 96087\,\text{kN}$$

$$B_1 := \frac{C_m}{1 - \frac{P_{c1}}{P_e}} \qquad B_1 = 0.41$$

$$B_1 := \max(1, B_1) \qquad B_1 = 1$$

2.2 B_2 산정

횡하중에 의한 모멘트 M_{lt}는 B_2를 곱해야 한다.

처짐제한이 주어져 있으므로 그에 관한 식을 이용한다.

층변위 제한 $\Delta oh := \frac{L_c}{300}$

$$B_2 := \frac{1}{1 - \left(\frac{\Sigma P_r}{\Sigma H}\right) \cdot \frac{\Delta oh}{L_c}} = \frac{1}{1 - \frac{9570}{670}\frac{1}{300}} = 1.05$$

$$B_2 := \max(1, B_2) \qquad B_2 = 1.05$$

2.3 M_r

$$M_r := M_{nt} \cdot B_1 + M_{lt} \cdot B_2 = 134 + 213 \cdot 1.05 = 357.65\,\text{kNm}$$

2.4 Interaction Equation

$$\frac{P_r}{P_c} = \frac{2050}{4717} = 0.43$$

$$M_{cx} := \phi F_y Z_x = 0.9\,(265/10)3670/100 = 875\,\mathrm{kNm}$$

$$\text{Interaction\_C} := \begin{cases} \dfrac{P_r}{P_c} + \dfrac{8}{9}\left(\dfrac{M_{rx}}{M_{cx}} + \dfrac{M_{ry}}{M_{cy}}\right) & \text{if } \dfrac{P_r}{P_c} \geq 0.2 \\ \dfrac{P_r}{2P_c} + \left(\dfrac{M_{rx}}{M_{cx}} + \dfrac{M_{ry}}{M_{cy}}\right) & \text{otherwise} \end{cases}$$

$$\text{Interaction\_C} = 0.43 + \frac{8}{9}\frac{357.65}{875} = 0.79$$

$$\text{Interaction\_조합강도C} := \begin{cases} \text{“O.K.”} & \text{if interacion\_C} \leq 1.0 \\ \text{“N.G.”} & \text{otherwise} \end{cases}$$

$$\text{Interaction\_조합강도C} = \text{"O.K."}$$

3. 중력하중을 받는 경우 (그림b)

3.1 B_1 산정

$$C_m := 0.6 + 0.4\left(-\frac{M_{c1}}{M_{c2}}\right) \qquad C_m = 0.4$$

$$P_e := \frac{\pi^2 \cdot E \cdot I_{xc}}{L_c^2} \qquad P_e = 96088\mathrm{kN}$$

$$B_1 := \frac{C_m}{1 - \dfrac{P_b}{P_e}} \qquad B_1 = \frac{0.4}{1 - \dfrac{2360}{96088}} = 0.41$$

$$B_1 := \max(1,\ B_1) \qquad B_1 = 1$$

$$M_u := B_1 \cdot M_{b2} \qquad M_u = 196\mathrm{kN \cdot m}$$

3.2 Interaction Equation

$$\frac{P_b}{\phi P_n} = \frac{2360}{4717} = 0.50$$

$$\phi M_n := M_{cx} = 875\,\mathrm{kNm}$$

$$\text{Interaction\_B} := \begin{cases} \dfrac{P_b}{\phi P_n} + \dfrac{8}{9} \cdot \left(\dfrac{M_u}{\phi M_n}\right) & \text{if } \dfrac{P_b}{\phi P_n} \geq 0.2 \\ \dfrac{P_b}{2 \cdot \phi P_n} + \left(\dfrac{M_u}{\phi M_n}\right) & \text{otherwise} \end{cases}$$

$\text{Interaction\_B} = 0.5 + \frac{8}{9}\frac{196}{875} = 0.70$

$$\text{Interaction\_조합강도B} := \begin{vmatrix} \text{"O.K." if interacion\_B} \le 1.0 \\ \text{"N.G." otherwise} \end{vmatrix}$$

Interaction_조합강도B = "O.K."

✱SUMMARY

입력사항 :

부재조건 $C1$ = "$H-400 \times 400 \times 13 \times 21 \times 22$" MA = "SM275"일 경우

a. Total Load의 경우

$G1$ = "$H-600 \times 200 \times 11 \times 17 \times 22$"

기둥 C1의 모멘트강도: $\phi M_n = 1.09 \times 10^3 \text{kN} \cdot \text{m}$

Total Load : $\Sigma P_r = 9.57 \times 10^3 \text{kN}$ $\Sigma H = 670 \text{kN}$

b. 중력하중에 의한 경우; 1.2D+1.6L

$P_b = 2.36 \times 10^3 \text{kN}$

$M_{b1} = 98 \text{kN} \cdot \text{m}$ $M_{b2} = 196 \text{kN} \cdot \text{m}$

c. 중력하중과 풍하중이 동시에 작용하는 경우; 1.2D+1.0L+1.3W

$P_r = 2.05 \times 10^3 \text{kN}$ $P_{c1} = 1.6 \times 10^3 \text{kN}$

$M_{c1} = 66 \text{kN} \cdot \text{m}$ $M_{c2} = 134 \text{kN} \cdot \text{m}$

$M_{nt} := M_{c2}$ $M_{lt} = 213 \text{kN} \cdot \text{m}$

1. 압축강도

$\phi P_n = 4717 \text{kN}$

2. 중력하중과 풍하중을 고려한 경우

$M_r = 357.65 \text{kN} \cdot \text{m}$

Check_C = 0.79

Check_조합강도 C = "O.K."

3. 중력하중을 받는 경우

$M_u = 196 \text{kN} \cdot \text{m}$

Check_B = 0.70

Check_조합강도B = "O.K."

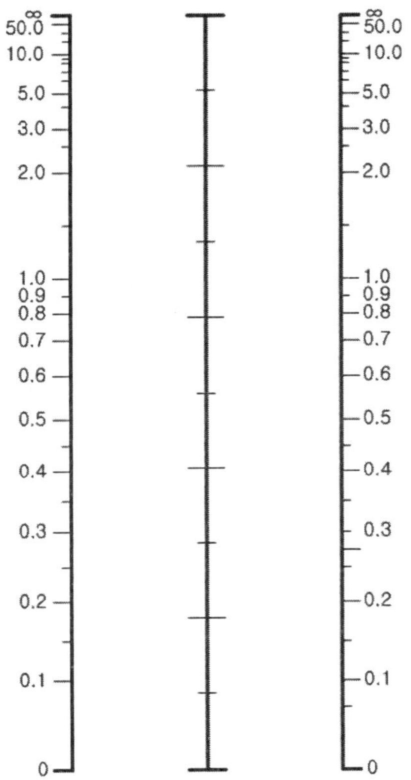

(a) Braced frames

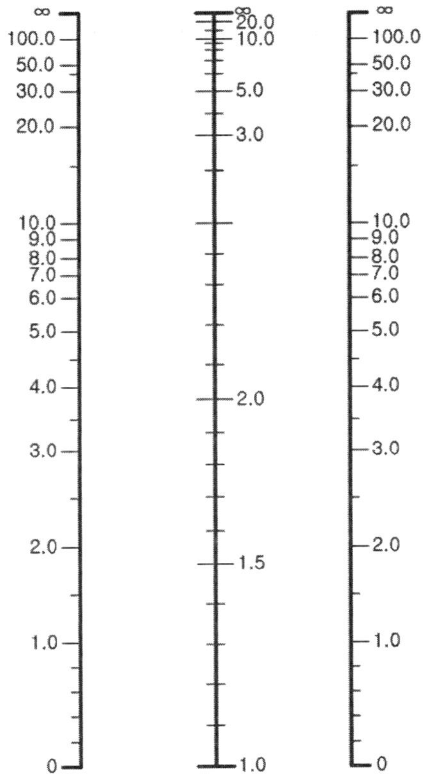

(b) Unbraced frames

적분계산값 $\frac{1}{s}\int M \cdot M_1 \cdot ds$

	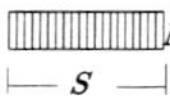 M_1, S	 M_{r1}	M_{l1}  M_{r1}	M_1 	 M_{r1}	 M_{r1}	M_1 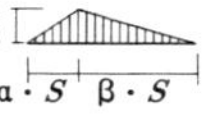 $\alpha \cdot S$ $\beta \cdot S$
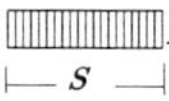 M, S	MM_1	$\frac{1}{2}MM_{r1}$	$\frac{1}{2}M(M_{l1}+M_{r1})$	$\frac{2}{3}MM_1$	$\frac{2}{3}MM_{r1}$	$\frac{1}{3}MM_{r1}$	$\frac{1}{2}MM_1$
 M_r	$\frac{1}{2}M_r M_1$	$\frac{1}{3}M_r M_{r1}$	$\frac{1}{6}M_r(M_{l1}+M_{r1})$	$\frac{1}{3}M_r M_1$	$\frac{5}{12}M_r M_{r1}$	$\frac{1}{4}M_r M_{r1}$	$\frac{1}{6}M_r M_1(1+\alpha)$
M_l 	$\frac{1}{2}M_l M_1$	$\frac{1}{6}M_l M_{r1}$	$\frac{1}{6}M_l(2M_{l1}+M_{r1})$	$\frac{1}{3}M_l M_1$	$\frac{1}{4}M_l M_{r1}$	$\frac{1}{12}M_l M_{r1}$	$\frac{1}{6}M_l M_1(1+\beta)$
M_l  M_r	$\frac{1}{2}(M_l+M_r)$ M_1	$\frac{1}{6}(M_l+2M_r)$ M_{r1}	$\frac{1}{6}[M_l(2M_{l1}+M_{r1})$ $+M_r(M_{l1}+2M_{r1})]$	$\frac{1}{3}(M_l+M_1)$ M_1	$\frac{7}{12}(3M_l+5$ $M_r)M_{r1}$	$\frac{1}{12}(M_l+3$ $M_r)M_{r1}$	$\frac{1}{6}[M_l(1+\beta)$ $+M_r(1+\alpha)M_1$
M 	$\frac{2}{3}MM_1$	$\frac{1}{3}MM_{r1}$	$\frac{1}{3}M(M_{l1}+M_{r1})$	$\frac{8}{15}MM_1$	$\frac{7}{15}MM_{r1}$	$\frac{1}{5}MM_{r1}$	$\frac{1}{3}MM_1(1+\alpha\beta)$
 M_r	$\frac{2}{3}M_r M_1$	$\frac{5}{12}M_r M_{r1}$	$\frac{1}{12}M_r(3M_{l1}+5M_{r1})$	$\frac{7}{15}M_r M_1$	$\frac{8}{15}M_r M_{r1}$	$\frac{3}{10}M_r M_{r1}$	$\frac{1}{12}M_r M_1(5-\beta-\beta^2)$
M_l 	$\frac{2}{3}M_l M_1$	$\frac{1}{4}M_l M_{r1}$	$\frac{1}{12}M_l(5M_{l1}+3M_{r1})$	$\frac{7}{15}M_l M_1$	$\frac{11}{30}M_l M_{r1}$	$\frac{2}{15}M_l M_{r1}$	$\frac{1}{12}M_l M_1(5-\alpha-\alpha^2)$
 M_r	$\frac{1}{3}M_r M_1$	$\frac{1}{4}M_r M_{r1}$	$\frac{1}{12}M_r(M_{l1}+M_{r1})$	$\frac{1}{5}M_r M_1$	$\frac{3}{10}M_r M_{r1}$	$\frac{1}{5}M_r M_{r1}$	$\frac{1}{12}M_r M_1(1+\alpha+\alpha^2)$
M_l 	$\frac{1}{3}M_l M_1$	$\frac{1}{12}M_l M_{r1}$	$\frac{1}{12}M_l(3M_{l1}+M_{r1})$	$\frac{1}{5}M_l M_1$	$\frac{2}{15}M_l M_{r1}$	$\frac{3}{10}M_l M_{r1}$	$\frac{1}{12}M_l M_1(1+\beta+\beta^2)$
M 	$\frac{1}{2}MM_1$	$\frac{1}{4}MM_{r1}$	$\frac{1}{4}M(M_{l1}+M_{r1})$	$\frac{5}{12}MM_1$	$\frac{17}{48}MM_{r1}$	$\frac{7}{48}MM_{r1}$	$\frac{1}{12}MM_1\frac{3-4\alpha^2}{\beta}$

제 13 장

접합, 절점 및 파스너 (Connections, Joint, and Fasteners)

13.1 | 일반사항

13.1.1 설계일반

(1) 접합

- 접합소재(Connecting Elements) : Gussets, Angles, brackets
- 접합부재(Connected Members) : Beam Webs, Column Flanges
- 연결재(Connectors) : Welds, Bolts, Rivets

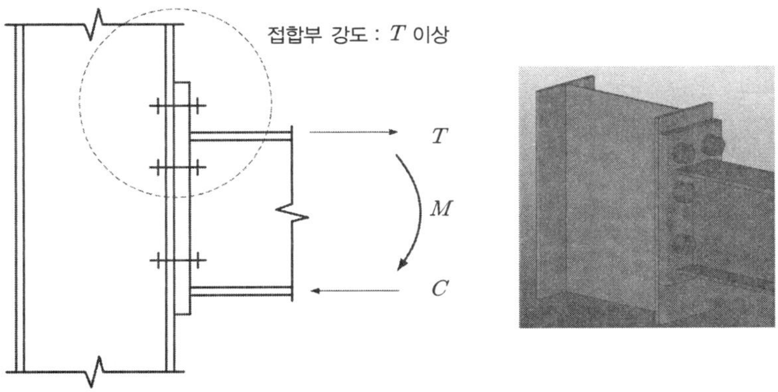

그림 13.1.1
접합부의 설계강도

(2) 접합부의 설계강도(Design Strength) ≥ 계수하중에 의한 구조해석 결과로부터 얻어지는 소요강도(Required Strength)

13.1.2 단순접합(Simple Connections)

(1) **작은보(Beam), 큰보(Girder), 트러스의 접합 :** 통상적으로 전단력에 대해서만 설계

(2) **단순보** : 충분한 단부의 회전능력 확보

그림 13.1.2
단순보의 단면력

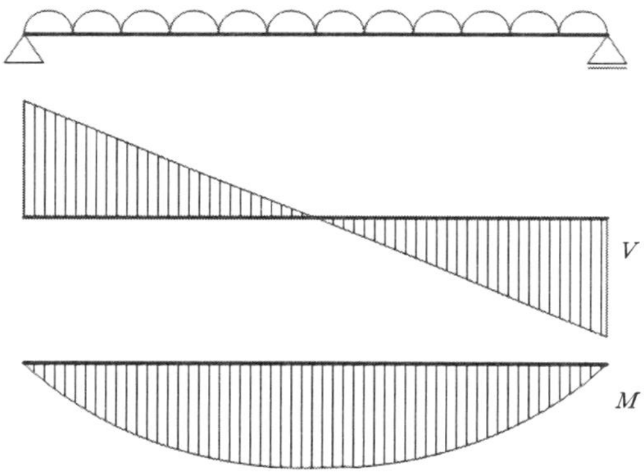

13.1.3 강접합(Moment Connections), (모멘트접합)

보 및 트러스의 구속된 단부접합은 강접합(Rigid Connection)에 의해 유도되는 모멘트와 전단력의 조합력에 대하여 설계하여야 한다.

그림 13.1.3
모멘트와 접합부의 변각

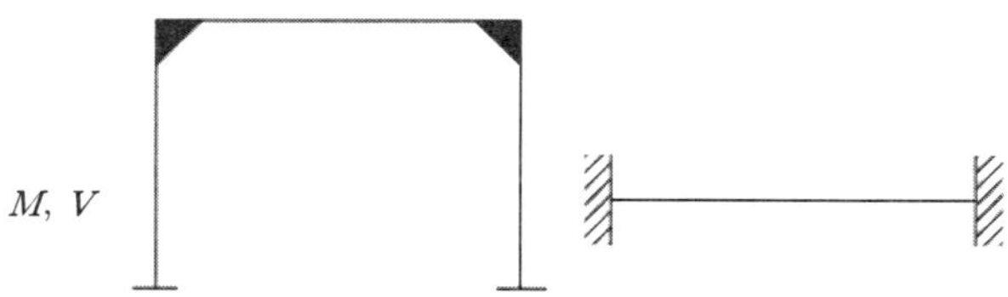

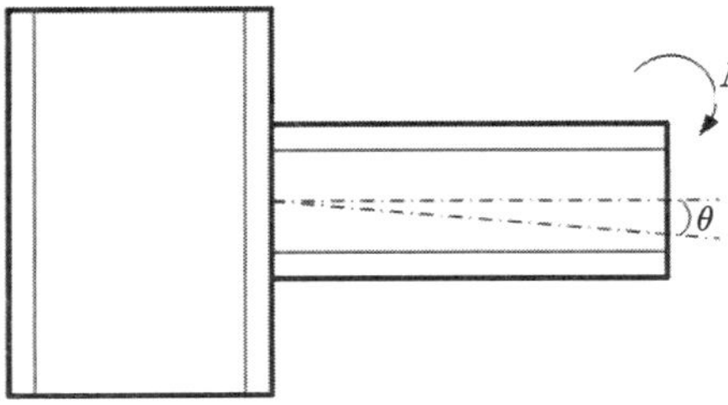

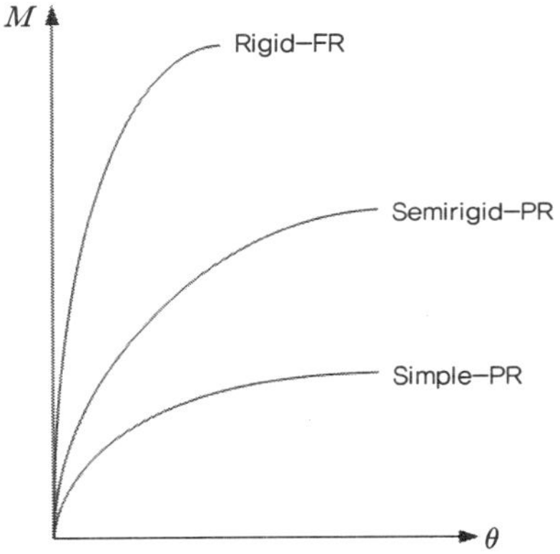

FR : Fully Restrained(완전구속)
PR : Partially Restrained(부분구속)

그림 13.1.4
접합의 구속 정도

(1) SIMPLE

그림 13.1.5
단순접합

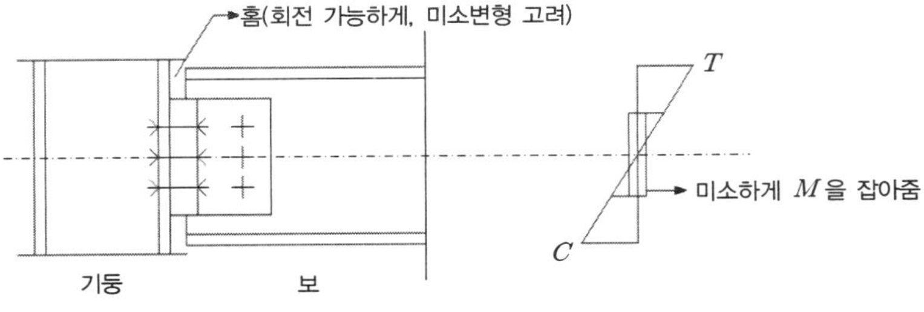

(2) RIGID

그림 13.1.6
강접합

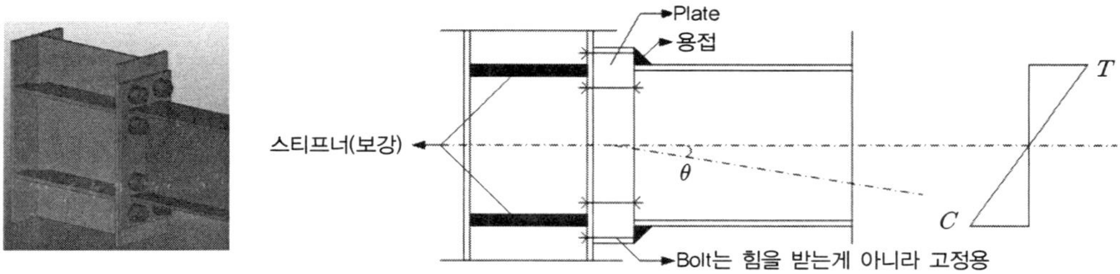

13.1.4 편심접합

편심접합의 경우 편심에 의한 모멘트를 고려해야 한다.

그림 13.1.7
편심접합

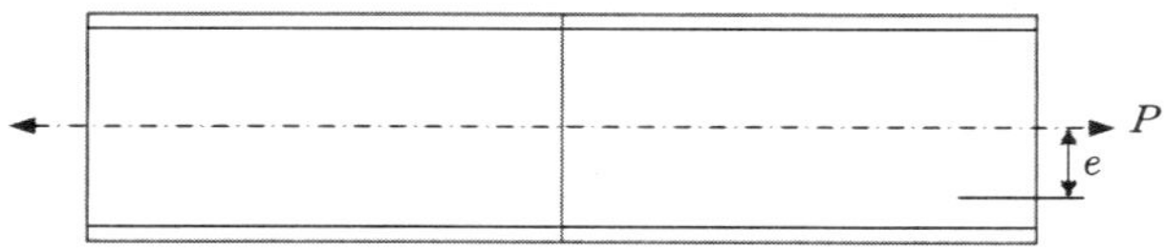

$M = P \cdot e$

13.1.5 기둥의 이음 및 지압접합(Compression Members with Bearing Joints)

그림 13.1.8
기둥이음

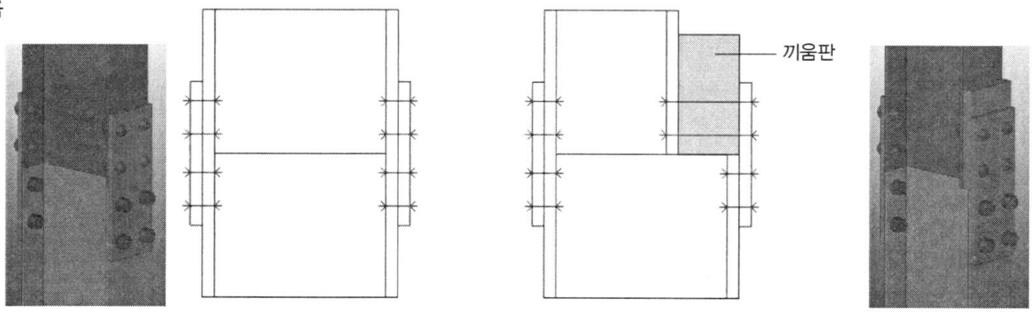

(web치수 동일) (web치수 다를 때)

• 모든 부분요소들을 충분히 고정시킬 수 있는 연결재 설치
• 부재 항복강도의 50% 이상은 견디도록 이음부 설계
• 어떤 인장력에도 저항하도록 설계

13.1.6 접합부의 최소강도

접합부의 설계강도는 45kN 이상되어야 한다. 단, 연결재, 새그로드(Sag Rods), 띠장(Girts)은 제외

13.1.7 용접 또는 볼트의 배열

(1) 편심에 대한 별도의 규정이 없는 경우, 축방향 힘을 전달하는 부재의 단부에서 용접이나 볼트의 군은 그 중심선이 부재의 중심선과 일치하도록 배열한다.
(2) 예외사항 : 정적하중을 받는 ㄱ 또는 ㄲ형강

13.1.8 용접과 볼트의 병용(Bolts in Combination with Welds)

(1) 고력볼트와 용접인 경우

용접에 의해서만 하중전달. 고력볼트 마찰력에 의해 하중을 전달하므로 변위가 용접에 의해 발생되지 않기 때문이다.

(2) 마찰접합의 고력볼트와 용접병용

고력볼트를 먼저 시공한 후 용접을 시공하는 경우에만 하중분담이 가능함.

(3) 용접에 의한 기존 구조부를 증축, 개축할 경우

기존 구조물의 고정하중을 고력볼트가 지지하고 있으므로 (2)의 설계에 따름.

13.1.9 부분 용입용접

13.1.10 이음부 설계 세칙

• 용접 :

① 필릿용접 이음부의 길이 $\geq$ 10×(모살사이즈) 또는 30mm 이상

② 겹침이음 : 2열 이상의 필릿용접 : 겹침길이 $\geq 5 \cdot t_{min}$ 또는 25mm 이상

그림 13.1.9
필릿용접

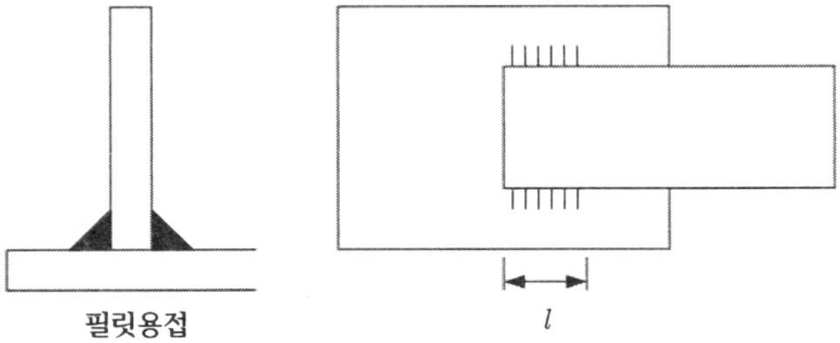

• 고력볼트 :

① 구멍직경

고력볼트의 직경	볼트구멍의 직경
$d < 24$	$d + 2.0$
$d \geq 24$	$d + 3.0$

② $e \geq 2.5d$

③ $e_1(\min)$

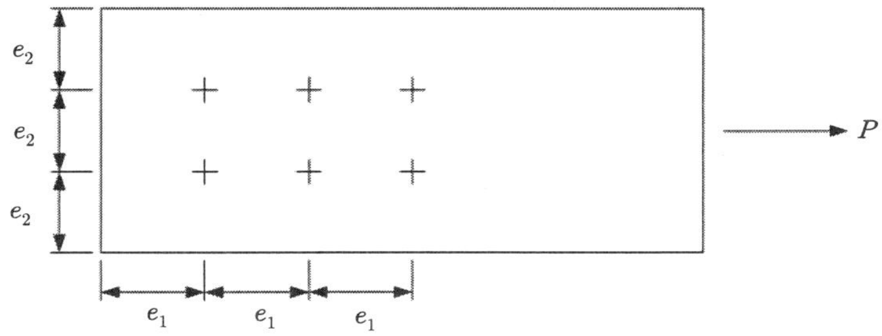

그림 13.1.10
볼트 배열

표 13.1.1
최소연단거리(mm)
(연단부 가공방법에 따라)

리벳 또는 볼트의 공칭직경(mm)	연단부의 가공방법	
	전단절단, 수동가스절단	압연, 자동가스절단, 기계가공마감
16	28	22
20	34	26
22	38	28
24	42	30
27	48	34

④ $e_1(\mathrm{max}) \leq 12t$ 또는 150mm 이하

13.2 | 용접 (Welding)

용접은 강재를 부가적인 메탈을 용해하여 결합시키는 과정이다.

13.2.1 용접과정

쉴드메탈 아크 용접 〔Shield Metal Arc(SMAW)〕

서브머지드 아크 용접 〔Submerged Arc (SAW)〕

(1) SMAW

- 가장 오래된 용접과정
- 용접봉 : 용해되는 메탈로 결합시키는 원재료
- 고압전류가 흘러 용해됨
- Slag : 냉각 시 보호막

(2) SAW

- 자동용접에 의한 작업, 반복, 자동공장 생산과정 : 경제적
- 수평 용접에 사용
- Flux : 용매, 보호 작용

그림 13.2.1
용접방법

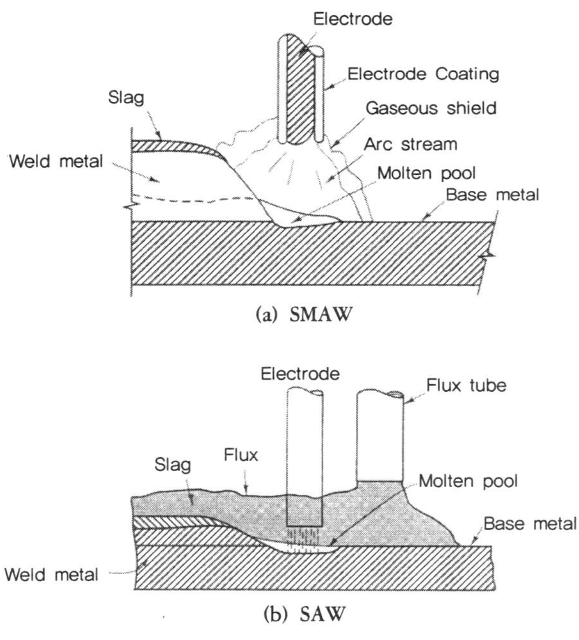

13.2.2 용접방식 및 용접자세

- 필릿용접(Fillet Weld)
- 그루브용접(Groove Weld)

용접의 기본적인 두 형식이 철골구조에서 사용된다.

그림 13.2.2
용접의 형식

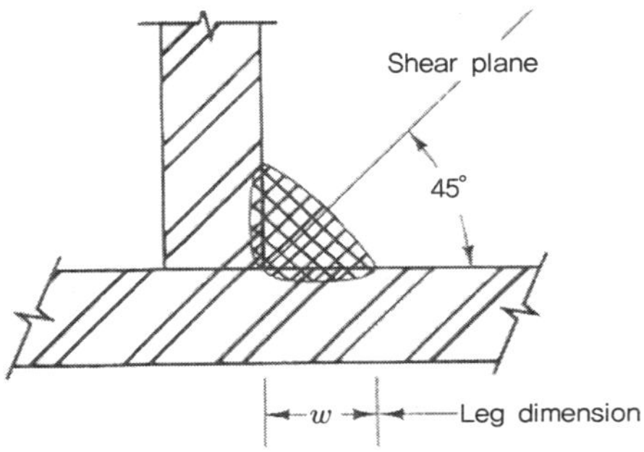

(a) 필릿용접(Fillet weld)

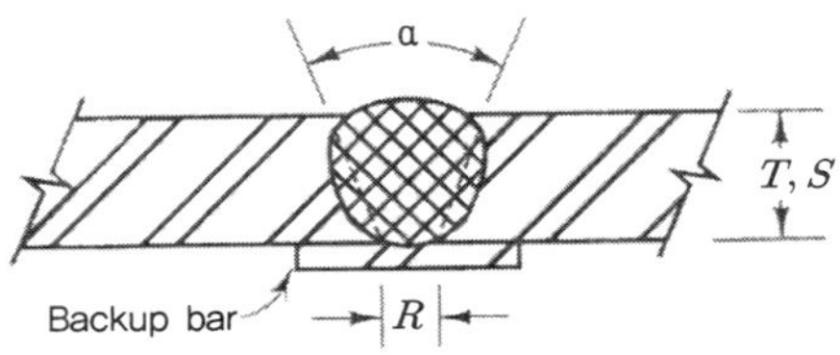

(b) 완전용입용접(Complete penetration groove weld)

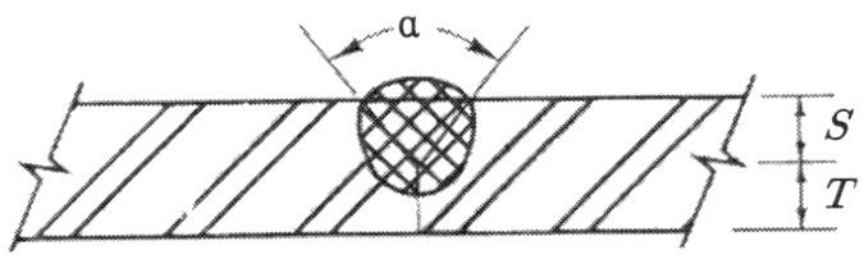

(c) 부분용입용접(Partial penetration groove weld)

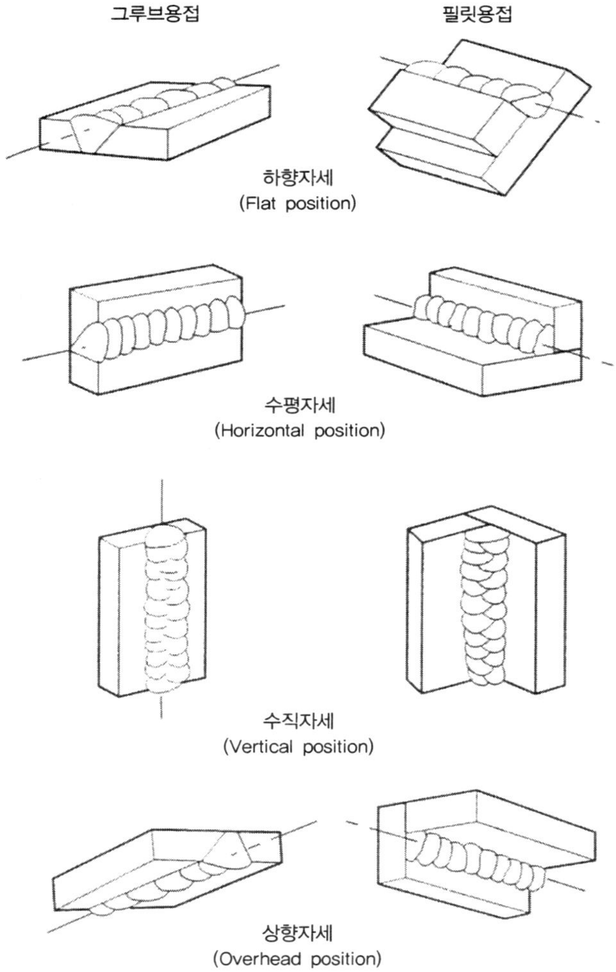

그림 13.2.3
용접의 자세

13.2.3 그루브용접

(1) 유효면적

유효길이×유효목두께

유효길이 : 접합되는 부분의 폭

유효목두께 : 접합판 중 얇은 판 두께

- 부분용입그루브용접의 최소유효목두께는 계산에 의한 응력 전달에 필요한 값 이상, 또한 (표 13.2.1)의 값 이상으로 한다. 다만, 표에서 t는 접합되는 얇은쪽 판두께이다.
- 부분용입 용접부의 단면형상에 따른 유효목두께 산정(표 13.2.2)
- 원형 단면이나 모서리를 90 원호로 만든 각형강관 등의 용접표면을 직각으로 마감한 플레어그루브용접의 유효목두께 산정(표 13.2.3)

표 13.2.1
부분용입용접의 최소 유효목두께

접합부의 얇은쪽 소재 두께 t (mm)	최소 유효목두께 (mm)
t≤6	3
6<t≤13	5
13<t≤19	6
19<t≤38	8
38<t≤57	10
57<t≤150	13
t>150	16

표 13.2.2
부분용입용접의 유효목두께

<table>
<tr><th>용접방법</th><th>용접자세</th><th>루트부의 개선각도</th><th>유효목두께</th></tr>
<tr><td>쉴드메탈 아크용접</td><td rowspan="2">전 자세</td><td rowspan="2">J 또는 U자 홈
60° V자 홈</td><td rowspan="3">홈의 깊이</td></tr>
<tr><td>가스메탈 아크용접
플럭스 코어드 아크용접</td></tr>
<tr><td>서브머지드 아크용접</td><td>F</td><td>J 또는 U자 홈
60° 베벨 또는 V자 홈</td></tr>
<tr><td>가스메탈 아크용접
플럭스 코어드 아크용접</td><td>F, H</td><td>베벨 또는 V자 홈 45° 이상
60° 미만</td><td></td></tr>
<tr><td>쉴드메탈 아크용접</td><td>전 자세</td><td>45° 베벨</td><td rowspan="2">홈의 깊이에서 3mm 공제</td></tr>
<tr><td>가스메탈 아크용접
플럭스 코어드 아크용접</td><td>V, OH</td><td>45° 베벨</td></tr>
</table>

표 13.2.3
플레어그루브용접의 유효목두께

플레어그루브용접의 유효목두께		
용접과정	플레어베벨용접	플레어V용접
가스메탈 아크용접 플럭스 코어드 아크용접-G	5/8 R	3/4 R
가스메탈 아크용접 플럭스 코어드 아크용접-S	5/16 R	5/8 R
서브머지드 아크용접	5/16 R	1/2 R

R=접합 표면의 반경(강관의 경우 2t로 산정할 수 있다.)

(2) 구조제한

휨모멘트 또는 편심력이 작용하지 않도록 하여야 한다.

13.2.4 필릿용접

(1) 유효면적

유효길이 : 필릿용접 총길이에서 2배의 필릿 사이즈는 공제

유효목두께 : 필릿 사이즈의 0.7배

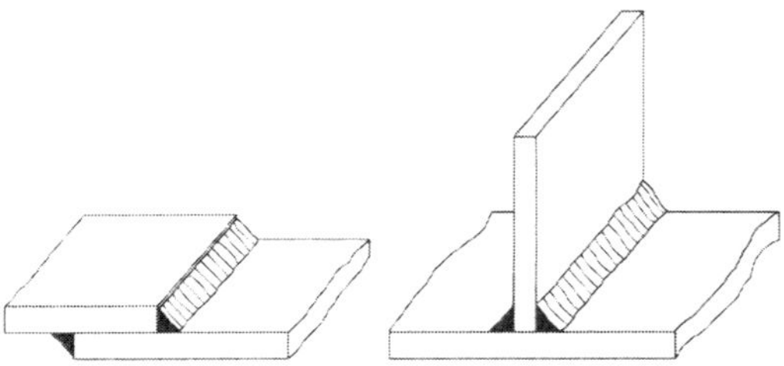

그림 13.2.4
겹침이음(Lap Joint)과 T접합

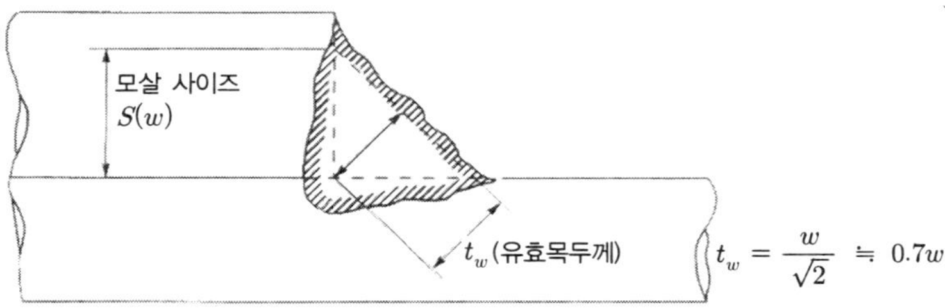

그림 13.2.5
유효목두께

(2) 최소 사이즈

필릿용접의 최소 사이즈는 판두께에 따라 표 13.2.4에 따른다.

접합부의 얇은 쪽 소재 두께 t	필릿용접의 최소 사이즈
$t < 6$	3
$6 \leq t < 13$	5
$13 \leq t < 20$	6
$20 \leq t$	8

표 13.2.4 필릿용접의 최소 사이즈(mm)

(3) 최대사이즈

$t < 6\text{mm}$일 때, $s = t$

$t \geq 6\text{mm}$일 때, $s = t - 2\text{mm}$

(4) 용접길이 제한

평판인장재의 단부에 길이방향으로 필릿용접이 될 경우, 각 필릿용접의 길이는 필릿용접 수직방향 간격보다 길게 해야 한다.

(5) 유효 용접길이

단부하중을 받는 필릿용접에서 용접길이가 용접사이즈의 100배 이하일 경우에는 유효길이를 실제길이와 같은 값으로 간주할 수 있다. 100배를 초과하는 경우에는 실제길이에 저감계수 $\beta(= 1.2 - 0.002(l/w) \leq 1.0)$를 곱하여 유효길이를 산정한다. 여기서 l은 단부하중을 받는 용접부의 실제길이(mm), w는 용접치수이다. 용접길이가 용접치수의 300배를 초과하는 경우에는 유효길이를 $180w$로 택한다.

(6) 단속필릿용접 최소용접길이

단속필릿용접은 접합부나 접합면을 따라 응력을 전달하고 빌트업 부재의 요소들을 연결하는데 활용한다. 단속필릿용접에서 모든 부위의 길이는 용접사이즈의 4배 이상이면서 최소 38mm이어야 한다.

(7) 최소겹침길이

겹침이음에 있어서의 최소겹침길이는 얇은 부재 두께의 5배가 되어야 하고 최소 25mm이어야 한다. 수직방향 필릿용접으로만 축방향 응력을 전달하는 겹침이음의 경우 양쪽단부를 필릿용접해야 한다. 그러나 최대하중 시 겹친 부분의 처짐이 접합부의 열림현상을 충분히 방지할 수 있도록 구속될 경우는 예외로 한다.

13.2.5 플러그 및 슬롯용접

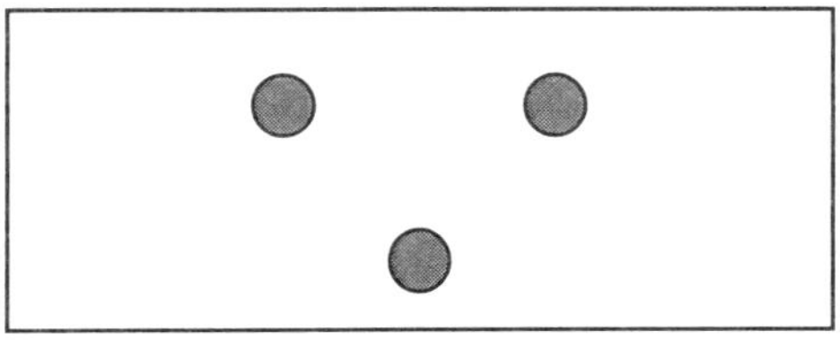

Plug

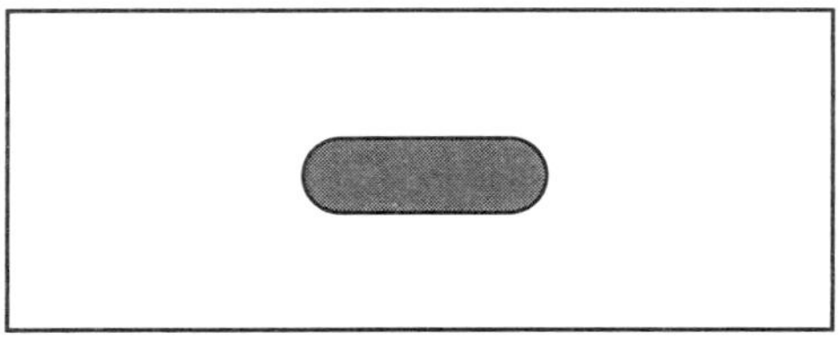

Slot

그림 13.2.6
플러그용접과 슬롯용접

(1) 유효면적 : 공칭 단면적

(2) 최소간격

- 플러그용접 : 최소중심간격 $\geq 4d$
- 슬롯용접 : 횡방향 슬롯 용접선의 최소간격(슬롯폭의 4배)
  횡방향 최소 중심간격(슬롯길이의 2배)

13.2.6 설계강도(Design Strength)

용접부의 설계강도 ϕR_n는 모재의 인장파단, 전단파단 한계상태에 의한 강도와 용접재의 파단한계상태 강도 중 작은 값으로 한다.

(1) 모재 강도

$$R_n = F_{n\,BM} A_{BM}$$

여기서, F_{nBM} : 모재의 공칭강도, MPa

A_{BM} : 모재의 단면적, mm^2

(2) 용접재 강도

$$R_n = F_{nw} A_{we}$$

여기서, F_{nw} : 용접재의 공칭강도, MPa

A_{we} : 용접재의 유효면적, mm^2

ϕ, F_{nBM}, F_{nw} 값은 표 13.2.5에 따른다.

표 13.2.5 용접조인트 강도표

<table>
<tr><th>하중 유형 및 방향</th><th>적용
재료</th><th>ϕ</th><th>공칭강도
$(F_{nBM},\ F_{nw})$
(MPa)</th><th>유효면적
$(A_{BM},\ A_{we})$
(mm^2)</th><th>용접재 소요강도[(1)(2)]</th></tr>
<tr><td colspan="6">완전용입그루브용접</td></tr>
<tr><td>용접선에 직교인장</td><td colspan="4">용접조인트 강도는 모재에 의해 제한된다.</td><td>매칭용접재가 사용되어야 한다.
뒷댐재가 남아 있는 T조인트와 모서리조인트는 노치인성 용접재를 사용한다(섭씨 4도에서 27J 이상의 CVN 인성값 이상).</td></tr>
<tr><td>용접선에 직교압축</td><td colspan="4">용접조인트 강도는 모재에 의해 제한된다.</td><td>매칭용접재 또는 이 보다 한단계 낮은 강도의 용접재가 사용될 수 있다.</td></tr>
<tr><td>용접선에 평행한
인장, 압축</td><td colspan="4">용접에 평행하게 접합된 요소들에 작용하는 인장 또는 압축은 그 요소들을 접합하는 용접부 설계에 고려할 필요가 없다.</td><td>매칭용접재 또는 이 보다 한단계 낮은 강도의 용접재가 사용될 수 있다.</td></tr>
<tr><td>전단</td><td colspan="4">용접조인트 강도는 모재에 의해 제한된다.</td><td>매칭용접재를 사용해야 한다.[(3)]</td></tr>
<tr><td colspan="6">부분용입그루브용접(플레어V그루브용접, 플레어베벨그루브용접 포함)</td></tr>
<tr><td rowspan="2">용접선에 직교인장</td><td>모재</td><td>$\phi = 0.75$</td><td>F_u</td><td>0710.4 참조</td><td rowspan="13">매칭용접재 또는 이보다 한 단계 낮은 강도의 용접재가 사용될 수 있다.</td></tr>
<tr><td>용접재</td><td>$\phi = 0.80$</td><td>$0.60F_w$</td><td>0710.2.1(1) 참조</td></tr>
<tr><td>0710.1.5에 따라 설계된
기둥주각부와 기둥이음부의 압축</td><td colspan="4">해당 용접부 설계에서 압축응력은 고려하지 않아도 된다.</td></tr>
<tr><td rowspan="2">기둥을 제외한 부재의
지압접합부의 압축</td><td>모재</td><td>$\phi = 0.90$</td><td>F_y</td><td>0710.4 참조</td></tr>
<tr><td>용접재</td><td>$\phi = 0.80$</td><td>$0.60F_w$</td><td>0710.2.1(1) 참조</td></tr>
<tr><td rowspan="2">지압응력을 전달할 수 있도록
마감되지 않은 접합부의 압축</td><td>모재</td><td>$\phi = 0.90$</td><td>F_y</td><td>0710.4 참조</td></tr>
<tr><td>용접재</td><td>$\phi = 0.80$</td><td>$0.90F_w$</td><td>0710.2.1(1) 참조</td></tr>
<tr><td>용접선에 평행한
인장, 압축</td><td colspan="4">용접에 평행하게 접합된 요소들에 작용하는 인장 또는 압축은 그 요소들을 접합하는 용접부 설계에 고려할 필요가 없다.</td></tr>
<tr><td rowspan="2">전단</td><td>모재</td><td colspan="3">0710.4에 따른다.</td></tr>
<tr><td>용접재</td><td>$\phi = 0.75$</td><td>$0.60F_w$</td><td>0710.2.1(1) 참조</td></tr>
</table>

표 13.2.5 용접조인트 강도표 (계속)

<table>
<tr><th>하중 유형 및 방향</th><th>적용
재료</th><th>ϕ</th><th>공칭강도
$(F_{nBM},\ F_{nw})$
(MPa)</th><th>유효면적
$(A_{BM},\ A_{we})$
(mm^2)</th><th>용접재 소요강도(1)(2)</th></tr>
<tr><td colspan="6">필릿용접(구멍, 슬롯, 빗방향 T조인트 필릿 포함)</td></tr>
<tr><td rowspan="2">전단</td><td>모재</td><td colspan="3">0710.4에 따른다.</td><td rowspan="3">매칭용접재 또는 이보다 한 단계 낮은 강도의 용접재가 사용될 수 있다.</td></tr>
<tr><td>용접재</td><td>$\phi = 0.75$</td><td>$0.60F_w$</td><td>0710.2.3.1 참조</td></tr>
<tr><td>용접선에 평행한 인장, 압축</td><td colspan="4">용접에 평행하게 접합된 요소들에 작용하는 인장 또는 압축은 그 요소들을 접합하는 용접부 설계에 고려할 필요가 없다.</td></tr>
<tr><td colspan="6">플러그 및 슬롯 용접</td></tr>
<tr><td rowspan="2">유효면적의 접합면에 평행한 전단</td><td>모재</td><td colspan="3">0710.4에 따른다.</td><td rowspan="2">매칭용접재 또는 이보다 한 단계 낮은 강도의 용접재가 사용될 수 있다.</td></tr>
<tr><td>용접재</td><td>$\phi = 0.75$</td><td>$0.60F_w$</td><td>0710.2.4.1 참조</td></tr>
</table>

(1) F_w는 용접재의 등급강도 곧 용접재의 공칭인장강도이다.

(2) 원칙적으로 매칭용접재(matching weld metal)는 용접재의 공칭인장강도가 모재의 공칭인장강도와 같거나 거의 동등한 수준을 지칭한다. 일반적으로 용접재와 모재가 동일한 공칭인장강도를 지녀도 용접재의 항복강도가 모재항복강도보다 크므로 보통 모재의 항복이 선행된다. 용접재의 공칭인장강도가 모재의 공칭인장강도를 상회/하회하는 경우 각각 오버매칭(overmatching), 언더매칭(undermatching)이라 칭한다. 용접재에서 '1단계 강도'는 70MPa의 강도크기를 지칭하며, '1단계 강도'를 상회하는 오버매칭 용접재의 사용은 불필요한 열영향의 증대 등 부작용을 고려하여 권장되지 않는다. 그러나 국내외의 사례에서 보듯이 경험과 실험결과를 바탕으로 종종 오버매칭 용접재가 사용되기도 한다(가령, 모재 공칭인장강도 350~400MPa급 모재에 대해 공칭인장강도 490MPa급 용접재가 사용되고 있음).

(3) 전단하중을 전달하는 조립단면의 웨브와 플랜지 사이의 그루브용접부 또는 높은 구속이 우려되는 곳의 그루브용접부에는 언더매칭용접재를 사용할 수 있다. 이 방법을 적용할 경우에는 해당 용접부를 지정하여야 하고, 용접부의 설계에서 유효목두께는 모재두께로 하고, 강도저항계수는 $\phi = 0.8$, 공칭강도는 $0.6F_w$를 적용한다.

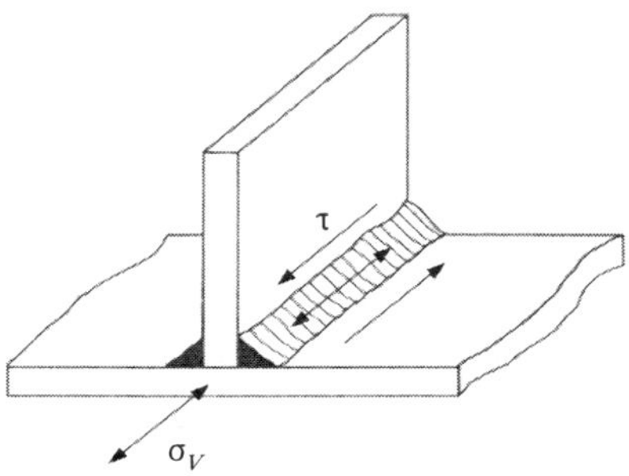

그림 13.2.7
필릿용접의 전단

13.2.7 용접기호

(1) 용접 기본기호

뒷면	필릿	플러그, 슬롯	그루브						
			I 형	V 형	개선	U 형	J 형	플레어V형	플레어베벨

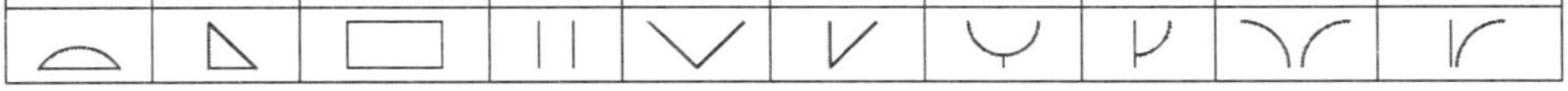

(2) 용접 보조기호

뒷댐재	간격재	전체 둘레 용접	현장용접	용접부의 표면모양		
				민면	볼록	오목

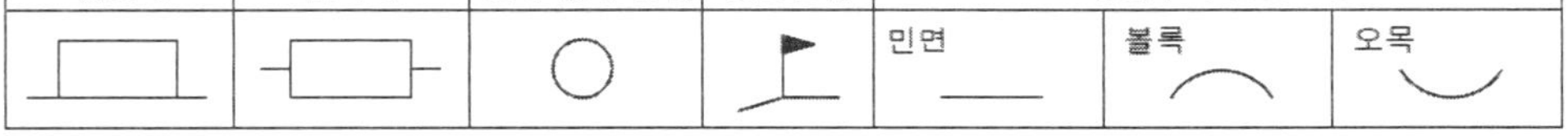

(3) 용접이음의 도시법

① 용접할 곳이 화살쪽 또는 앞쪽일 때

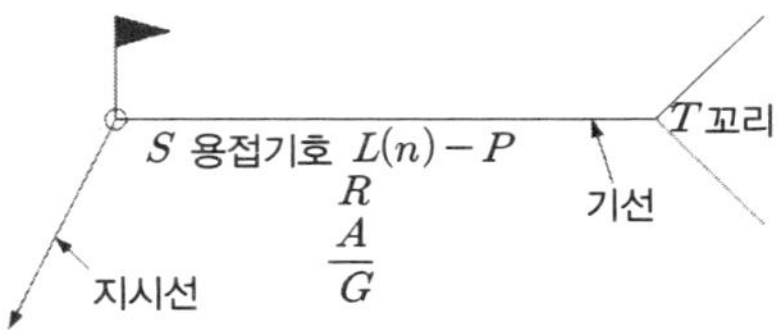

② 용접할 곳이 화살반대쪽 또는 건너쪽일 때

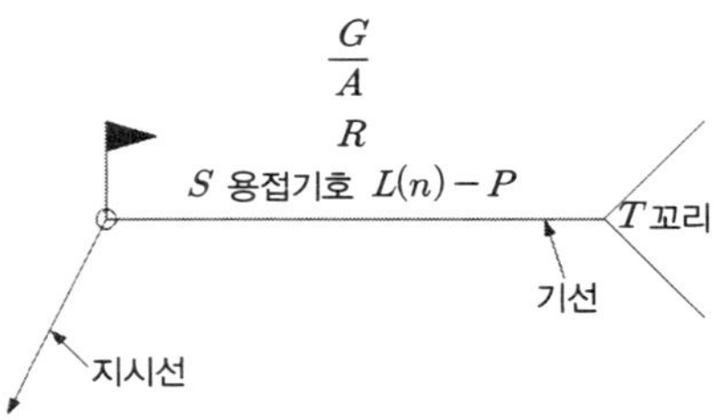

주) S : 용접사이즈, R : 루트간격, A : 개선각, T : 꼬리(특기사항기록)
- : 표면모양, G : 용접부처리방법, L : 용접길이, P : 용접간격, ▶ : 현장용접

13.2.8 용접부의 결함

용접부에 열이 가해지면 재료의 성질상 강재는 열팽창하며, 냉각 시 다시 수축되어진다. 이로써 용접부에 변형이 발생된다 : 수축, 각변화

(1) 용입부족, 융합불량

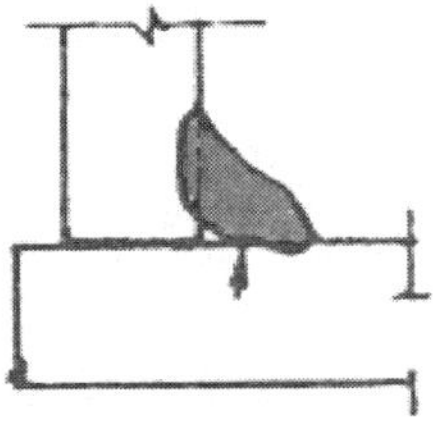

(2) 슬래그 함입

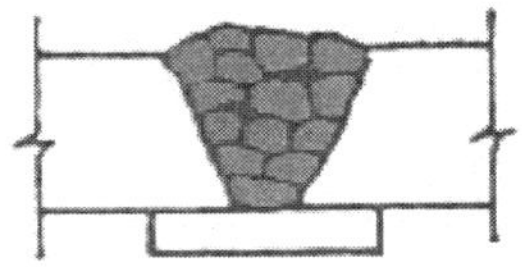

(3) 언더 컷(Under Cut)

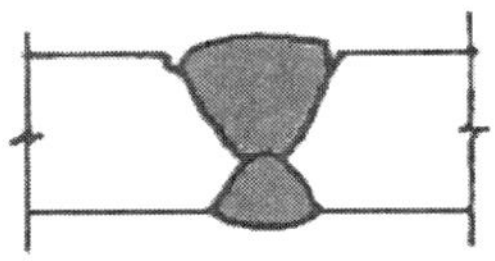

- 모재가 많이 녹아서 오목하게 된 상태
- 원인 : 용접 전류가 너무 크거나 지나친 용접길이
- 결과 : 단면부족, 응력집중으로 균열 발생

(4) 오버 랩(Over Lap)

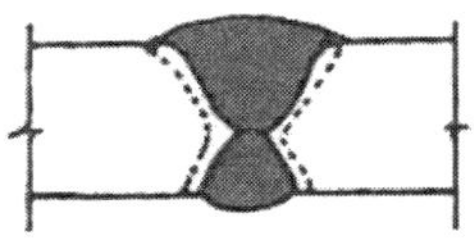

- 용접단에서 모재와 융합하지 않고 포개져 있는 상태
- 원인 : 용접 전류가 적은 경우, 용접 속도가 너무 느린 경우
- 결과 : 응력집중, 부식촉진

(5) 각 변화

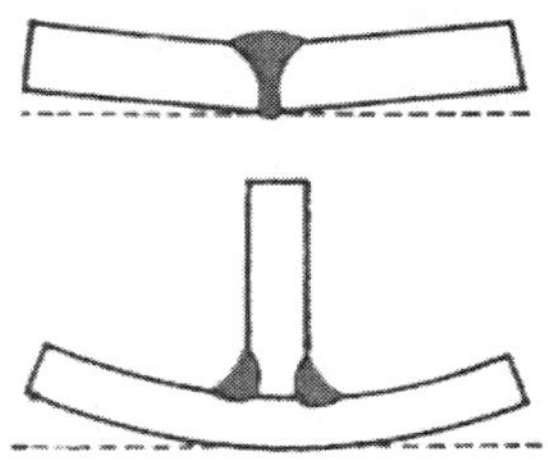

- 뒷판에 미리 예열하여 각 변화 방지

| 예제 13.1 | (용접접합)

평판 그루브용접(인장)의 안전성을 검토하라(완전용입과 부분용입인 경우로 나누어). 단, 강재는 SS275

$T_u := 700\text{kN}$ $F_u := 410\text{MPa}$ $F_w := 420\text{MPa}$ (용접봉의 강도)

$b := 170\text{mm}$ $t := 20\text{mm}$ $t_1 := 15\text{mm}$

$\phi = 0.75$(모재) $\phi_w = 0.8$(용접봉)

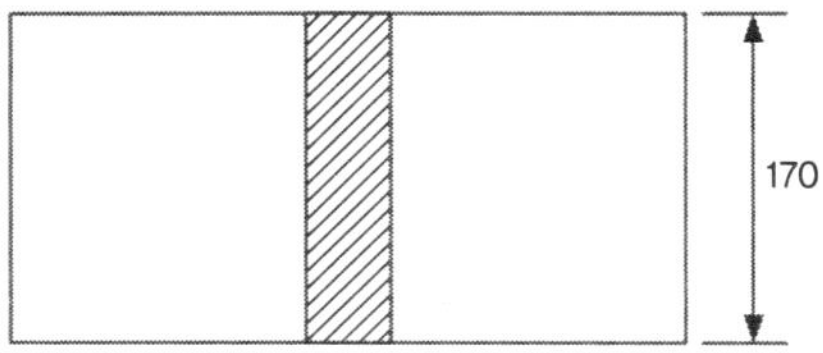

| 풀이 |

1. 완전용입

용접조인트의 강도는 모재의 강도에 의해 지배됨 : 인장파단강도

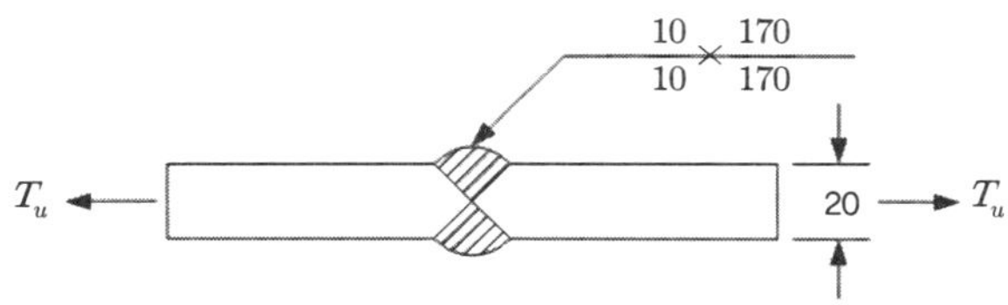

$A_w := b \cdot t$ $A_w := 34\text{cm}^2$

$F_{nBM} := F_u$ $A_{BM} := A_w$

$\phi R_n = \phi \cdot F_{nBM} \cdot A_{BM} = 0.75 \cdot 41 \cdot 34$ $\phi R_n := 1045\text{kN}$

Check_ϕR_n := | "O.K." if $\phi R_n > T_u$
| "N.G." otherwise

Check_ϕR_n = "O.K."

2. 부분용입

연강용 피복아크 용접봉 : $F_w = 420\text{MPa}$

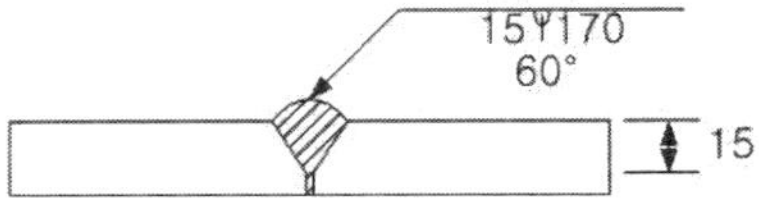

개구부 각도, 형상

$u, J > 60°$

$A_e := b \cdot t_1$ $\qquad A_e = 25.5\text{cm}^2$

2.1) 모재 강도

$\phi R_{n,BM} = \phi \cdot F_{nBM} \cdot A_{BM} = \phi \cdot F_u \cdot A_e = 0.75 \cdot 41 \cdot 25.5$ $\qquad \phi R_{n,BM} = 784\text{kN}$

2.2) 용접재 강도

$\phi_w R_{n,w} := \phi_w \cdot F_{nw} \cdot A_{we} = 0.8 \cdot 0.6 \cdot F_w \cdot A_e = 0.8 \cdot 0.6 \cdot 42 \cdot 25.5$

$\phi_w R_{n,w} = 514\text{kN}$

$\phi R_n := \min(\phi R_{n,BM}, \phi_w R_{n,w}) = 514\text{kN}$

$\text{Check\_}\phi R_n := \begin{cases} \text{"O.K."} & \text{if } \phi R_n > T_u \\ \text{"N.G."} & \text{otherwise} \end{cases}$ $\qquad \text{Check\_}\phi R_n = \text{"N.G."}$

| 예제 13.2 |

인장재의 필릿용접부의 안전성을 검토하라.

$P_u := 250\text{kN}$ $\qquad F_u := 410\text{MPa}$ $\qquad F_w := 420\text{MPa}$

$L := 100\text{mm}$ $\qquad b := 100\text{mm}$ $\qquad t := 10\text{mm}$

$\phi := 0.75$

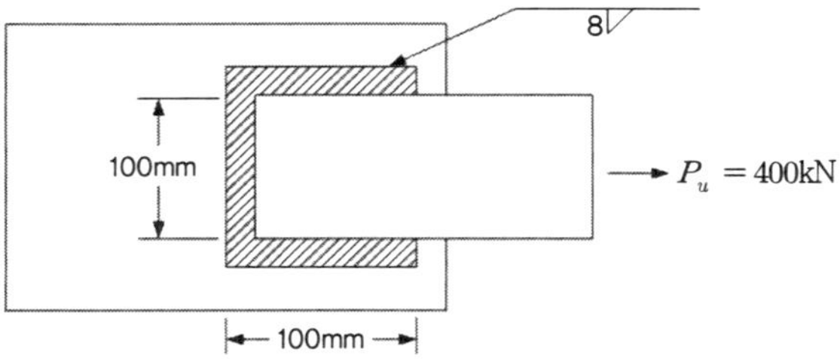

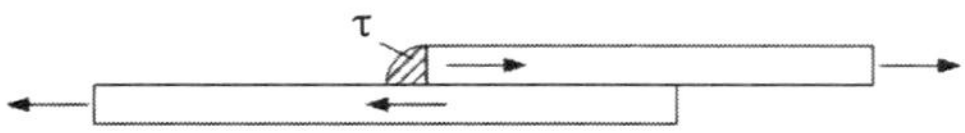

| 풀이 |

최대 필릿사이즈 $s_{max} := t - 2\text{mm}$, ($t \geq 6\text{mm}$인 경우)

$s_{max} := 10 - 2 = 8\text{mm}$

$t_{w,min} := 5\text{mm}$ (표 13.2.4, $6 \leq t < 13\text{mm}$인 경우)

$s := s_{max}$

$t_w := 0.7 \cdot s = 0.7 \cdot 8 = 5.6\text{mm}$ $\qquad t_w = 0.56\text{cm}$

$A_{we} := t_w \cdot (L \cdot 2 + b - 2 \cdot s)$, $\qquad A_{we} = 15.9\text{cm}^2$ 용접 유효면적

(1) 모재 인장 파단강도

$F_{BM} := F_u = 410\text{MPa}$ $\qquad A_{BM} := b \cdot t = 10\text{cm}^2$

$\phi R_{n,BM} := \phi \cdot F_{nBM} \cdot A_{BM} = 0.75 \cdot (41) \cdot 10 = 307.5\text{kN}$

(2) 용접재 강도

$F_{nw} := 0.6 F_w = 252\text{MPa}$

$\phi R_{n,w} := \phi \cdot F_{nw} \cdot A_{we} = 0.75 \cdot (25.2) \cdot 15.9 = 256\text{kN}$

용접조인트 강도 $\phi R_n := \min(\phi R_{n,BM}, \phi R_{n,w}) = 256\text{kN}$

$$\text{Check\_}\phi R_n := \begin{cases} \text{"O.K."} & \text{if } \phi R_n > P_u \\ \text{"N.G."} & \text{otherwise} \end{cases}$$

$\text{Check\_}\phi R_n = \text{"O.K."}$

| 예제 13.3 |

보의 필릿용접의 안정성을 검토하라.

Profile : = "보 : 400 × 300 × 13.5 × 24" MA : = "SM 275"

$M := 180\text{kN}\cdot\text{m}$ $V := 300\text{kN}$ $t_1 := 13.5\text{mm}$ $t_2 := 24\text{mm}$

$H := 400\text{mm}$ $B := 300\text{mm}$ $S_x = 2550\text{cm}^3$ $h_1 := 300\text{mm}$

$\phi_b := 0.9$ $F_u := 410\text{MPa}$ $F_w := 420\text{MPa}$(용접재) $\phi_w := 0.75$

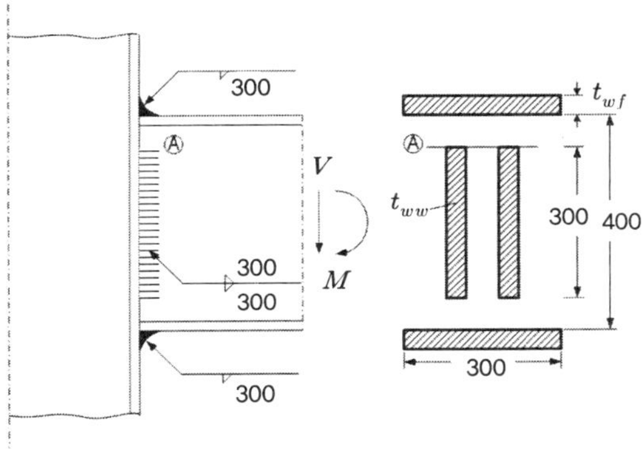

| 풀이 |

1. 유효목두께

1.1 플랜지

최대 필릿사이즈 $S_{f.\max} := t_2 - 2\text{mm} = 24 - 2 = 22$, ($t > 6\text{mm}$인 경우)

최소 필릿사이즈 $S_{f.\min} = 8\text{mm}$, ($t > 20\text{mm}$)

$S_f = S_{f.\max} = 22\text{mm}$

$t_{wf} := 0.7 \cdot S_f = 15.4\text{mm}$

1.2 웨브

$S_w := t_1 - 2\text{mm}$ $S_w = 13.5 - 2 = 11.5\text{mm}$

$t_{ww} := 0.7 \cdot S_w = 8.05\text{mm}$

최소 필릿사이즈 $S_{f.\min} = 6\text{mm}$, ($13 \le t < 20\text{mm}$)

2. I_w, A_{ww}

웨브 용접유효길이 : $l_{wwe} := h_1 - 2S_w = (300 - 2 \cdot 11.5)/10 = 27.7\,\text{cm}$

플랜지 용접유효길이 : $l_{fwe} := B - 2S_f = (300 - 2 \cdot 22)/10 = 25.6\,\text{cm}$

$$I_w := 2 \cdot \left[\left(\frac{t_{ww} \cdot l_{wwe}^3}{12}\right) + t_{wf} \cdot l_{fwe} \cdot \left(\frac{H + t_{wf}}{2}\right)^2 + \frac{l_{fwe} \cdot t_{wf}^3}{12}\right] = 36\,880\,\text{cm}^4$$

$$A_{ww} := 2 \cdot t_{ww} \cdot l_{wwe} = 44.6\,\text{cm}^2$$

3. 플랜지 검토

$$y := \frac{H}{2} \qquad y = 20\,\text{cm}$$

3.1) 모재의 휨강도

$$\sigma_f := M/S_x = 70.6\,\text{MPa}$$

$$F_{nBM} := 0.6 \cdot F_u = 246\,\text{MPa}$$

```
Check_σf := | if σf ≤ φb · FnBM      = "OK "
            |   | "OK "
            | else
            |   | "NG "
```

3.2) 용접재의 강도

$$\sigma_w := \frac{M}{I_w} \cdot y = \frac{180 \cdot 100}{36\,880} 20 \cdot 10 = 97.6\,\text{MPa}$$

$$F_{nw} := 0.6 F_w = 252\,\text{MPa} \qquad \phi_w \cdot F_{n.w} = 0.75 \cdot 252 = 189\,\text{MPa}$$

```
Check_σw := | if σw ≤ φw · Fnw      = "OK "
            |   | "OK "
            | else
            |   | "NG "
```

4. 웨브 검토 (A점에서 모멘트응력도와 전단응력도에 대하여 검토하여야한다.)

$$y_A := \frac{l_{wwe}}{2} = 13.85\,\text{cm}$$

$$\sigma_{wm} := \frac{M}{I_w} \cdot y_A = 67.6\,\text{MPa}$$

$\tau := \dfrac{V}{A_{ww}} = 67.3\text{MPa}$

$\sigma_{wv} := \sqrt{\sigma_{wv}^2 + \tau^2} = 95.4\text{MPa}$ (필릿용접부의 휨응력과 전단응력의 조합응력)

$Check\_\sigma_{wv} :=$ | $if\ \sigma_{wv} \le \phi_w \cdot F_{nw}$ = "OK "
| "OK "
| $else$
| "NG "

***SUMMARY**

1. 입력사항 :

Profile : = "보 : 400 × 300 × 13.5 × 24" MA : = "SM 275"

$M = 180\text{kN} \cdot \text{m}$ $V = 300\text{kN}$

$h_1 = 300\text{mm}$

2. 결과 :

$S_w = 11.5\text{mm}$ $S_f = 22\text{mm}$ $\phi_w \cdot F_{n.w} = 189\text{MPa}$

$\sigma_w = 97.6\text{MPa}$ $\text{Check\_}\sigma_w = \text{O.K}$

$\sigma_{wv} = 95.4\text{MPa}$ $\text{Check\_}\sigma_{wv} = \text{O.K}$

| 예제 13.4 |

보의 Cover Plate의 연속필릿용접의 안전성을 검토하라.

부재조건 :

MA : = "SM 275"인 경우 $F_u := 410\text{MPa}$

하중조건 :

$V_u := 1{,}200\text{kN}$ $I_y := 126{,}500\text{cm}^4$

용접 감소계수 : $\phi_w := 0.75$

용접재의 강도 : $F_w := 420\text{MPa}$

부재치수 :

$b_w \ : \ = 600\text{mm}$ $\qquad$ $t_w \ : \ = 10\text{mm}$

$b_f \ : \ = 250\text{mm}$ $\qquad$ $t_f \ : \ = 20\text{mm}$

$b_p \ : \ = 160\text{mm}$ $\qquad$ $t_p \ : \ = 8\text{mm}$

$e_1 \ : \ = 276\text{mm}$ $\qquad$ $e_2 \ : \ = 324\text{mm}$

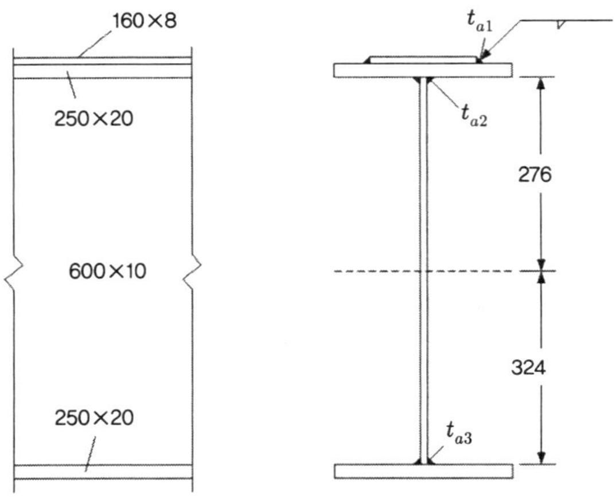

| 풀이 |

1. 모재의 전단검토

$$A_{w.BM} := (b_w + 2t_f + t_p)t_w = 64.8\text{cm}^2$$

$$V_{n.BM} := 0.6F_u A_{w.BM} = 1594\,\text{kN}$$

$$h/t_w = 600/10 = 60$$

$$2.24\sqrt{E/F_y} = 2.24\sqrt{210000/265} = 63$$

$$\phi_v = 1.0 \ (h/t_w \le 2.24\sqrt{E/F_y} \text{ 이므로})$$

$$\phi_v V_{n.BM} := 1594\text{kN}$$

$V_u \le \phi_v V_{n.BM}$ 이므로 O.K.

2. 용접재의 전단검토

$F_{n.w} := 0.6\,F_w = 252\,\text{MPa}$ $\qquad\qquad$ $\phi_w F_{n.w} = 189\,\text{MPa}$

(1번 위치)

$t_{\min 1} := \min(t_p, t_f) = 8\text{mm}$ $\qquad$ $s_1 := t_{\min 1} - 2\text{mm} = 6\text{mm}$

$t_{a1} := 0.7 \cdot s_1 = 0.7 \cdot 6 = 4.2$

$$S_1 := (b_p \cdot t_p) \cdot \left(t_f + \frac{t_p}{2} + e_1\right) = 384\text{cm}^3$$

$$\tau_1 := \frac{V \cdot S_1}{I_y \cdot (t_{a1} \cdot 2)} = 43\text{MPa}$$

전단에 의한 안전성 검토

$$\text{Check\_}\tau_1 := \left| \begin{array}{l} \text{"O.K."} \quad if \quad \tau_1 \le \phi_w \cdot F_{n.w} \\ \text{"N.G."} \quad \text{otherwise} \end{array} \right.$$

$\text{Check\_}\tau_1 = \text{"O.K."}$

(2번 위치)

$t_{\min 2} := \min(t_f, t_w) = 10\text{mm}$ $\qquad$ $s_1 := t_{\min 2} - 2\text{mm} = 8\text{mm}$

$t_{a2} := 0.7 s_2 = 5.6mm$

$$S_2 := S_1 + (b_f \cdot t_f) \cdot \left(\frac{t_f}{2} + e_1\right) = 1814\text{cm}^3$$

$$\tau_2 := \frac{V \cdot S_2}{I_y \cdot (t_{a2} \cdot 2)} = 152.4\text{MPa}$$

전단에 의한 안전성 검토

$$\text{Check\_}\tau_2 := \left| \begin{array}{l} \text{"O.K."} \quad if \quad \tau_2 \le \phi_w \cdot F_{n.w} \\ \text{"N.G."} \quad \text{otherwise} \end{array} \right.$$

$\text{Check\_}\tau_2 = \text{"O.K."}$

(3번 위치)

$$t_{a3} := t_{a2} = 5.6$$

$$S_3 := (b_f \cdot t_f) \cdot (\frac{t_f}{2} + e_2) = 1670\text{cm}^3$$

$$\tau_3 := \frac{V \cdot S_3}{I_y \cdot (t_{a3} \cdot 2)} = 140.3\text{MPa}$$

$$\text{Check\_}\tau_3 := \begin{cases} \text{"O.K."} & if \quad \tau_3 \le \phi_w \cdot F_{n.w} \\ \text{"N.G."} & \text{otherwise} \end{cases}$$

$$\text{Check\_}\tau_3 = \text{"O.K"}$$

***SUMMARY**

결과 : $\phi_w F_{n.w} = 189\text{MPa}$

$s_1 = 6\text{mm}$	$\tau_1 = 43\text{MPa}$	$\text{Check\_}\tau_1 = \text{"O.K"}$
$s_2 = 8\text{mm}$	$\tau_2 = 152.4\text{MPa}$	$\text{Check\_}\tau_2 = \text{"O.K"}$
	$\tau_3 = 140.3\text{MPa}$	$\text{Check\_}\tau_3 = \text{"O.K"}$

13.3 고력볼트(High-Strength Bolt) 및 볼트

(1) 볼트

- 재질 : SS400, SM400 ($F_y = 235\text{MPa}$, $F_u = 400\text{MPa}$)
- 사용범위
  ⇒ 부분 강접합(PR), 단순접합, 띠장(Girth), 도리(Purlin), 가새(Brace)
  ⇒ 비교적 하중을 적게 받는 부분
- 사용 불가한 범위
  ⇒ 반복하중 및 진동, 피로하중 요인이 있는 경우
- Pretension에 대한 규정이 없다.
  : 조임력(체결력)이 가정되어 있지 않다.

(2) 고력볼트

• 재질

표 13.3.1
고력볼트
재료강도(MPa)

강종 / 강도	F8T	F10T	F13T
F_y F_u	640 800	900 1000	1170 1300
비고(유럽 표기)	(8. 8) (8×100)×0.8=640	(10. 9) (10×100)×0.9=900	(13×100)×0.9=1170

• 응력전달기구(Mechanism)

마찰접합=전단접합

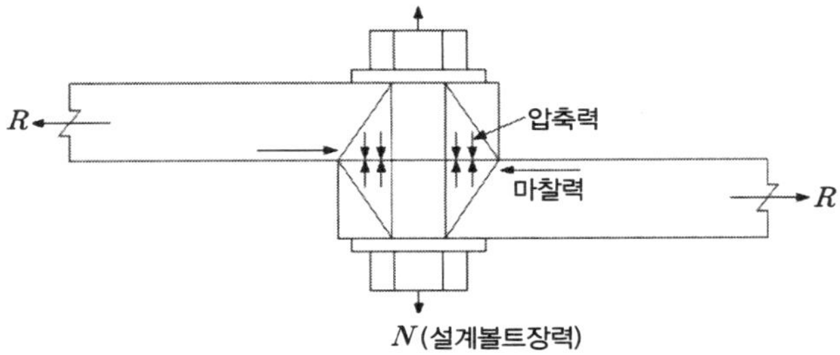

그림 13.3.1
마찰접합

$R = \mu \cdot N$

R : 마찰접합에 의한 전단내력

μ : 마찰계수 – 사용범위

⇒ 강력한 조임력으로 너트의 풀림 방지

⇒ 강접합(FR), 정적 · 동적하중 작용 시

→ 응력방향이 바뀌어도 혼란이 없고, 응력집중이 적어 반복응력에 강함

• Pretension 규정 : 볼트장력

13.3.1 설계볼트장력 및 표준볼트장력(Pretension에 규정)

표 13.3.2
고력볼트의
설계볼트장력(kN)
: 설계적용

볼트의 등급	볼트의 호칭	공칭단면적(mm^2)	설계볼트장력*(T_o) kN
F8T	M16	201	84
	M20	314	132
	M22	380	160
	M24	453	190
F10T	M16	201	106
	M20	314	165
	M22	380	200
	M24	453	237
F13T	M16	201	137
	M20	314	214
	M22	380	259
	M24	453	308

* 설계볼트장력은 볼트의 인장강도의 0.7배에 볼트의 유효단면적을 곱한 값, 볼트의 유효단면적은 공칭단면적의 0.75배

$T_0 = 0.7F_u(0.75A_b)$

- 장력 검사방법

⇒ 토크관리법(Wrench) ⇒ 직접 인장측정법

⇒ 너트회전법 ⇒ 토크쉬어볼트

13.3.2 볼트의 인장과 전단강도

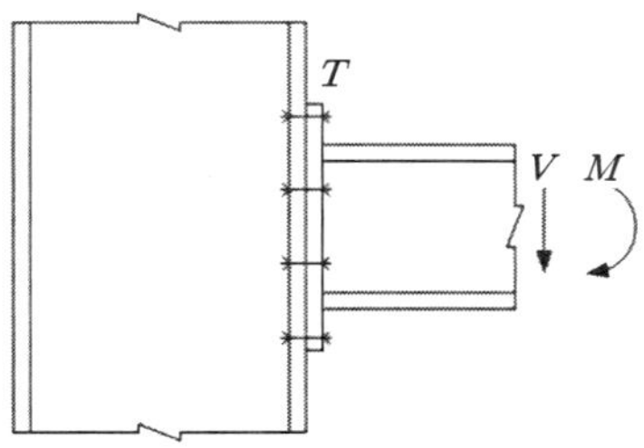

그림 13.3.2
접합부의 인장과 전단

밀착조임된 볼트의 설계인장강도 또는 전단강도 ϕR_n은 인장파단과 전단파단의 한계상태에 대하여 다음과 같이 산정한다.

$$\phi = 0.75$$

$$R_n = F_n A_b$$

여기서, F_n : 공칭인장강도 F_{nt} 또는 공칭전단강도 F_{nv}, MPa

A_b : 볼트의 공칭단면적, mm²

표 13.3.3
볼트의 공칭강도(MPa)

강종 / 강도		고력볼트			일반볼트
		F8T	F10T	F13T	SS 400 SM 400
공칭인장강도, F_{nt}		600	750	975	300
지압접합의 공칭전단강도, F_{nv}	나사부가 전단면에 포함될 경우	320	400	520	160
	나사부가 전단면에 포함되지 않을 경우	400	500	650	

(1) 공칭인장강도 F_{nt}

$$F_{nt} = 0.75 F_u$$

0.75는 볼트 전체 단면적에 대한 나사부 유효단면적의 비율이다.

(예, F10T의 경우 $F_{nt} = 0.75 \times 1000 = 750\,\text{MPa}$)

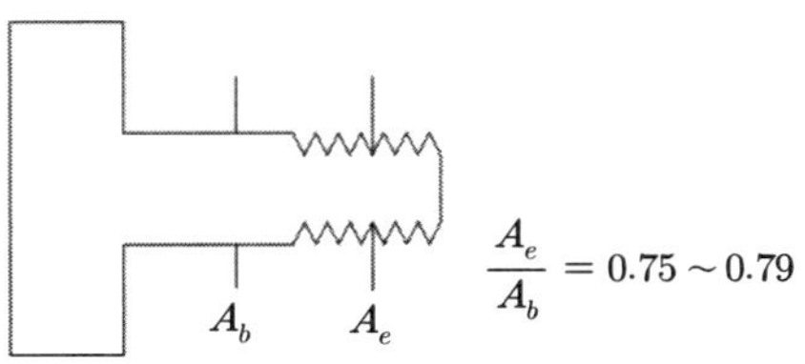

그림 13.3.3
볼트 단면적

(2) 공칭전단강도 F_{nv}

나사산이 전단면에 포함될 경우 : $F_{nv} = 0.4F_u$

나사산이 전단면에 포함되지 않을 경우 : $F_{nv} = 0.5F_u$

$$R_n = nF_{nv}A_b \ (n : \text{전단면수})$$

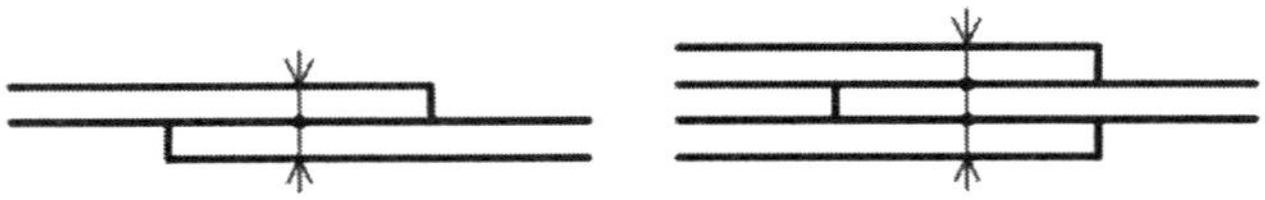

$n = 1$ $n = 2$

그림 13.3.4
전단면수

13.3.3 지압접합에서 인장과 전단의 조합

$$\phi = 0.75$$

$$R_n = F_{nt}{}'A_b$$

여기서, $F_{nt}{}'$: 전단응력의 효과를 고려한 공칭인장강도, MPa

$$F_{nt}{}' = 1.3F_{nt} - \frac{F_{nt}}{\phi F_{nv}} f_v \leq F_{nt}$$

F_{nt} : 공칭인장강도, MPa

F_{nv} : 공칭전단강도, MPa

f_v : 소요전단응력, N/mm²

전단 또는 인장에 의한 소요응력 f가 설계응력의 20% 이하이면 조합응력의 효과를 무시할 수 있다.

그림 13.3.5
지압접합에서 인장과 전단의 조합

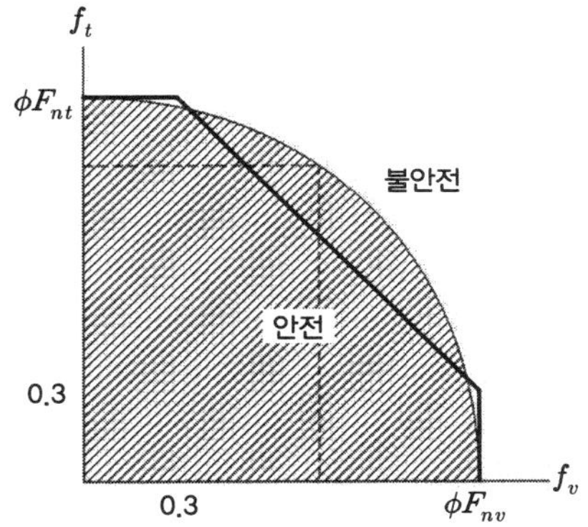

설명 : $$(\frac{f_t}{\phi F_{nt}})^2 + (\frac{f_v}{\phi F_{nv}})^2 = 1$$

여기서, f_t, f_v 소요응력, F_{nt}, F_{nv} 공칭인장응력, 공칭전단응력

근사적으로 직선으로 유도하면,

$$(\frac{f_t}{\phi F_{nt}}) + (\frac{f_v}{\phi F_{nv}}) = 1.3$$

$$F_{nt}^{'} = \frac{f_t}{\phi} = 1.3F_{nt} - \frac{F_{nt}}{\phi F_{nv}} f_v \leq F_{nt}$$

13.3.4 고력볼트의 미끄럼강도

마찰접합은 미끄럼을 방지하고 지압접합에 의한 한계상태에 대하여도 검토해야 한다.

미끄럼한계상태의 마찰접합 설계강도 ϕR_n은 다음과 같이 산정한다.

$$R_n = \mu h_f T_o N_s$$

① 표준구멍 또는 하중방향에 수직인 단슬롯 구멍일 때 $\phi = 1.00$

② 대형구멍 또는 하중방향에 평행한 단슬롯 구멍일 때 $\phi = 0.85$

③ 장슬롯구멍일 때 $\phi = 0.70$

여기서, $\mu = 0.50$ 미끄럼계수 (페인트하지 않는 경우)

h_f : 필러(filler)계수

$h_f = 1.00$; 필러를 사용하지 않는 경우, 필러내 하중을 분산하기 위하여 볼트를 추가한 경우, 또는 필러내 하중을 분산하기 위하여 필러를 추가하지 않은 경우로 접합되는 재료 사이에 한 개의 필러가 있는 경우

$h_f = 0.85$; 필러내 하중의 분산을 위해 볼트를 추가하지 않은 경우로 접합되는 재료 사이에 2개 이상의 필러가 있는 경우

T_o : 설계볼트장력, kN

N_s : 전단면의 수

13.3.5 마찰접합에서 인장과 전단의 조합

마찰접합이 인장하중을 받아 장력이 감소할 경우 13.3.3에서 산정된 설계미끄럼강도에 다음 계수를 사용하여 감소한 후 산정한다.

$$k_s = 1 - \frac{T_u}{T_o N_b}$$

여기서, N_b : 인장력을 받는 볼트의 수 T_o : 설계볼트장력, kN

T_u : 소요인장력, kN T_o : 설계볼트장력

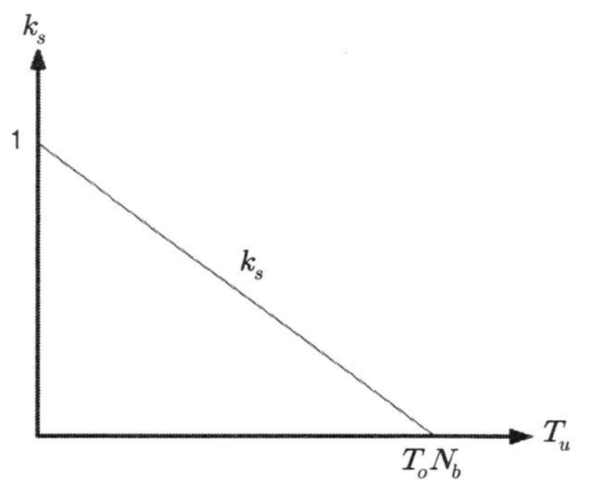

그림 13.3.6
마찰접합에서 인장력과 전단력의 조합

13.3.6 핀접합

(1) 핀의 설계 휨강도 ϕM_n

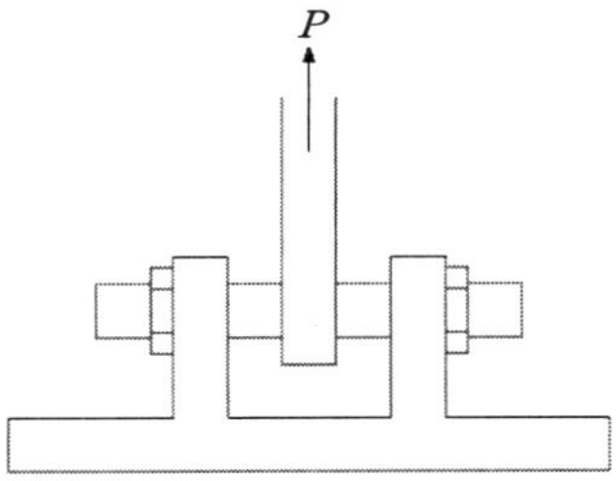

$\phi = 0.90$

$M_n = 1.00\, F_y Z$

여기서, F_y : 핀의 항복강도, MPa

Z : 핀의 소성단면계수, mm^3

(2) 핀의 설계전단강도 ϕV_n

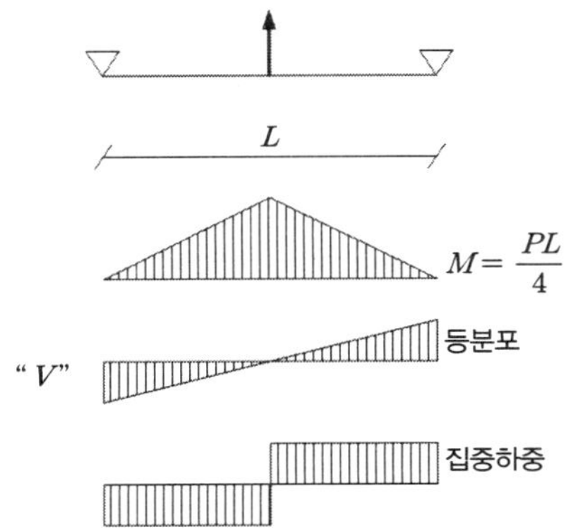

$\phi = 0.9$

$V_n = 0.6\, F_y A_p$

여기서, A_p : 핀의 단면적, mm^2

13.4 | 접합부재의 설계강도

13.4.1 설계인장강도 ϕR_n

접합부재의 설계인장강도 ϕR_n은 인장항복과 인장파단의 한계상태에 따라 다음 중 작은 값으로 산정한다.

(1) 접합부재의 인장항복에 대하여

$\phi = 0.90$

$R_n = F_y A_g$

(2) 접합부재의 인장파단에 대하여

$\phi = 0.75$

$R_n = F_u A_e$

여기서, A_e : 유효단면적, mm^2

볼트접합부의 경우에는 $A_e = A_n \leqq 0.85 A_g$

13.4.2 설계전단강도 ϕR_n

접합부재의 설계전단강도 ϕR_n은 전단항복과 전단파단의 한계상태에 따라 다음 중 작은 값으로 산정한다.

(1) 접합부재의 전단항복에 대하여

$\phi = 1.00$

$R_n = 0.60 F_y A_g$

(2) 접합부재의 전단파단에 대하여

$\phi = 0.75$

$R_n = 0.6 F_u A_{nv}$

여기서, A_{nv} : 유효전단단면적, mm^2

13.4.3 블록전단강도(Block Shear)

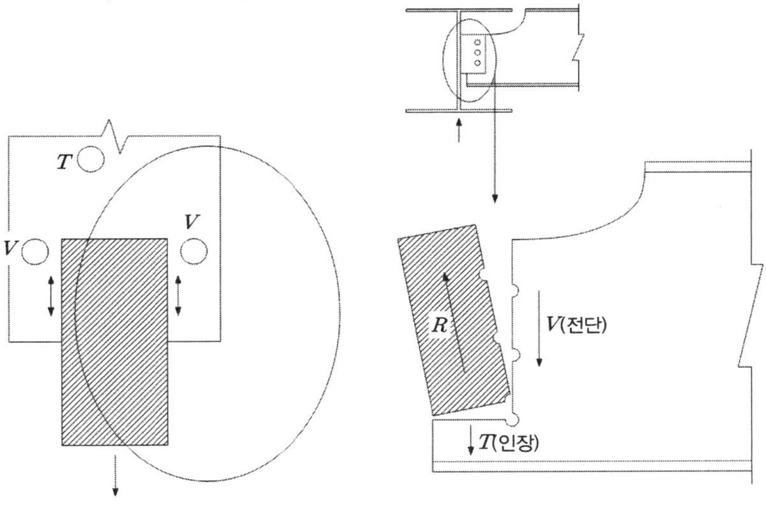

그림 13.4.1
블록전단파괴

접합부에서 부재의 일부분이 인장과 전단의 조합력에 의하여 찢어지는(파단) 현상을 블록전단파괴라 한다.

블록전단파단의 한계상태에 대한 설계강도는 전단저항과 인장저항의 합으로 산정한다. 보단부 이음부의 상단플랜지 없는 이음부 및 거싯플레이트 등은 블록전단강도를 검토해야 한다. 설계블록전단강도 R_n은 다음과 같이 산정한다.

- 적용 : Coped Beam, Gusset Plate

$\phi = 0.75$

$$R_n = 0.6\,F_u\,A_{nv} + U_{bs}\,F_u\,A_{nt} \le 0.6\,F_y\,A_{gv} + U_{bs}\,F_u\,A_{nt}$$

여기서, A_{gv} : 전단저항 총단면적, mm^2

A_{nv} : 전단저항 순단면적, mm^2

A_{nt} : 인장저항 순단면적, mm^2

인장응력이 일정한 경우 $U_{bs}=1.0$이고, 인장응력이 일정하지 않은 경우에는 $U_{bs}=0.5$이다.

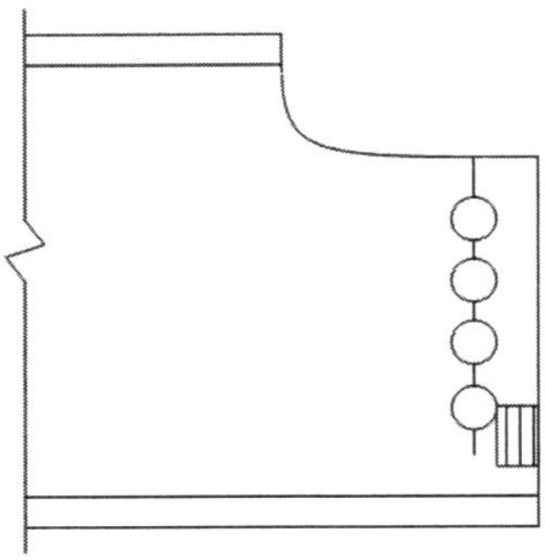

$U_{bs}=1.0$의 경우

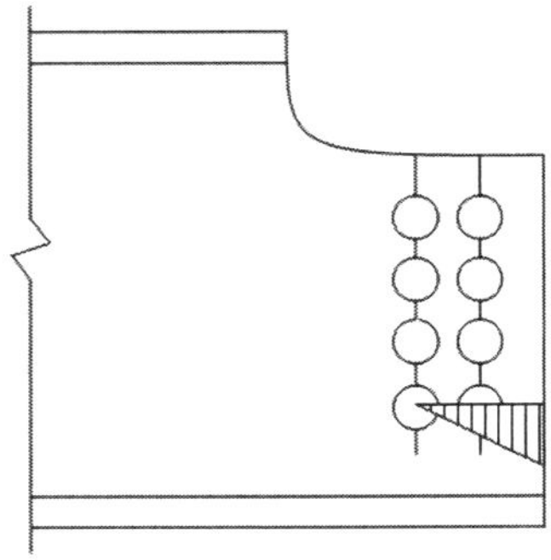

$U_{bs}=0.5$의 경우

13.5 | 접합요소

편심접합과 중심접합

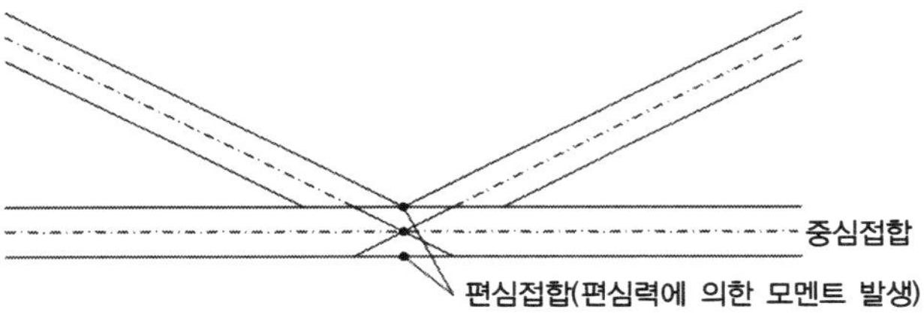

그림 13.5.1
중심접합과 편심접합

13.6 | 끼움재 (Fillers)

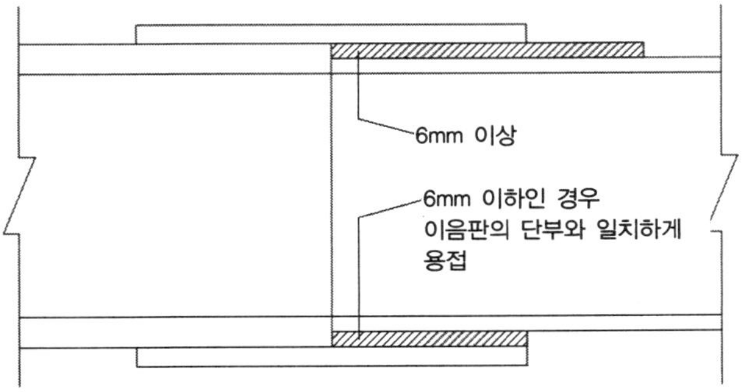

그림 13.6.1
끼움재

(1) 볼트접합에서 끼움재의 두께가 6mm 이하이면 전단강도는 감소하지 않는다고 가정한다.

(2) 볼트접합에서 끼움재의 두께가 $6\mathrm{mm} < t \le 19\mathrm{mm}$ 이면, 다음의 감소계수 [1−0.0154(t−6)]을 곱한다.

13.7 | 이음

(1) 플레이트거더 또는 보의 맞댐용접이음 : 작은쪽 이음단면의 전강도로 설계해야 한다.

(2) 플레이트거더 또는 보의 단면 내에서 다른 형태의 이음 : 이음점에서의 소요강도에 충분하도록 설계해야 한다.

13.8 | 지압강도 (Bearing Strength)

지압표면의 설계강도(참조 9.4.2 핀접합)

$$\phi = 0.75$$

$$R_n = 1.8\,F_y\,A_{pb}$$

13.8.1 볼트구멍의 지압

(Bearing Strength at Bolt Holes)

$\phi = 0.75$

(1) 표준구멍, 대형구멍 및 단슬롯구멍의 모든 방향에 대한 지압력 또는 장슬롯구멍이 지압력 방향에 평행일 경우

(가) 사용하중상태에서 볼트구멍의 변형이 설계에 고려될 경우

$R_n = 1.2\,L_c t\,F_u \;\; \leq \;\; 2.4\,d\,t\,F_u$

(나) 사용하중상태에서 볼트구멍의 변형이 설계에 고려되지 않을 경우

$R_n = 1.5\,L_c t\,F_u \;\; \leq \;\; 3.0\,d\,t\,F_u$

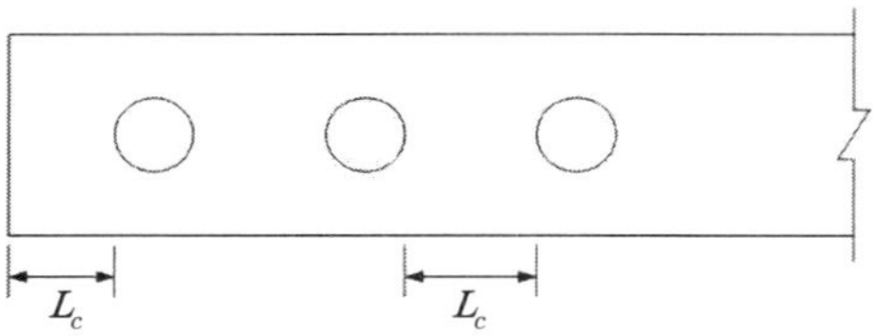

그림 13.8.1
볼트 간격

* 전단파괴

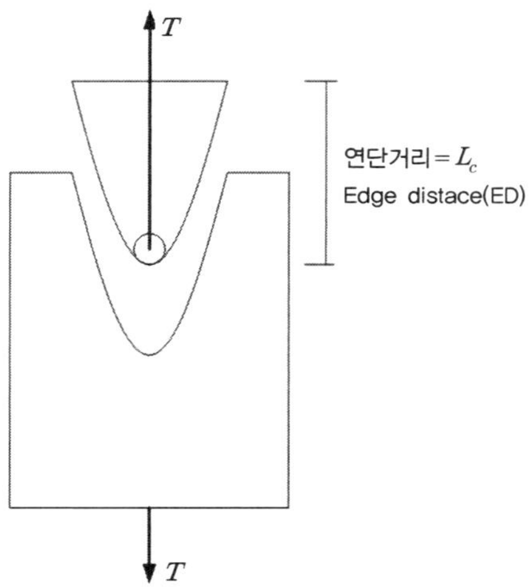

그림 13.8.2
볼트의 연단부 전단파괴

공칭전단강도 R_n :

$$R_n = 0.6\,F_u(2\text{면})(\text{연단거리})(\text{두께})$$

$$= 1.2\,F_u(\text{ED})(t) = 1.2\,L_c t\,F_u$$

(2) 장슬롯에 구멍의 방향에 수직방향으로 지압력을 받을 경우

$$R_n = 1.0\,L_c t\,F_u \;\leq\; 2.0\,d\,t\,F_u$$

F_u : 피접합재의 공칭인장강도, MPa

L_c : 하중방향 순간격, 구멍의 끝과 피접합재의 끝 또는 인접구멍의 끝까지의 거리, mm

t : 피접합재의 두께, mm

13.9 |주각부 및 콘크리트의 지압 (Column Bases and Bearing on Concrete)

13.9.1 콘크리트의 지압 $\phi_c P_p$

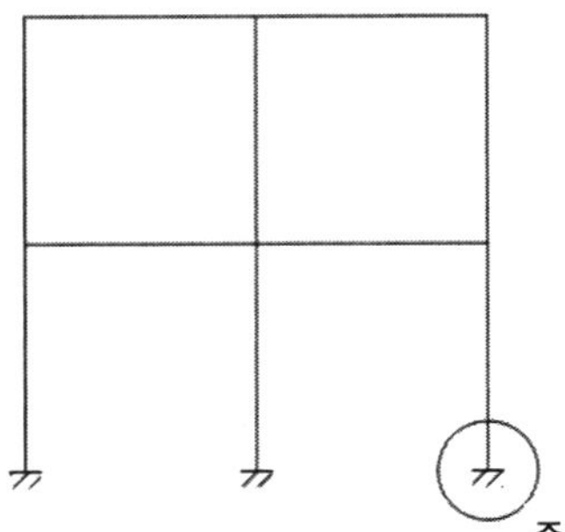

$\phi_c = 0.65$(단, 무근콘크리트일 경우 $\phi_c = 0.55$)

(1) 콘크리트 총단면이 지압을 받는 경우

$$P_p = 0.85\,f_{ck}\,A_1$$

(2) 콘크리트 단면의 일부분이 지압을 받는 경우

$$P_p = 0.85\,f_{ck}\,A_1\sqrt{A_2/A_1} \leqq 1.7 f_{ck}\,A_1$$

여기서, f_{ck} : 콘크리트 압축강도, MPa

A_1 : 베이스플레이트의 면적, mm^2

A_2 : 베이스플레이트와 닮은꼴의 콘크리트 지지 부분의 최대면적, mm^2

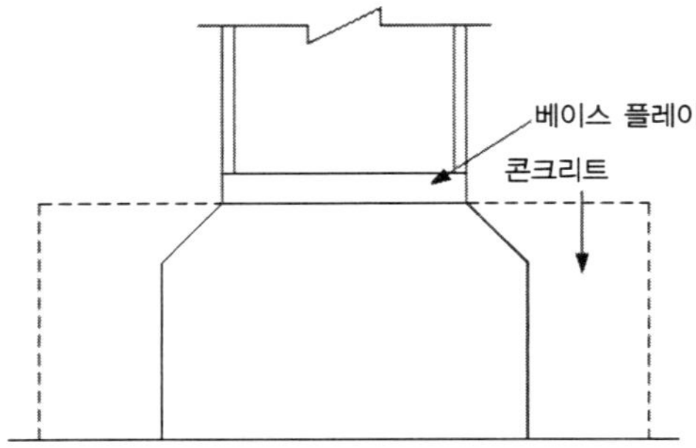

그림 13.9.1
주각부 단면

13.9.2 주각부(Base Plate)

(1) 캔틸레버보 방법에 의한 판 두께 산정

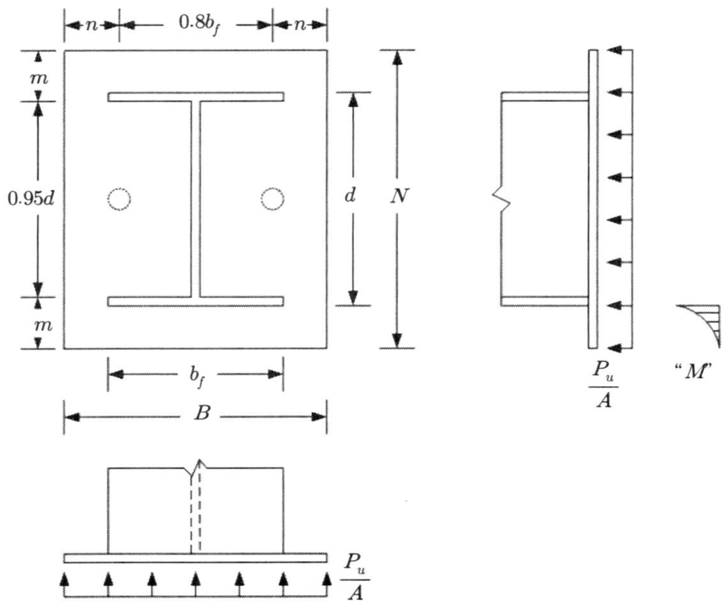

그림 13.9.2
베이스 플레이트

폭 1cm인 캔틸레버의 $m-m$에 작용하는 모멘트

$$M_m = \frac{1}{2}\left(\frac{P_u}{A}\right)\mathrm{m}^2$$

$$\sigma_m = \frac{M_m}{Z_p} \le \phi F_y$$

여기서 $Z_p = \frac{1 \cdot t^2}{4} = \frac{t^2}{4}$, $A = B \times N$

$$\frac{1}{2}\left(\frac{P_u}{BN}\right)\mathrm{m}^2 \frac{4}{t^2} \le \phi F_y$$

$$t^2 \ge 2\left(\frac{P_u}{BN}\right)\mathrm{m}^2 \frac{1}{\phi F_y}$$

$$t \geqq m\sqrt{\frac{2P_u}{BN\,\phi F_y}} \qquad \text{여기서 } \phi = 0.9$$

$$t \geqq m\sqrt{\frac{2P_u}{0.9F_y BN}}$$

$$t = 1.5\,(m, n)_{\max}\sqrt{\frac{P_u}{F_y BN}}$$

(2) 항복선 이론에 따른 판 두께 산정

철골기둥 단면보다 아주 많이 크지 않은 베이스 플레이트의 경우 대체 방법이다. 기둥하중이 비교적 적은 경우에 이러한 현상이 나타난다. 이 경우 경미한 하중을 받는 플레이트가 기둥 안쪽 주변에 인접한 빗금친 면적 A_H에 등분포하중을 받는 것으로 가정한다.

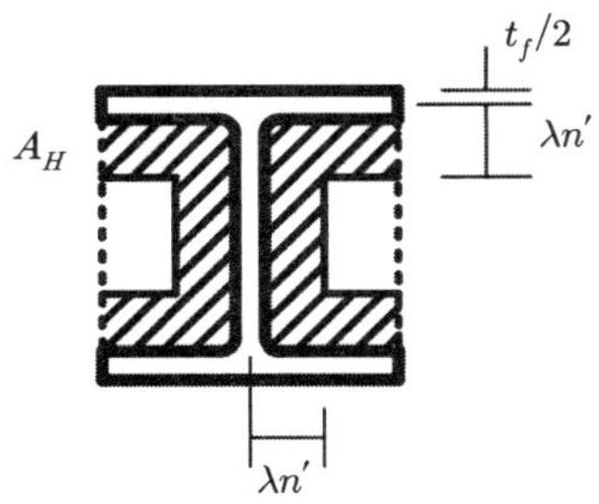

그림 13.9.3 베이스 플레이트의 축력이 집중하는 유효 단면적

반실험 연구로부터, 캔틸레버 보의 두께 산정식에서 m, n대신에 유효 돌출길이 $\lambda n'$을 대체할 수 있다. Thornton식의 항복선 이론에 따라 다음과 같다.

$$n' = \sqrt{d b_f}/4$$

계수 λ는 면적 $d b_f$에 실제적으로 작용하는 하중 P_0와 관련되어 있다.

$$\lambda = \frac{2\sqrt{X}}{1+\sqrt{1-X}} \leq 1.0$$

여기서

$$X = \frac{4P_0}{(d+b_f)^2 0.85 f_{ck}} = \frac{4}{(d+b_f)^2 0.85 f_{ck}}(P_u \frac{db_f}{BN})$$

$$X = \frac{4db_f}{(d+b_f)^2} \; \frac{P_u}{0.85 f_{ck} BN}$$

LRFD 매뉴얼에서 콘크리트 기초가 받아줄 수 있는 압축강도 $0.85 f_{ck}BN$을 $\phi_c P_p$로 대체하여 다음과 같다.

$$X = \frac{4db_f}{(d+b_f)^2} \; \frac{P_u}{\phi_c P_p} \leq 1$$

즉 최종적인 베이스 플레이트의 두께는 다음과 같다.

$$t = 1.5\,(m, n, \lambda n')_{\max} \sqrt{\frac{P_u}{F_y BN}}$$

13.10 | 보의 이음

13.10.1 개요

보의 위치 m에서 보를 이음할 경우, m점에서 작용하는 부재력을 N_g, V_g, M_g라 하자. 볼트 접합을 통하여 부재력을 전달하여야 한다.

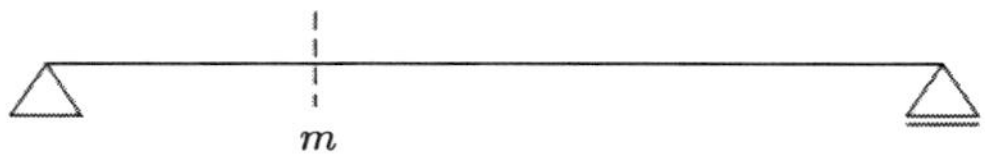

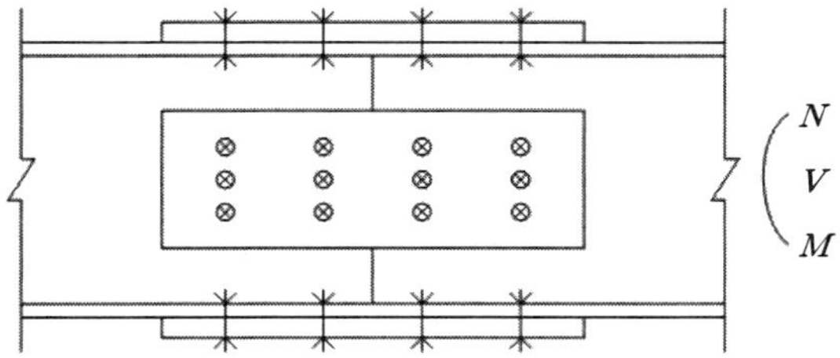

그림 13.10.1
보의 이음부

(1) moment : 곡률이 각 부분별로 일정하다.

$$\frac{M}{EI} = \frac{1}{\rho} = \text{const.}$$

$$\frac{M_1}{I_1} = \frac{M_g}{I_g},\ M_1 = \frac{M_g}{I_g} I_1$$

(2) 축력 :

$$N_1 = \sigma_{N,1} A_1 + \sigma_{M,1} A_1$$

$$= \frac{N_g}{A_g} A_1 + \frac{M_g}{I_g} Z_1 A_1$$

$$\left(\leftarrow \sigma_{M,1} = \frac{M_1}{I_1} Z_1 = \frac{M_g}{I_g} Z_1 \right)$$

(3) 전단력 :

H형 단면인 경우 : 웨브에서 전달됨

13.10.2 내력산정

볼트그룹의 중심축과 웨브의 중심축이 서로 다른 경우에 대하여 일반화하여 고려한다.

그림 13.10.2
이음부의 내력

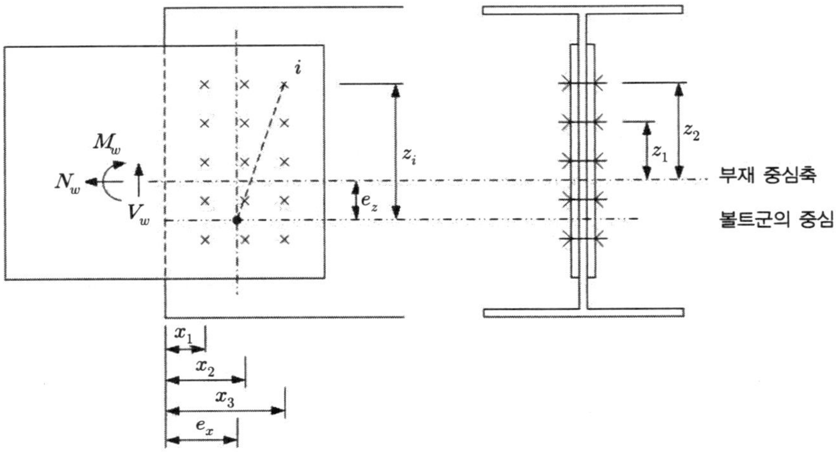

볼트에 작용하는 부재력

$$N_{bolt} = N_{web}$$

$$V_{bolt} = V_{web}$$

$$M_{bolt} = M_w + V_w e_x - N_w e_z \quad (N : \oplus \text{ 인장})$$

i 번 볼트 1개에 작용하는 전단력 산정

(1) 모멘트에 의한 전단력 (i 볼트)

모멘트 M에 의한 볼트 i의 전단력 V는 다음과 같이 산정된다.

$$\boxed{V_i^M = \frac{M_b}{I_{P0}} r_i}$$

$$\left(\text{휨 응력도와 비교 } : \sigma = \frac{M}{I} z, \quad N = \sigma A = \frac{M}{I/A} z\right)$$

이와 유사하게 $\left(V = \tau A = \dfrac{M}{I_P/A} r = \dfrac{M}{I_{P0}} r \right)$, 여기서 $I_{P0} = \dfrac{I_P}{A}$

$$V_{i,x}^{M} = \frac{M_b}{I_{P0}} z_i$$

$$V_{i,z}^{M} = \frac{M_b}{I_{P0}} x_i$$

여기서 $I_{P0} = \sum x_i^2 + \sum z_i^2$

($I_P = \int r^2 dA$ 에서 I_{P0}는 A 가 빠져 있음)

I_P 는 극관성 모멘트(Polar Moment of Inertia)

(2) 축력에 의한 볼트 1개의 전단력

$$V_{i,x}^{N} = \frac{N_b}{n}$$

(3) 전단력에 의한 볼트의 전단력

$$V_{i,z}^{V} = \frac{V_b}{n}$$

(4) 결과 (조합력)

$$V_{\max} = \sqrt{\sum V_x^2 + \sum V_z^2}$$

| 예제 13.5 |

보, 기둥, 볼트 접합부를 설계하고 안전성을 검토하시오(더블앵글).

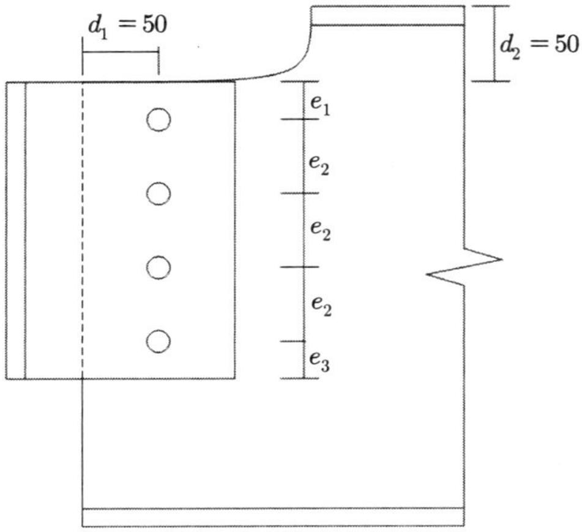

부재조건 : $V_u := 420\text{kN}$

$MA_H :=$ "SM 355"

보 부재단면 : H형강 := "500 × 200 × 10 × 16 × 20"

$F_{uh} := 490\text{MPa}$ $F_{yh} := 355\text{MPa}$

$H := 500\text{mm}$ $B := 200\text{mm}$

$t_w := 10\text{mm}$ $t_f := 16\text{mm}$

$r := 20\text{mm}$

앵글(double) : $MA_A :=$ "SM 275"

$F_{ua} := 410\text{MPa}$ $F_{ya} := 275\text{MPa}$

$t_a := 10\text{mm}$ $U_{bs} := 1.0$ (블록전단감소계수)

볼트 : $MA_B :=$ "F 10T "

$Bolt :=$ "M 22"

$d := 22\text{mm}$ $d_h := 24\text{mm}$

주요치수 :

$e_1 := 40\text{mm}$ $e_2 := 80\text{mm}$ $e_3 := 40\text{mm}$

$d_1 := 50\text{mm}$ $d_2 : 50\text{mm}$ $\phi := 0.75$

$\mu := 0.5$ $h_f := 1.0$ $N_s := 2$

$T_0 := 200\text{kN}$ for M22 $\phi_{slip} := 1.0$

| 풀이 |

1. 볼트개수 결정

1.1 볼트 1개당 미끄럼 강도

$$R_{n.bolt.shear} := \mu \cdot h_f \cdot T_0 \cdot N_s = 200 \cdot \text{kN}$$

$$\phi_{slip} \cdot R_{n.bolt.shear} = 200 \cdot \text{kN}$$

1.2 볼트개수 M

$$M := ceil\left(\frac{V_U}{\phi_{slip} \cdot R_{n.bolt.shear}}\right) = 3\text{개}$$

2. Web 지압검증

2.1 상단볼트

$$L_{c1} := e_1 - \frac{d_h}{2} \qquad L_{c1} = 28 \cdot \text{mm}$$

$$R_{nw1} := \begin{cases} (1.2 \cdot L_{c1} \cdot t_w \cdot F_{uh}) & \text{if } 1.2 \cdot L_{c1} \cdot t_w \cdot F_{uh} \le 2.4 \cdot d \cdot t_w \cdot F_{uh} \\ ((2.4 \cdot d \cdot t_w \cdot F_{uh})) & otherwise \end{cases}$$

$$R_{nw1} = 164.64 \cdot kN$$

2.2 기타볼트

$$L_{c2} := e_2 - d_h \qquad L_{c2} = 56 \cdot \text{mm}$$

$$R_{nw2} := \begin{cases} (1.2 \cdot L_{c2} \cdot t_w \cdot F_{uh}) & \text{if } 1.2 \cdot L_{c2} \cdot t_w \cdot F_{uh} \le 2.4 \cdot d \cdot t_w \cdot F_{uh} \\ ((2.4 \cdot d \cdot t_w \cdot F_{uh})) & otherwise \end{cases}$$

$$R_{nw2} = 258.72 \cdot \text{kN}$$

2.3 전체지압

$$R_{nw} := R_{nw1} + (M-1) \cdot R_{nw2}$$

$$\phi R_{nw} = 511.56 \cdot \text{kN}$$

3. Web Block Shear

3.1 파괴상태 결정

$$A_{nv} := [e_1 + (M-1) \cdot e_2 - (M-0.5) \cdot d_h] \cdot t_w = 1.4 \times 10^3 \cdot \text{mm}^2$$

$$A_{nt} := \left(d_1 - \frac{d_h}{2}\right) \cdot t_w = 380 \cdot \text{mm}^2$$

$$A_{gv} := [e_1 + (M-1) \cdot e_2] \cdot t_w = 2 \times 10^3 \cdot \text{mm}^2$$

$$R_{nbs1} := 0.6 \cdot F_{uh} \cdot A_{nv} + U_{bs} \cdot F_{uh} \cdot A_{nt} = 411.6 + 186.2 = 597.8 \cdot \text{kN}$$

$$R_{nbs\_max} := 0.6 F_{yh} \cdot A_{gv} + U_{bs} \cdot F_{uh} \cdot A_{nt} = 426 + 186.2 = 612 \cdot \text{kN}$$

$$R_{nbs} := \begin{cases} R_{nbs1} & \text{if } R_{nabs1} \le R_{nbs\_max} \\ R_{nbs\_max} & otherwise \end{cases}$$

$$R_{nbs} = 612 \cdot \text{kN}$$

$$\phi \cdot R_{nbs} = 448 \cdot \text{kN}$$

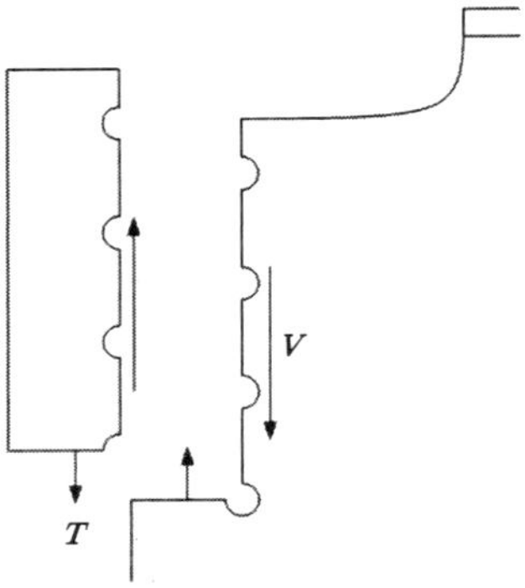

⇒ "전단파괴상태"

4. 앵글지압파괴

4.1 하단볼트

$$L_{c3} := e_3 - \frac{d_h}{2} = 28 \cdot \text{mm}$$

$$R_{na1} := \begin{cases} (1.2 \cdot L_{c3} \cdot t_a \cdot F_{ua}) & \text{if } 1.2 \cdot L_{c3} \cdot t_a \cdot F_{ua} \le 2.4 \cdot d \cdot t_a \cdot F_{ua} \\ (2.4 \cdot d \cdot t_a \cdot F_{ua})) & otherwise \end{cases}$$

$$\phi \cdot R_{na1} = 103.3 \cdot \text{kN}$$

4.2 기타볼트

$$R_{na2} := \begin{cases} (1.2 \cdot L_{c2} \cdot t_a \cdot F_{ua}) & \text{if } 1.2 \cdot L_{c2} \cdot t_a \cdot F_{ua} \le 2.4 \cdot d \cdot t_a \cdot F_{ua} \\ (2.4 \cdot d \cdot t_a \cdot F_{ua}) & otherwise \end{cases}$$

$$\phi \cdot R_{na2} := 162.3 \cdot \text{kN}$$

4.3 전체앵글지압

$$R_{na} := 2 \cdot [R_{na1} + (M-1) \cdot R_{na2}]$$

$$\phi \cdot R_{na} = 855.8 \cdot \text{kN}$$

앵글의 전단파괴

$A_{nva} := \left[e_1 + (M-1)\cdot e_2 + e_3 - M\cdot d_h\right]\cdot t_a$

$R_{nv} := 2\cdot(0.6\cdot F_{ua}\cdot A_{nva})$

$\phi\cdot R_{nv} = 620.0\cdot kN$

종합

$\phi R_n := \min(\phi\cdot R_{nw}, \phi\cdot R_{nbs}, \phi\cdot R_{na}, \phi\cdot R_{nv}) = 448\cdot kN$

$Check\_\phi R_n :=$ | "O.K." if $\phi R_n \ge V_u$
| "N.G." *otherwise*

$Check\_\phi R_n =$ "O.K."

✱SUMMARY

입력사항

보 부재단면 :	H형강 = "500×200×10×16×20" MA_H = "SM 355"
앵글(double)	MA_A = "SM 275"
볼트	MA_B = "F10T"

결과

웨브 지압	$\phi\cdot R_{nw} = 511.56\cdot kN$
웨브 블록전단	$\phi\cdot R_{nbs} = 448\cdot kN$
앵글지압	$\phi\cdot R_{na} = 855.8\cdot kN$
앵글전단	$\phi\cdot R_{nv} = 620.0\cdot kN$
전단	$V_u = 420\cdot kN$

$Check\_\phi R_n =$ "O.K."

*고력볼트의 지압접합의 전단강도와 마찰접합의 미끄럼강도 비교: 조건 F10T 고력볼트 사용

1) 지압접합의 전단강도

$\phi = 0.75$

$$R_n = F_{nv}A_b = 0.4F_uA_b$$

(나사부가 전단면에 포함된 경우)

$$\phi R_n = 0.75(0.4)F_uA_b = 0.30F_uA_b$$

2) 마찰접합의 미끄럼강도

$\phi = 1.0$

$$R_n = \mu h_s T_0 N_s = 0.5(1)[(0.7)(0.75F_uA_b)](1)$$

$$\phi R_n = (1)0.26F_uA_b = 0.26F_uA_b$$

결론 : 미끄럼강도가 항상 전단강도보다 더 적은 값이다.

| 예제 13.6 | (주각부설계)

기둥재의 베이스 플레이트 크기와 두께를 결정하시오.
조건1) con'c 기초폭은 베이스 플레이트 폭보다 16cm 더 넓다.(양쪽방향으로)

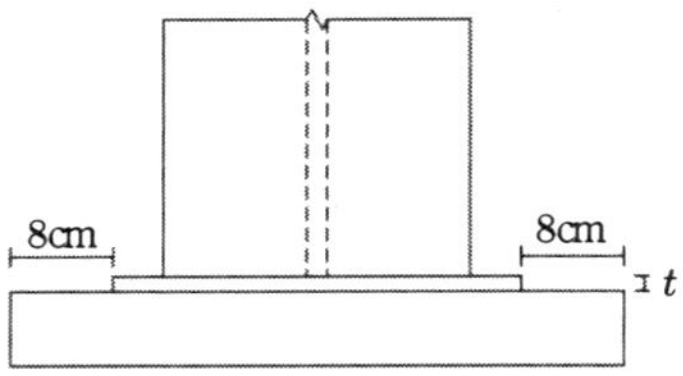

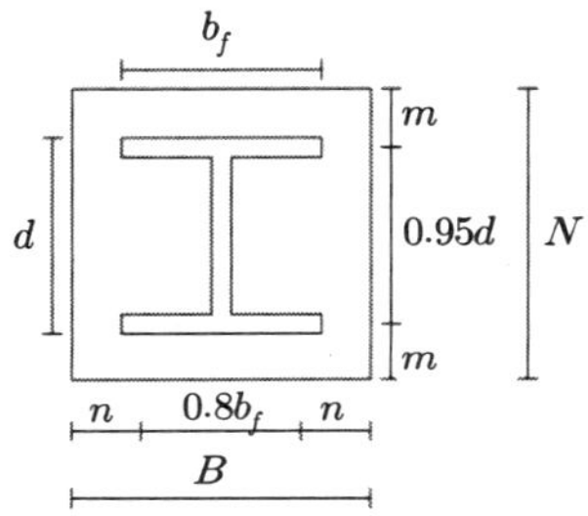

H형강 := "344×348×16×16×20"	$b := 16\text{cm}$
	$MA :=$ "SM 275"
	$F_y := 275\text{MPa}$
하중조건 :	$P_u := 4000\text{kN}$
부재치수 :	$b_f := 348\text{mm}$
	$d := 344\text{mm}$
콘크리트의 설계기준강도 :	$F_{ck} := 21\text{MPa}$
콘크리트의 지압 강도감소계수 :	$\phi_B := 0.65$

| 풀이 |

1. Base Plate 가정

1.1 면적

$$A_1 := \frac{P_u}{\phi_B \cdot 0.85 \cdot f_{c'}} \qquad A_1 = 3.448 \times 10^3 \cdot cm^2$$

1.2 B, N 치수가정

B방향 $B_{10} := 0.8 b_f$ $\quad B_{10} = 27.84 \cdot cm$

N방향 $N_{10} := 0.95 d$ $\quad N_{10} = 32.68 \cdot cm$

여기서 B_{10}, N_{10}는 H형강 기둥의 지지단부 위치

$$\sqrt{A_1} = 58.716 \cdot cm$$

$$B_1 := \max\left[b_f, \sqrt{A_1} + \frac{(B_{10} - N_{10})}{2}\right] \qquad B_h := \frac{B_1}{cm} \qquad B := round(B_h) \cdot cm = 56 \cdot cm$$

$$N_1 := \max\left(d, \frac{A_1}{B_1}\right) \qquad N_h := \frac{N_1}{cm} \qquad N := round(N_h) \cdot cm = 61 \cdot cm$$

여기서 B_1, N_1는 1차 Base Plate(BP)의 단면크기

2. con'c기초

2.1 con'c 기초 길이 산정

조건 1)에 의해 양쪽으로 16cm 길다.

$B_c := B + b$ $\quad B_c = 72 \cdot cm$

$N_c := N + b$ $\quad N_c = 77 \cdot cm$

여기서 B_{10}, N_{10}는 콘크리트 단면크기

2.2 단면적으로 산정 A_2

$A_{1.1} := B \cdot N$ $\quad A_{1.1} = 3.416 \times 10^3 \cdot cm^2$

$A_2 := B_c \cdot N_c$ $\quad \sqrt{\frac{A_2}{A_{1.1}}} = 1.274$ $\quad A_2 = 5.544 \times 10^3 \cdot cm^2$

$$Check\_단면적 := \begin{cases} \text{"O.K." if } \sqrt{\frac{A_2}{A_{1.1}}} \le 2 \\ \text{"단면재산정" otherwise} \end{cases}$$

$Check\_단면적 =$ "O.K."

여기서 $A_{1.1}$은 1차 BP의 단면적, A_2는 콘크리트 단면적

3. 2차 가정 (Conc. 기초에 의한 내력증가로 Base Plate 크기를 축소함)

3.1 B, N 치수변경

$P_P = \phi_b \cdot 0.85 \cdot F_c' \cdot A_1 \cdot (A_2/A_1)^{1/2}$

으로부터

$P_P = P_U/(A_2/A_1)^{1/2}$

$A_{1.2} := \dfrac{A_1}{\sqrt{\dfrac{A_2}{A_1}}}$ $\qquad A_{1.2} := 2,719 \times 10^3 \cdot cm^2$

$B_2 := \max\left(b_f, \sqrt{A_{1.2}} + \dfrac{B-N}{2}\right)$ $\qquad B_h := \dfrac{B_2}{cm}$ $\quad B := round(B_h) \cdot cm = 50 \cdot cm$

$N_2 := \max\left(d, \dfrac{A_{1.2}}{B}\right)$ $\qquad N_h := \dfrac{N_2}{cm}$ $\quad N := round(N_h) \cdot cm = 54 \cdot cm$

여기서 $A_{1.2}$는 2차 BP의 단면적, B_2, N_2는 BP 단면크기

3.2 con'c 기초 길이 가정

조건 1)에 의해 양쪽으로 16cm 길다.

$B_{c.2} := B + b$ $\qquad B_{c.2} = 66 \cdot cm$

$N_{c.2} := N + b$ $\qquad N_{c.2} = 70 \cdot cm$

여기서 B_{c2}, N_{c2}는 2차 콘크리트 단면크기

3.3 단면적 산정

$A_{2.2} := B_{c.2} \cdot N_{c.2}$ $\qquad A_{2.2} = 4.62 \times 10^3 \cdot cm^2$

$A_{1.3} := \dfrac{P_u}{\phi_B \cdot 0.85 \cdot f_{c'} \cdot \sqrt{\dfrac{A_{2.2}}{A_{1.2}}}}$ $\qquad A_{1.3} = 2.645 \times 10^3 \cdot cm^2$

$A_1 := \begin{cases} A_{1.2} & \text{if } |A_{1.3} - A_{1.2}| \le 100 cm^2 \\ \text{"단면재 산정"} & otherwise \end{cases}$ $\qquad A_1 = 2.719 \times 10^3 \cdot cm^2$

BP 단면적 증가 정도

(2차 BP로 결정)

여기서 $A_{2.2}$는 2차 콘크리트 단면적, $A_{1.3}$는 3차 BP 단면적

3.4 Summary

$B = 50 \cdot cm$ $\qquad N = 54 \cdot cm$

$B_c = 66 \cdot cm$ $\qquad N_c = 70 \cdot cm$

$\phi_c P_p := 0.65(0.85)(21/10)(50 \times 54)\sqrt{(66 \times 70)/(50 \times 54)}$

$3132 \times 1.3 = 4097 kN$

4. 항복선 이론에 의한 돌출길이 산정

$$X := \frac{4db_f}{(d+b_f)^2}\ \frac{P_u}{\phi_c P_p}$$

$$X = \frac{4(344)(348)}{(344+348)^2}\ \frac{4000}{4097} = 0.98 \le 1$$

$$\lambda := \frac{2\sqrt{X}}{1+\sqrt{1-X}}$$

$$\lambda = \frac{2\sqrt{0.98}}{1+\sqrt{1-0.98}} = 1.73 > 1$$ 이므로, $\lambda = 1$

$$n' = \sqrt{db_f}/4 = \sqrt{344\times348}/4 = 86.5\text{mm}$$

5. Base Plate 두께 결정

$n := 0.5\cdot(B-0.8b_f)$ $\qquad$ $n = 11.08\cdot\text{cm}$

$m := 0.5\cdot(N-0.95\cdot d)$ $\qquad$ $m = 10.66\cdot\text{cm}$

$A := B\cdot N$

$\lambda n' = 1(8.65) = 8.65$ cm

$t := \max(n, m, \lambda n')\cdot1.5\cdot\sqrt{\frac{P_u}{A}\cdot\frac{1}{F_y}}$ $\qquad$ $t = 3.86\cdot\text{cm}$

✱SUMMARY

Input : $\qquad$ $b = 16\cdot\text{cm}$

H형강 = "344×348×16×16×20" $\quad$ MA = "SM 275"

$b_f = 34.8\cdot\text{cm}$

$f_{ck} = 21\cdot\text{MPa}$ $\qquad$ $d = 344\cdot\text{mm}$

Result :

Base Plate : $\quad$ $B = 50\cdot\text{cm}$ $\quad$ $N = 54\cdot\text{cm}$ $\quad$ $t = 3.86\cdot\text{cm}$

Concrete : $\quad$ $B_c = 66\cdot\text{cm}$ $\quad$ $N_c = 70\cdot\text{cm}$

| 예제 13.7 | (Bracket 접합부 설계 예제)

다음 Bracket을 고력볼트 F10T 재질로 설계할 경우 고력볼트의 치수를 구하라.

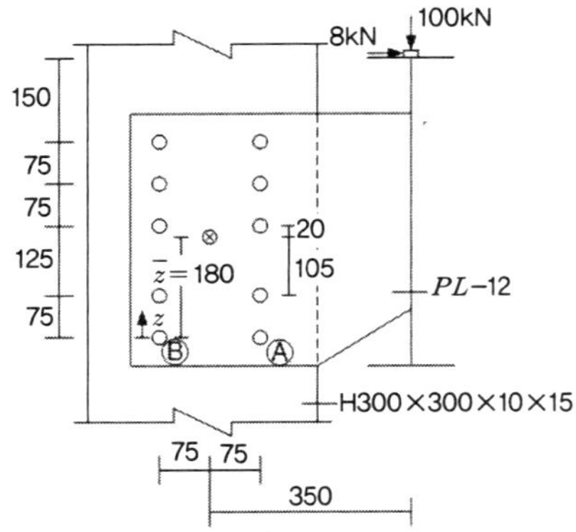

부재치수 :

$x_1 := 75\text{mm}$ $\quad x_2 :=- x_1$

$z_1 := 75\text{mm}$ $\quad z_2 := 200\text{mm}$

$z_3 := 275\text{mm}$ $\quad z_4 := 350\text{mm}$

$z_5 := 500\text{mm}$

$e_x := 350\text{mm}$ $\quad n := 10$

볼트관련치수 :

$\mu := 0.5$ $\quad h_f := 1.0$ $\quad N_s := 1$

$\phi_{slip} := 1.00$(표준구멍)

하중조건 :

$V := 100\text{kN}$ $\quad H := 8\text{kN}$

| 풀이 |

볼트군의 중심선 위치 선정

$$S_x := 2(z_1 + z_2 + z_3 + z_4) = 180 \cdot \mathrm{cm}$$

$$A := n = 10$$

$$Z := \frac{S_x}{A} = 18 \cdot \mathrm{cm}$$

볼트군의 부재력

$$e_z := z_5 - Z = 32 \cdot \mathrm{cm}$$

$$M := V \cdot e_x + H \cdot e_z = 3.756 \times 10^3 \cdot \mathrm{kN} \cdot \mathrm{cm}$$

모멘트에 의한 중심에서 가장 멀리 떨어진 A, B볼트의 전단력

$$z_{41} := z_4 - Z \qquad z_{31} := z_3 - Z$$

$$z_{21} := z_2 - Z \qquad z_{11} := z_1 - Z$$

$$x_A := x_1 \quad x_B := x_2 \qquad z_A := -Z \qquad z_B := -Z$$

$$I_{PO} := \frac{n}{2} \cdot x_A^2 + \frac{n}{2} \cdot x_B^2 + 2\left(z_{41}^2 + z_{31}^2 + z_{21}^2 + z_{11}^2 + Z^2\right) = 2.197 \times 10^3 \cdot \mathrm{cm}^2$$

$$V_{MxA} := \left(\frac{-M}{I_{PO}}\right) \cdot z_A \qquad V_{MxA} = 30.766 \cdot \mathrm{kN}$$

$$V_{MzA} := \left(\frac{M}{I_{PO}}\right) \cdot x_A \qquad V_{MzA} = 12.819 \cdot \mathrm{kN}$$

$$V_{MxB} := \left(\frac{-M}{I_{PO}}\right) \cdot z_B \qquad V_{MxB} = 30.766 \cdot \mathrm{kN}$$

$$V_{MzB} := \left(\frac{M}{I_{PO}}\right) \cdot x_B \qquad V_{MzB} = -12.819 \cdot \mathrm{kN}$$

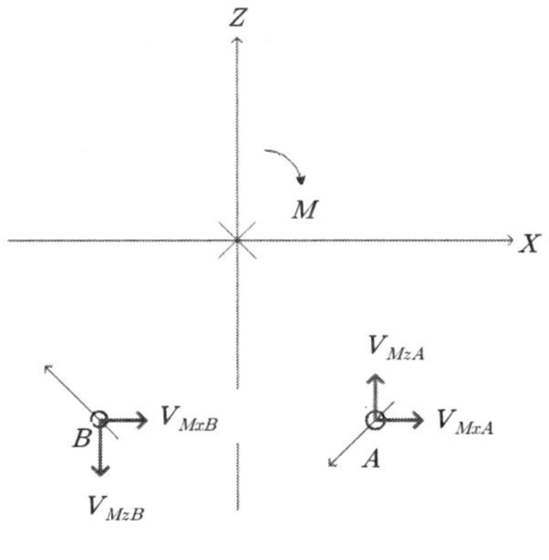

축력에 의한 A, B볼트의 전단력

$$V_{Nx} := \frac{-H}{n} \qquad V_{Nx} = -0.8 \cdot \mathrm{k.N}$$

전단력에 의한 A, B볼트의 전단력

$$V_{Vz} := \frac{V}{n} \qquad V_{Vz} = 10 \cdot \mathrm{kN}$$

A, B볼트 조합력

$V_A := \sqrt{(V_{MxA} + V_{Nx})^2 + (V_{MzA} + V_{Vz})^2} \qquad V_A = 37.665 \cdot \text{kN}$

$V_B := \sqrt{(V_{MxB} + V_{Nx})^2 + (V_{MzB} + V_{Vz})^2} \qquad V_B = 30.098 \cdot \text{kN}$

$V_{\max} := \max(V_A, V_B) \quad V_{\max} = 37.665 \cdot \text{kN}$

고력볼트 F10T를 사용할 경우

1개 볼트 미끄럼 강도

$T_0 := \dfrac{V_{\max}}{\phi_{slip} \cdot \mu \cdot h_f \cdot N_s} = 75.33 \cdot \text{kN} \qquad \phi_{slip} \cdot \mu \cdot T_0 \cdot h_f \cdot N_s > V_{\max}$

$Bolt := \begin{cases} \text{"M 16"} & \text{if } T_0 \le 106\text{kN} \\ \text{"M 20"} & \text{if } 106\text{kN} < T_0 \le 165\text{kN} \\ \text{"M 22"} & \text{if } 165\text{kN} < T_0 \le 200\text{kN} \\ \text{"M 24"} & \text{if } 200\text{kN} < T_0 \le 237\text{kN} \\ \text{"M 27 이상"} & otherwise \end{cases} \qquad Bolt = \text{"M 16"}$

＊SUMMARY

하중조건	$V = 100 \cdot \text{kN}$	$H = 8 \cdot \text{kN}$
결과	축력에 의한 A, B볼트의 전단력	$V_{Nx} = -0.8 \cdot \text{kN}$
	전단력의 의한 A, B볼트의 전단력	$V_{Vz} = 10 \cdot \text{kN}$
	A, B볼트 조합력	$V_{\max} = 37.665 \cdot \text{kN}$
	고력볼트 F10T의 치수설계	$Bolt =$ "M16"

부록

■ 부재 일람표

■ 기호

A : 단면적
W : 단위중량
I_X ; I_Y : 단면2차모멘트
r_X ; r_Y : 단면2차반경
S_X ; S_Y : 단면계수
Z_x ; Z_Y : 소성단면계수
C_X ; C_Y : 중심위치
X_M ; Y_M : 전단중심

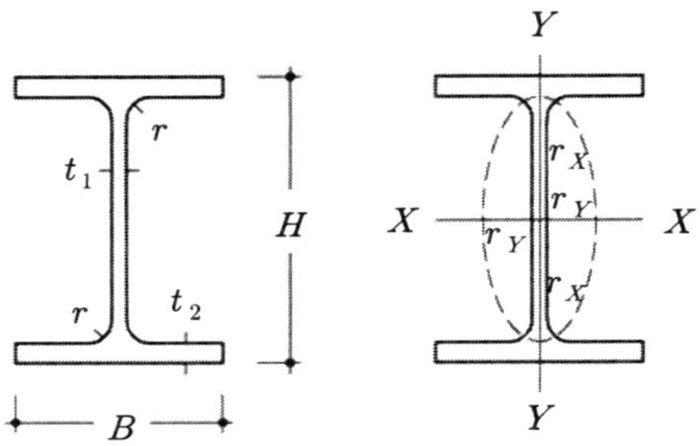

부 표 1 H형강의 표준치수와 단면성능

공칭치수	치수					A	단면성능								W
	H	B	t_1	t_2	r		I_X	I_Y	r_X	r_Y	S_X	S_Y	Z_X	Z_Y	
mm	mm	mm	mm	mm	mm	cm^2	cm^4	cm^4	cm	cm	cm^3	cm^3	cm^3	cm^3	kN/m
100×50	100	50	5	7	8	11.85	180	14.8	3.96	1.12	37.5	5.41	44.1	9.52	0.091
100×100	100	100	6	8	10	21.90	383	134	4.18	2.47	76.5	26.7	87.6	41.2	0.169
125×60	125	60	6	8	9	16.84	41.3	24.2	4.95	1.32	66.1	9.73	77.6	15.7	0.013
125×125	125	125	6.5	9	10	30.31	847	293	5.29	3.11	136	47.0	154	71.9	0.233
150×75	150	75	5	7	8	17.85	666	49.5	6.11	1.66	88.8	13.2	102	20.8	0.137
150×100	148	100	6	9	11	26.84	1,020	151	6.17	2.37	138	30.1	157	46.7	0.210
150×150	150	150	7	10	11	40.14	1,640	563	6.39	3.75	219	75.1	246	115	0.309
175×90	175	90	5	8	9	23.04	1,210	97.5	7.26	2.06	139	21.7	157	33.4	0.177
175×175	175	175	7.5	11	12	51.21	2,880	984	7.50	4.38	330	112	369	171	0.394
200×100	198	99	4.5	7	11	23.18	1,580	114	8.26	2.21	160	23	180	35.7	0.178
	200	100	5.5	8	11	27.16	1,840	134	8.24	2.22	184	26.8	210	41.9	0.209
200×150	194	150	6	9	13	39.01	2,690	507	8.30	3.61	277	67.6	309	104	0.300
200×200	200	200	8	12	13	63.53	4,720	1,600	8.62	5.02	472	160	526	244	0.489
	200	204	12	12	13	71.53	4,980	1,700	8.35	4.88	498	167	566	257	0.551
250×125	248	124	5	8	12	32.68	3,540	255	10.4	2.79	285	41.1	319	63.6	0.252
	250	125	6	9	12	37.66	4,050	294	10.4	2.79	324	47	366	73.1	0.291
250×175	244	175	7	11	16	56.24	6,120	984	10.4	4.18	502	113	558	173	0.432
250×250	250	250	9	14	16	92.18	10,800	3,650	10.8	6.29	867	292	961	444	0.710
	250	255	14	14	16	104.7	11,500	3,880	10.5	6.09	919	304	1,040	468	0.806
300×150	298	149	5.5	8	13	40.8	6,320	442	12.4	3.29	424	59.3	475	91.8	0.314
	300	150	6.5	9	13	46.78	7,210	508	12.4	3.29	481	67.7	542	105	0.360
300×200	294	200	8	12	18	72.38	11,300	1,600	12.5	4.71	771	160	859	247	0.557
300×300	294	302	12	12	18	107.7	16,900	5,520	12.5	7.16	1,150	365	1,280	560	0.828
	300	300	10	15	18	119.8	20,400	6,750	13.1	7.51	1,360	450	1,500	684	0.921
	300	305	15	15	18	134.8	21,500	7,100	12.6	7.26	1,440	466	1,610	716	1.039
350×175	346	174	6	9	14	52.68	11,100	792	14.5	3.88	641	91	746	140	0.406
	350	175	7	11	14	63.14	13,600	984	14.7	3.95	775	112	868	174	0.486
350×250	340	250	9	14	20	101.5	21,700	3,650	14.6	6	1,280	292	1,410	447	0.781

부 표 1 H형강의 표준치수와 단면성능 (계속)

공칭치수	치수					A	단면성능								W
	H	B	t_1	t_2	r		I_X	I_Y	r_X	r_Y	S_X	S_Y	Z_X	Z_Y	
mm	mm	mm	mm	mm	mm	cm^2	cm^4	cm^4	cm	cm	cm^3	cm^3	cm^3	cm^3	kN/m
350×350	344	348	10	16	20	146.0	33,300	11,200	15.1	8.78	1,940	646	2,120	980	1.127
	350	350	12	19	20	173.9	40,300	13,600	15.2	8.84	2,300	776	2,550	1180	1.343
400×200	396	199	7	11	16	72.16	20,000	1,450	16.7	4.48	1,010	145	1,130	224	0.558
	400	200	8	13	16	84.12	23,700	1,740	16.8	4.54	1,190	174	1,330	268	0.647
400×300	390	300	10	16	22	136.0	38,700	7,210	16.9	7.28	1,980	481	2,190	733	1.049
	388	402	15	15	22	178.5	49,000	16,300	16.6	9.54	2,520	809	2,800	1,240	1.372
	394	398	11	18	22	186.8	56,100	18,900	17.3	10.1	2,850	951	3,120	1,440	1.441
	400	400	13	21	22	218.7	66,600	22,400	17.5	10.1	3,330	1,120	3,670	1,700	1.686
	400	408	21	21	22	250.7	70,900	23,800	16.8	9.75	3,540	1,170	3,990	1,790	1.931
400×400	416	405	18	28	22	295.4	92,800	31,000	17.7	10.2	4,480	1,530	5,030	2,330	2.274
	428	407	20	35	22	360.7	119,000	39,400	18.2	10.4	5,570	1,930	6,130	2,940	2.773
	458	417	30	50	22	528.6	187,000	60,500	18.8	10.7	8,170	2,900	9,540	4,440	4.067
	498	432	45	70	22	770.1	298,000	94,000	19.7	11.1	13,000	4,370	14,500	6,720	5.929
450×200	446	199	8	12	18	84.30	28,700	1,580	18.5	4.33	1,290	159	1,450	247	0.649
	450	200	9	14	18	96.76	33,500	1,870	18.6	4.4	1,490	187	1,690	291	0.745
450×300	440	300	11	18	24	157.4	56,100	8,110	18.9	7.18	2,550	541	2,820	828	1.215
500×200	496	199	9	14	20	101.3	41,900	1,840	20.3	4.27	1,690	185	1,910	290	0.779
	500	200	10	16	20	114.2	47,800	2,140	20.5	4.33	1,910	214	2,180	335	0.878
	506	201	11	19	20	131.3	56,500	2,580	20.7	4.43	2,230	254	2,540	401	1.009
500×300	482	300	11	15	26	145.5	60,400	6,760	20.4	6.82	2,500	451	2,790	695	1.117
	488	300	11	18	26	163.5	71,000	8,110	20.8	7.04	2,910	541	3,230	830	1.254
600×200	596	199	10	15	22	120.5	68,700	1,980	23.9	4.05	2,310	199	2,650	315	0.927
	600	200	11	17	22	134.4	77,600	2,280	24	4.12	2,590	228	2,980	361	1.039
	606	201	12	20	22	152.5	90,400	2,720	24.3	4.22	2,980	271	3,430	529	1.176
600×300	582	300	12	17	28	174.5	103,000	7,670	24.3	6.63	3,530	511	3,960	793	1.343
	588	300	12	20	28	192.5	118,000	9,020	24.8	6.85	4,020	601	4,490	928	1.480
	594	302	14	23	28	222.4	137,000	10,600	24.9	6.9	4,620	701	5,200	1,080	1.715
700×300	692	300	13	20	28	211.5	172,000	9,020	28.6	6.53	4,980	602	5,630	936	1.627
	700	300	13	24	28	235.5	201,000	10,800	29.3	6.78	5,760	722	6,460	1,120	1.813
800×300	792	300	14	22	28	243.4	254,000	9,930	32.3	6.39	6,410	662	7,290	1,040	1.879
	800	300	14	26	28	267.4	292,000	11,700	33.0	6.62	7,290	782	8,240	1,220	2.058
900×300	890	299	15	23	28	270.9	345,000	10,300	35.7	6.16	7,760	688	8,910	1,080	2.088
	900	300	16	28	28	309.8	411,000	12,600	36.4	6.39	9,140	843	10,500	1,320	2.383
	912	302	18	34	28	364.0	498,000	15,700	37.0	6.56	10,900	1,040	12,500	1,630	2.805

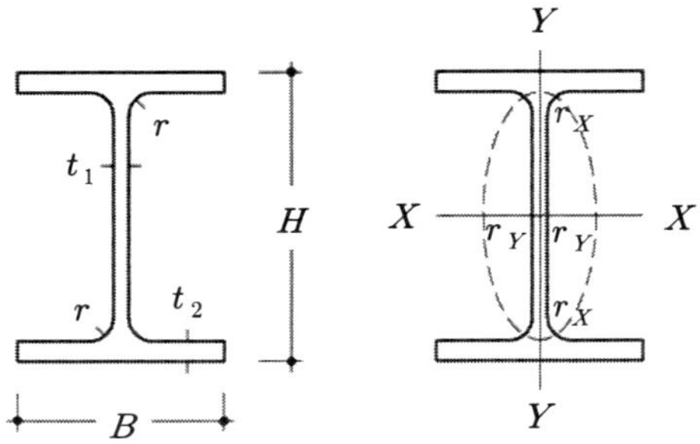

부 표 2 I형강의 표준치수와 단면성능

치수						A	단면성능						W
H	B	t_1	t_2	r_1	r_2		I_X	I_Y	r_X	r_Y	S_X	S_Y	
mm	mm	mm	mm	mm	mm	cm^2	cm^4	cm^4	cm	cm	cm^3	cm^3	kN/m
100	75	5	8	7	3.5	16.43	283	483	4.15	1.72	56.5	12.9	0.126
125	75	5.5	9.5	9	4.5	20.45	540	59.0	5.14	1.70	86.4	15.7	0.158
150	75	5.5	9.5	9	4.5	21.83	820	59.1	6.13	1.65	109	15.8	0.168
150	125	8.5	14	13	6.5	46.15	1,780	395	6.21	2.92	237	63.1	0.355
180	100	6	10	10	5	30.06	1,670	141	7.46	2.17	186	28.2	0.231
200	100	7	10	10	5	33.06	2,180	142	8.11	2.07	218	28.4	0.255
200	150	9	16	15	7.5	64.16	4,490	771	8.37	3.47	449	103	0.494
250	125	7.5	12.5	12	6	48.79	5,190	345	10.3	2.66	415	55.2	0.375
250	125	10	19	21	10.5	70.73	7,340	560	10.2	3.81	587	89.6	0.544
300	150	8	13	12	6	61.58	9,500	600	12.4	3.12	633	80.0	0.473
300	150	10	18.5	19	9.5	83.47	12,700	886	12.4	3.26	849	118	0.642
300	150	11.5	22	23	11.5	97.88	14,700	1,120	12.3	3.38	981	149	0.753
350	150	9	15	13	6.5	74.58	15,200	715	14.3	3.10	871	95.4	0.573
350	150	12	24	25	12.5	111.1	22,500	1,230	14.2	3.33	1,280	164	0.855
400	150	10	18	17	8.5	91.73	24,100	887	16.2	3.11	1,200	118	0.706
400	150	12.5	25	27	13.5	122.1	31,700	1,290	16.1	3.25	1,580	172	0.939
450	175	11	20	19	9.5	116.8	39,200	1,550	18.3	3.64	1,740	177	0.899
400	175	13	26	27	13.5	146.1	48,800	2,100	18.3	3.79	2,170	240	1.127
600	190	13	25	25	12.5	169.4	93,200	2,540	24.1	3.87	3,270	267	1.303
600	190	16	35	38	19	224.5	130,000	3,700	24.0	4.06	4,330	390	1.725

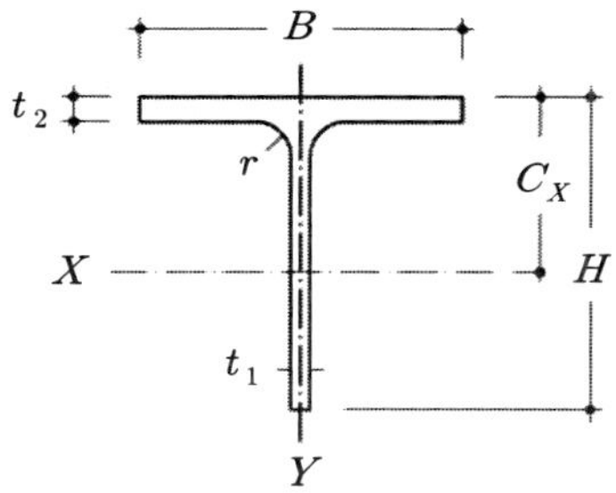

부 표 3 CT형강의 표준치수와 단면성능

치수					A	단면성능						C_X	W
H	B	t_1	t_2	r		I_X	I_Y	r_X	r_Y	S_X	S_Y		
mm	mm	mm	mm	mm	cm^2	cm^4	cm^4	cm	cm	cm^3	cm^3	cm	kN/m
50	100	6	8	10	10.95	16.1	66.9	1.21	2.47	4.03	13.4	1.00	0.084
62.5	125	6.5	9	10	15.16	35.0	147	1.52	3.11	6.91	23.5	1.19	0.117
75	75	5	7	8	8.925	42.6	24.7	2.18	1.66	7.46	6.59	1.79	0.069
75	100	6	9	11	13.42	51.7	75.3	1.96	2.37	8.84	15.1	1.55	0.103
100	100	5.5	8	11	13.58	114	67.0	2.90	2.22	14.8	13.4	2.29	0.105
97	150	6	9	13	19.51	125	254	2.53	3.61	15.8	33.8	1.79	0.150
100	200	8	12	13	31.77	184	801	2.41	5.02	22.3	80.1	1.73	0.244
100	204	12	12	13	35.77	256	851	2.67	4.88	32.4	83.4	2.09	0.275
104	202	10	16	13	41.85	251	1,100	2.45	5.13	29.5	109	1.91	0.321
124	124	5	8	12	16.34	208	127	3.57	2.79	21.3	20.5	2.63	0.125
125	125	6	9	12	18.83	248	147	3.63	2.79	25.6	23.5	2.78	0.125
122	175	7	11	16	28.12	289	492	3.20	4.18	29.1	56.3	2.27	0.217
122	252	11	11	16	41.03	445	1,470	3.29	5.98	45.3	117	2.39	0.316
124	249	8	13	16	42.35	364	1,670	2.93	6.29	34.9	134	1.98	0.325
125	250	9	14	16	46.06	412	1,820	2.99	6.29	39.5	146	2.08	0.355
125	255	14	14	16	52.34	589	1,940	3.36	6.09	59.4	152	2.58	0.403
149	149	5.5	8	13	20.40	393	221	4.39	3.29	33.8	29.7	3.26	0.157
150	150	6.5	9	13	23.39	464	254	4.45	3.29	40.0	33.8	3.41	0.180
147	200	8	12	18	36.19	572	802	3.97	4.71	48.2	80.2	2.83	0.278
149	201	9	14	18	41.68	662	949	3.99	4.71	55.2	94.4	2.91	0.320
147	302	12	12	18	53.83	858	2,760	3.99	7.16	72.3	183	2.84	0.415
149	299	9	14	18	55.40	715	3,120	3.59	7.51	57.0	209	2.36	0.426
150	300	10	15	18	59.89	798	3,380	3.65	7.51	63.7	225	2.47	0.461
150	305	15	15	18	67.39	1,110	3,550	4.05	7.26	92.5	233	3.03	0.518
152	301	11	17	18	67.41	903	3,870	3.66	7.57	71.4	257	2.55	0.518
173	174	6	9	14	26.34	679	396	5.08	3.88	50.0	45.5	3.71	0.203
175	175	7	11	14	31.57	815	492	5.08	3.95	59.3	56.2	3.75	0.243
168	249	8	12	20	44.08	881	1,540	4.47	5.92	64.0	124	3.02	0.339
170	250	9	14	20	50.76	1,020	1,830	4.48	6.00	73.1	146	3.09	0.390
172	348	10	16	20	73.00	1,230	5,620	4.11	8.78	84.7	323	2.67	0.562

부 표 3 CT형강의 표준치수와 단면성능 (계속)

치수					A	단면성능						C_X	W
H	B	t_1	t_2	r		I_X	I_Y	r_X	r_Y	S_X	S_Y		
mm	mm	mm	mm	mm	cm²	cm⁴	cm⁴	cm	cm	cm³	cm³	cm³	kN/m
172	354	16	16	20	83.32	1,800	5,920	4.65	8.43	131	335	3.40	0.641
175	350	12	19	20	86.94	1,520	6,790	4.18	8.84	104	388	2.86	0.668
198	199	7	11	16	36.08	1,190	723	5.76	4.48	76.4	72.7	4.17	0.277
200	200	8	13	16	42.06	1,400	868	5.76	4.54	88.6	86.8	4.23	0.323
193	299	9	14	22	60.05	1,530	3,120	5.04	7.21	95.5	209	3.33	0.462
195	300	10	16	22	67.98	1,730	3,600	5.05	7.28	108	240	3.41	0.523
223	199	8	12	18	42.15	1,880	790	6.67	4.33	109	79.4	5.10	0.324
225	200	9	14	18	43.38	2,160	936	6.68	4.40	124	93.6	5.15	0.372
217	299	10	15	24	67.52	2,350	3,350	5.89	7.04	133	224	4.04	0.519
220	300	11	18	24	78.69	2,680	4,060	5.84	7.68	149	270	4.05	0.606
248	199	9	14	20	50.64	2,840	922	7.49	4.27	150	92.6	5.90	0.389
250	200	10	16	20	57.12	3,210	1,070	7.50	4.33	169	107	5.96	0.439
253	201	11	19	20	65.65	3,670	1,290	7.48	4.33	190	128	5.95	0.505
241	300	11	15	26	72.76	3,420	3,380	6.85	6.82	178	225	4.92	0.560
244	300	11	18	26	81.76	3,620	4,060	6.66	7.07	184	270	4.66	0.629
298	199	10	15	22	60.23	5,190	989	9.29	4.05	236	99.4	7.79	0.464
300	200	11	17	22	67.21	5,810	1,140	9.30	4.12	262	114	7.84	0.517
303	201	12	20	22	76.24	6,570	1,360	9.28	4.22	292	135	7.79	0.586
306	202	13	23	22	85.33	7,340	1,590	9.27	4.31	322	157	7.79	0.657

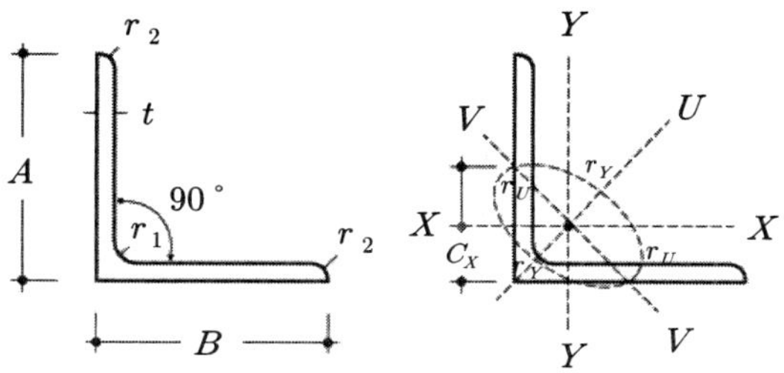

부표 4 등변 ㄱ형강의 표준치수와 단면성능

치수			A	단면성능							C_X $=C_Y$	W
H	B	t_1		$I_X=I_Y$	I_U	I_V	$r_X=r_Y$	r_U	r_V	$S_X=S_Y$		
mm	mm	mm	cm^2	cm^4	cm^4	cm^4	cm	cm	cm	cm^3	cm^3	kN/m
40	40	3	2.336	3.53	5.6	1.45	1.23	1.55	0.79	1.21	1.09	0.018
40	40	5	3.755	5.42	8.59	2.25	1.20	1.51	0.774	1.91	1.17	0.029
45	45	4	3.492	6.50	10.3	2.69	1.36	1.72	0.88	2.00	1.24	0.027
50	50	4	3.892	9.06	14.4	3.76	1.53	1.92	0.983	2.49	1.37	0.030
50	50	6	5.644	12.6	20.0	5.23	1.50	1.88	0.963	3.55	1.44	0.043
60	60	4	4.692	16.0	25.4	6.62	1.85	2.33	1.19	3.66	1.61	0.036
60	60	5	5.802	19.6	31.2	8.09	1.84	2.32	1.18	4.52	1.66	0.045
65	65	6	7.527	29.4	46.6	12.2	1.98	2.49	1.27	6.26	1.81	0.058
65	65	8	9.761	36.8	58.3	15.3	1.94	2.44	1.25	7.96	1.88	0.075
70	70	6	8.127	37.1	58.9	15.3	2.14	2.69	1.37	7.33	1.93	0.063
75	75	6	8.727	46.1	73.2	19.0	2.30	2.90	1.48	8.47	2.06	0.067
75	75	9	12.69	64.4	102	26.7	2.25	2.84	1.45	12.1	2.17	0.098
75	75	12	16.56	81.9	129	34.5	2.22	2.79	1.44	15.7	2.29	0.127
80	80	6	9.327	56.4	89.6	23.2	2.46	3.10	1.58	9.7	2.18	0.072
90	90	6	10.55	80.7	128	33.4	2.77	3.48	1.78	12.3	2.42	0.081
90	90	7	12.22	93	148	38.3	2.76	3.48	1.77	14.2	2.46	0.094
90	90	10	17.00	125	199	51.7	2.71	3.42	1.74	19.5	2.57	0.130
90	90	13	21.71	156	248	65.3	2.68	3.38	1.73	24.8	2.69	0.167
100	100	7	13.62	129	205	53.2	3.08	3.88	1.98	17.7	2.71	0.105
100	100	10	19.00	175	278	72.0	3.04	3.83	1.95	24.4	2.82	0.146
100	100	13	24.31	220	348	91.1	3.00	3.78	1.94	31.1	2.94	0.187
120	120	8	18.76	258	410	106	3.71	4.67	2.38	29.5	3.24	0.144
130	130	9	22.74	366	583	150	4.01	5.06	2.57	38.7	3.53	0.175
130	130	12	29.76	467	743	192	3.96	5.00	2.54	49.9	3.64	0.229
130	130	15	36.75	568	902	234	3.93	4.95	2.53	61.5	3.76	0.282
150	150	12	34.77	740	1,180	304	4.61	5.82	2.96	68	4.14	0.268
150	150	15	42.74	888	1,140	365	4.56	5.75	2.92	82.6	4.24	0.329
150	150	19	53.38	1,090	1,730	451	4.52	5.69	2.91	103	4.40	0.411
175	175	12	40.52	1,170	1,860	480	5.38	6.78	3.44	91.8	4.73	0.312
175	175	15	50.21	1,440	2,290	589	5.35	6.75	3.42	114	4.85	0.386
200	200	15	57.75	2,180	3,470	891	6.14	7.75	3.93	150	5.46	0.444
200	200	20	76.0	2,820	4,490	1,160	6.09	7.68	3.90	197	5.67	0.585
200	200	25	93.75	3,420	5,420	1,410	6.04	7.61	3.88	242	5.86	0.721
250	250	25	119.4	6,950	11,100	2,860	7.63	9.62	4.90	388	7.10	0.918
250	250	35	162.6	9,110	14,400	3,790	7.48	9.42	4.83	519	7.45	1.254

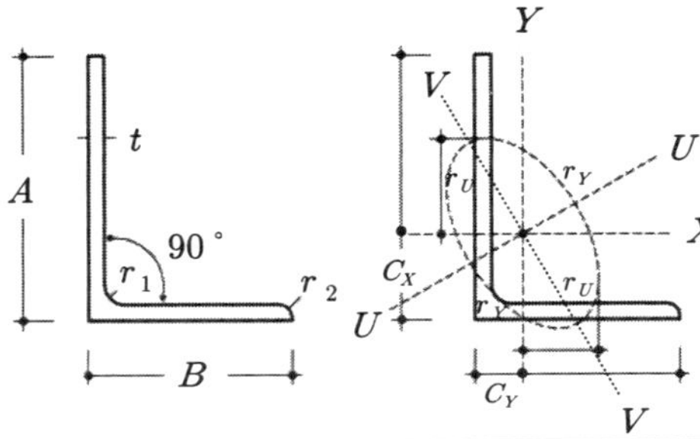

부 표 5 부등변 ㄱ형강의 표준치수와 단면성능

치수					A	단면성능										C_X	C_Y	W
A	B	t_1	t_2	r		I_X	I_Y	I_U	I_V	r_X	r_Y	r_U	r_V	S_X	S_Y			
mm	mm	mm	mm	mm	cm^2	cm^4	cm^4	cm^4	cm^4	cm	cm	cm	cm	cm^3	cm^3	cm	cm	kN/m
100	75	7	10	5	11.87	118	56.9	144	30.8	3.15	2.19	3.49	1.61	17.0	10.0	3.06	1.83	0.091
100	75	10	10	7	16.50	159	76.1	194	41.3	3.11	2.15	3.43	1.58	23.3	13.7	3.17	1.94	0.127
125	75	7	10	5	13.62	219	60.4	243	36.4	4.01	2.11	4.23	1.64	26.1	10.3	4.10	1.64	0.105
125	75	10	10	7	19.00	299	80.9	330	49.0	3.96	2.06	4.17	1.61	36.1	14.1	4.22	1.75	0.146
125	75	13	10	7	24.31	376	101	415	61.9	3.93	2.04	4.13	1.60	46.1	17.9	4.35	1.87	0.187
150	90	9	12	6	20.94	485	133	537	80.4	4.81	2.52	5.06	1.96	48.2	19.0	4.95	1.99	0.161
150	90	2	12	8.5	27.36	619	167	685	102	4.76	2.47	5.00	1.93	62.3	24.3	5.07	2.01	2.108

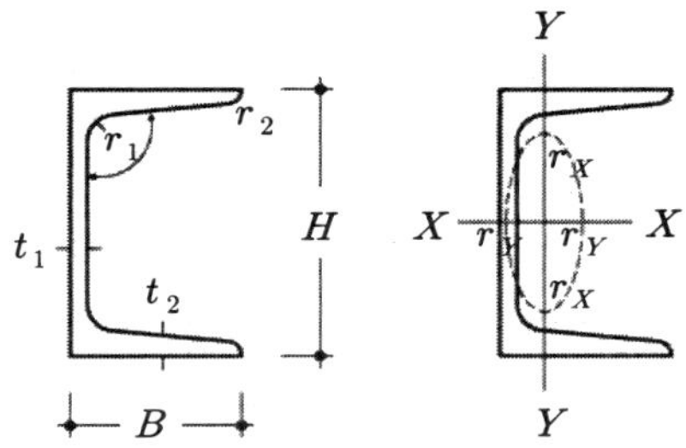

부 표 6 ㄷ형강의 표준치수와 단면성능

치수						A	단면성능						C_Y	W
H	B	t_1	t_2	r_1	r_2		I_X	I_Y	r_X	r_Y	S_X	S_Y		
mm	mm	mm	mm	mm	mm	cm^2	cm^4	cm^4	cm	cm	cm^3	cm^3	cm	kN/m
75	40	5	7	8	4	8.818	75.9	12.4	2.93	1.19	20.2	4.54	1.27	0.068
100	50	5	7.5	8	4	11.92	189	26.9	3.98	1.50	37.8	7.82	1.55	0.092
125	65	6	8	8	4	17.11	425	65.5	4.99	1.96	68.0	14.4	1.94	0.132
150	75	6.5	10	10	5	23.71	864	122	.04	2.27	115	23.6	2.31	0.184
150	75	9	12.5	15	7.5	30.59	1,050	147	5.86	2.19	140	28.3	2.31	0.237
180	75	7	10.5	11	5.5	27.20	1,380	137	7.73	2.24	154	25.5	2.15	0.211
200	70	7	10	11	5.5	26.92	6,120	113	7.77	2.04	162	21.8	1.85	0.208
200	80	7.5	11	12	6	31.33	1,950	177	7.89	2.38	195	30.8	2.24	0.243
200	90	8	13.5	14	7	38.65	2,490	286	8.03	2.72	249	45.9	2.77	0.299
250	90	9	13	14	7	44.07	4,180	306	9.74	2.64	335	46.5	2.42	0.341
250	90	11	14.5	17	8.5	51.17	4,690	342	9.57	2.58	375	51.7	2.39	0.397
300	90	9	13	14	7	48.57	6,440	325	11.5	2.59	429	48.0	2.23	0.376
300	90	10	15.5	19	9.5	55.74	7,400	373	11.5	2.59	494	56.0	2.33	0.432
300	90	12	16	19	9.5	61.90	7,870	391	11.3	2.51	525	57.9	2.25	0.480
330	100	10.5	16	18	9	69.39	14,500	557	14.5	2.83	762	73.3	2.41	0.538
380	100	13	16.5	18	9	78.96	15,600	584	14.1	2.72	822	75.8	2.29	0.612
380	100	13	20	24	12	85.71	17,600	671	14.3	2.80	924	89.5	2.50	0.664

부 표7 일반구조용 탄소강관의 표준치수와 단면성능

치수		A	단면성능			W
D	t		I	r	S	
mm	mm	cm^2	cm^4	cm	cm^3	kN/m
21.7	2	1.238	0.607	0.700	0.560	0.010
27.2	2	1.583	1.26	0.890	0.930	0.012
	2.3	1.799	1.41	0.880	1.03	0.014
34.0	2.3	2.291	2.89	1.12	1.70	0.018
42.7	2.3	2.919	5.97	1.43	2.80	0.023
	2.8	3.510	7.02	1.41	3.29	0.027
48.6	2.3	3.345	8.99	1.64	3.70	0.026
	2.8	4.029	10.6	1.62	4.36	0.031
	3.2	4.564	11.8	1.61	4.86	0.035
60.5	2.3	4.205	17.8	2.06	5.90	0.033
	3.2	5.760	23.7	2.03	7.84	0.045
	4	7.100	28.5	2.00	9.41	0.055
76.3	2.8	6.465	43.7	2.60	11.5	0.050
	3.2	7.349	49.2	2.59	12.9	0.057
	4	9.085	59.5	2.56	15.6	0.070
89.1	2.8	7.591	70.7	3.05	15.9	0.059
	3.2	8.636	79.8	3.04	17.9	0.067
	4	10.69	97.0	3.01	21.8	0.083
101.6	3.2	9.892	120	3.48	23.6	0.077
	4	12.26	146	3.45	28.8	0.095
	5	15.17	177	3.42	34.9	0.117
114.3	3.2	11.17	172	3.93	30.2	0.087
	3.6	12.52	192	3.92	33.6	0.097
	4.5	15.52	234	3.89	41.0	0.120
	5.6	19.12	283	3.85	49.6	0.148
139.8	3.6	15.40	357	4.82	51.1	0.119
	4	17.07	394	4.80	56.3	0.132
	4.5	19.13	438	4.79	62.7	0.148
	6	25.22	566	4.74	80.9	0.195
165.2	4.5	22.72	734	5.68	88.9	0.176
	5	25.16	808	5.67	97.8	0.195
	6	30.01	952	5.63	115	0.233
	7	34.79	1,090	5.60	132	0.269
190.7	4.5	26.32	1,140	6.59	120	0.204
	5	29.17	1,260	6.57	132	0.226
	6	34.82	1,490	6.53	156	0.269
	7	40.40	1,710	6.50	179	0.313

부 표7 일반구조용 탄소강관의 표준치수와 단면성능 (계속)

치수		A	단면성능			W
D	t		I	r	S	
mm	mm	cm^2	cm^4	cm	cm^3	kN/m
216.3	4.5	29.94	1,680	7.49	155	0.232
	6	39.61	2,190	7.44	203	0.307
	7	46.03	2,520	7.40	233	0.356
	8	52.35	2,840	7.37	263	0.406
267.4	6	49.27	4,210	9.24	315	0.382
	7	57.27	4,860	9.21	363	0.444
	8	65.19	5,490	9.18	411	0.505
	9	73.06	6,110	9.14	457	0.566
318.5	6	58.91	7,190	11.1	452	0.456
	7	68.50	8,310	11.0	552	0.531
	8	78.04	9,410	11.0	591	0.605
	9	87.51	10,500	10.9	659	0.678
355.6	6.3	69.13	10,500	12.4	593	0.536
	8	87.36	13,200	12.3	742	0.677
	9	98.00	14,700	12.3	828	0.759
	12	129.5	19,100	12.2	1,080	1.006
406.4	9	112.4	22,200	14.1	1,090	0.870
	12	148.7	28,900	14.0	1,420	1.154
	16	196.2	37,400	13.8	1,840	1.519
	19	231.2	43,500	13.7	2140	1.796
457.2	9	126.7	31,800	15.8	1,400	0.982
	12	167.8	41,600	15.7	1,820	1.302
	16	221.8	54,000	15.6	2,360	1.717
	19	261.6	62,900	15.5	2,750	2.023
500	9	138.8	41,800	17.4	1,670	1.075
	12	184.0	54,800	17.3	2,190	1.421
	14	213.8	63200	17.2	2,530	1.658
508.8	9	141.1	43,900	17.6	1,730	1.095
	12	187.0	57,500	17.5	2,260	1.450
	14	217.3	66,300	17.5	2,610	1.687
	16	247.3	74,900	17.4	2,950	1.914
	19	291.9	87,400	17.3	3,440	2.259
	22	335.9	99,400	17.2	3,910	2.605
558.8	9	155.5	58,800	19.4	2,100	1.204
	12	206.1	77,100	17.3	2,760	1.598
	16	272.8	10,1000	19.2	3,600	2.111
	19	322.2	118,000	19.1	4,210	2.496
	22	371.0	134,000	19.0	4,790	2.871

부 표 7 일반구조용 탄소강관의 표준치수와 단면성능 (계속)

치수			단면성능			
D	t	A	I	r	S	W
mm	mm	cm^2	cm^4	cm	cm^3	kN/m
600	9	167.1	73,000	20.9	2,430	1.293
	12	221.7	95,800	20.8	3,200	1.717
	14	257.7	111,000	20.7	3,690	1.993
	16	293.6	125,000	20.7	4,180	2.269
609.6	9	169.8	76,600	21.2	2,510	1.312
	12	225.3	101,000	21.1	3,300	1.746
	14	262.0	116,000	21.1	3,810	2.032
	16	298.4	132,000	21.0	4,320	2.309
	19	352.5	154,000	20.9	5,050	2.733
	22	406.1	176,000	20.8	5,730	3.147
700	9	195.4	117,000	24.4	3,330	1.499
	12	259.4	154,000	24.3	4,390	1.999
	14	301.7	178,000	24.3	5,070	2.323
	16	343.8	201,000	24.2	5,750	2.646
711.2	9	198.5	122,000	24.8	3,440	1.529
	12	263.6	161,000	24.7	4,530	2.029
	14	306.6	186,000	24.7	5,240	2.362
	16	349.4	212,000	24.6	5,940	2.685
	19	413.2	248,000	24.5	6,960	3.175
	22	476.3	283,000	24.4	7,960	3.665
812.8	9	227.3	184,000	28.4	4,520	1.744
	12	301.9	242,000	28.3	5,960	2.323
	14	351.3	280,000	28.2	6,900	2.705
	16	400.5	318,000	28.2	7,820	3.077
	19	473.8	373,000	28.1	9,190	3.646
	22	546.6	428,000	28.0	10,500	4.204
914.4	12	340.2	346,000	31.9	7,580	2.617
	14	396.0	401,000	31.8	8,780	3.048
	16	451.6	456,000	31.8	9,970	3.469
	19	534.5	614,000	31.7	11,700	4.743
	22	616.5		31.5	13,400	
1016	12	378.5	477,000	35.5	9,390	2.911
	14	400.7	553,000	35.4	10,900	3.391
	16	502.7	628,000	35.4	12,400	3.871
	19	595.1	740,000	35.2	14,600	4.577
	22	687.0	849,000	35.2	16,700	5.282

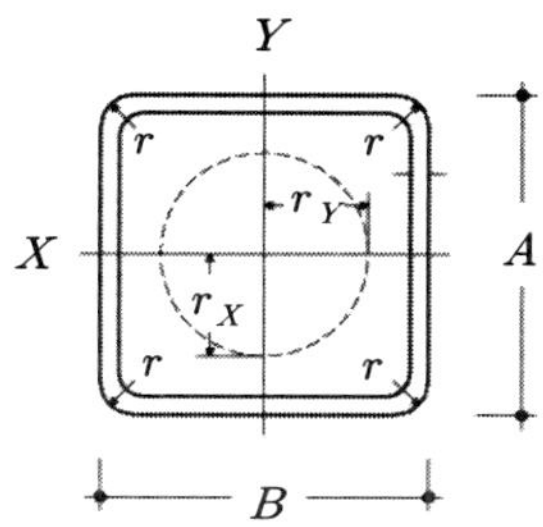

부표 8 정사각형 각형강관의 표준치수와 단면성능

치수			A	단면성능			W
A	B	t		I_X, I_Y	r_X, r_Y	S_X, S_Y	
mm	mm	mm	cm^2	cm^4	cm	cm^3	kN/m
20	20	1.2	0.865	0.530	0.769	0.520	0.007
		1.6	1.123	0.670	0.751	0.650	0.009
25	25	1.2	1.105	1.03	0.965	0.824	0.009
		1.6	1.432	1.27	0.942	1.020	0.011
30	30	1.2	1.345	1.83	1.17	1.22	0.010
		1.6	1.752	2.31	1.15	1.54	0.014
40	40	1.6	2.392	5.79	1.56	2.90	0.019
		2.3	3.332	7.73	1.52	3.86	0.026
50	50	1.6	3.032	11.7	1.96	4.68	0.023
		2.3	4.252	15.9	14.93	6.34	0.033
		3.2	5.727	20.4	1.89	8.16	0.044
60	60	1.6	3.672	20.7	2.37	6.89	0.028
		2.3	5.172	28.3	2.34	9.44	0.040
		3.2	7.007	36.9	2.30	12.3	0.054
75	75	1.6	4.632	41.3	2.99	11.0	0.036
		2.3	6.552	57.1	2.95	15.2	0.051
		3.2	8.927	75.5	2.91	20.1	0.069
		4.5	12.17	98.6	2.85	26.3	0.094
80	80	2.3	7.012	69.9	3.16	17.5	0.054
		3.2	9.567	92.7	3.11	23.2	0.074
		4.5	13.07	122	3.05	30.4	0.102
90	90	2.3	7.932	101	3.56	22.4	0.061
		3.2	10.85	135	3.52	29.9	0.084
100	100	2.3	8.852	140	3.97	27.9	0.069
		3.2	12.13	187	3.93	37.5	0.094
		4	14.95	226	3.89	45.3	0.115
		4.5	16.67	249	3.87	49.9	0.129
		6	21.63	311	3.79	62.3	0.168
		9	30.67	408	3.65	81.6	0.238
		12	38.53	471	3.50	94.3	0.298

부표 8 정사각형 각형강관의 표준치수와 단면성능 (계속)

치수			A	단면성능			W
A	B	t		I_X, I_Y	r_X, r_Y	S_X, S_Y	
mm	mm	mm	cm^2	cm^4	cm	cm^3	kN/m
125	125	3.2	15.33	376	4.95	60.1	0.118
		4.5	21.17	506	4.89	80.9	0.164
		5	23.36	553	4.86	88.4	0.181
		6	27.63	641	4.82	103	0.214
		9	39.67	865	4.67	138	0.307
		12	50.53	1,030	4.52	165	0.392
150	150	4.5	25.67	896	5.91	120	0.198
		5	28.36	982	5.89	131	0.220
		6	33.63	1,150	5.84	153	0.260
		9	48.67	1,580	5.69	210	0.377
175	175	4.5	30.17	1,450	6.93	166	0.234
		5	33.36	1,590	6.91	182	0.259
		6	39.63	1,860	6.86	213	0.307
200	200	4.5	34.67	2,190	7.95	219	0.268
		5	38.36	2,410	7.93	241	0.297
		6	45.63	2,830	7.88	283	0.353
		8	59.79	3,620	7.78	362	0.463
		9	66.00	3,990	7.73	399	0.516
		10	67.00	4,340	7.69	434	0.568
		11	73.42	4,670	7.64	467	0.620
		12	80.04	4,980	7.59	498	0.670
			86.53				
250	250	4.5	43.67	4,360	9.99	349	0.338
		5	48.36	4,810	9.97	384	0.375
		6	57.63	5,670	9.92	454	0.446
		8	75.79	7,320	9.82	585	0.587
		9	84.67	8,090	9.78	647	0.656
		10	93.42	8,840	9.73	707	0.723
		11	102.0	9,560	8.68	765	0.790
		12	110.5	10,300	9.63	820	0.856
		16	143.2	12,800	9.44	1,020	1.105

부표 8 정사각형 각형강관의 표준치수와 단면성능 (계속)

치수			A	단면성능			W
A	B	t		I_X, I_Y	r_X, r_Y	S_X, S_Y	
mm	mm	mm	cm^2	cm^4	cm	cm^3	kN/m
300	300	6	69.63	9,960	12.0	664	0.540
		8	91.79	12,900	11.9	862	0.711
		9	102.7	14,300	11.8	956	0.795
		12	134.5	18,300	11.7	1,220	1.046
		14	155.1	20,800	11.6	1,390	1.204
		16	175.1	23,100	11.5	1,540	1.362
		19	204.3	26,200	11.3	1,750	1.579
350	350	6	81.63	16,000	14.0	915	0.632
		8	107.8	20,900	13.9	1,190	0.835
		9	120.7	23,200	13.9	1,330	0.934
		12	158.5	29,800	13.7	1,700	1.223
		14	183.1	34,000	13.6	1,940	1.421
		16	207.2	37,900	13.5	2,170	1.618
		19	242.3	43,400	13.4	2,480	1.875
400	400	9	138.7	35,100	15.9	1,750	1.075
		12	182.5	45,300	15.8	2,270	1.411
		14	211.1	51,800	15.7	2,590	1.638
		16	239.2	58,000	15.6	2,900	1.855
		19	280.3	66,600	15.4	3,330	2.171
		22	320.2	74,700	15.3	3,740	2.476
450	450	9	155.3	46,700	17.9	2,210	1.204
		12	204.1	64,200	17.7	2,850	1.579
		16	268.8	81,800	17.5	3,640	2.062
		19	318.3	97,100	17.5	4,310	2.467
		22	364.2	109,000	17.3	4,850	2.822
500	500	12	230.5	90,800	19.8	3,630	1.786
		16	303.2	117,000	19.6	4,680	2.348
		19	356.3	136,000	19.5	5,420	2.763
		22	408.2	153,000	19.4	6,120	3.157

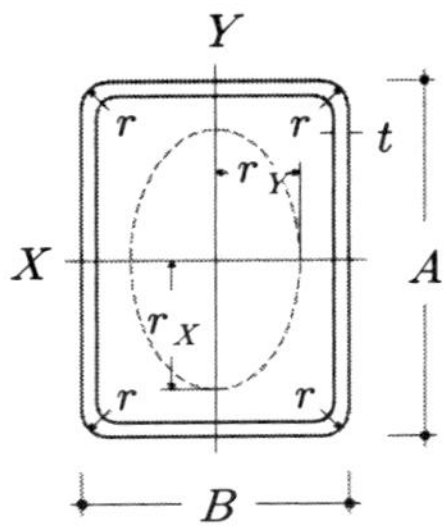

부 표 9 직사각형 각형강관의 표준치수와 단면성능

치수			A	단면성능						W
A	B	t		I_X	I_Y	r_X	r_Y	S_X	S_Y	
mm	mm	mm	cm^2	cm^4	cm^4	cm	cm	cm^3	cm^3	kN/m
30	20	1.2	1.105	1.34	0.711	1.10	0.802	0.890	0.711	0.009
	20	1.6	1.432	1.66	0.879	1.80	0.784	1.11	0.879	0.011
40	20	1.2	1.345	2.73	0.923	1.42	0.828	1.36	0.923	0.010
	20	1.6	1.752	3.43	1.15	1.40	0.810	1.72	1.15	0.014
50	20	1.6	2.072	6.08	1.42	1.71	0.829	2.43	1.42	0.016
	20	2.3	2.872	8.00	1.83	1.67	0.798	3.20	1.83	0.022
	30	1.6	2.392	7.96	3.60	1.82	1.23	3.18	2.40	0.018
	30	2.3	3.332	10.6	4.76	1.79	1.20	4.25	3.17	0.026
60	30	1.6	2.712	12.5	4.25	2.15	1.25	4.16	2.83	0.021
	30	2.3	3.792	16.8	5.65	2.11	1.22	5.61	3.76	0.029
	30	3.2	5.087	21.4	7.08	2.05	1.18	7.15	4.72	0.039
75	20	1.6	2.872	17.6	2.10	2.47	0.855	4.69	2.10	0.022
	20	2.3	4.022	23.7	2.73	2.43	1.82	6.31	2.73	0.031
	45	1.6	3.672	28.4	12.9	2.78	1.88	7.56	5.75	0.023
	45	2.3	5.172	38.9	17.6	2.74	1.84	10.4	7.82	0.040
	45	3.2	7.007	50.8	22.8	2.69	1.80	13.5	10.1	0.054
80	40	1.6	3.672	30.7	10.5	2.89	1.69	7.68	5.26	0.028
	40	2.3	5.172	42.1	14.3	2.85	1.66	10.5	7.14	0.040
	40	3.2	7.007	54.9	18.4	2.80	1.62	13.7	9.21	0.054
90	45	2.3	5.862	61.0	20.8	3.23	1.88	13.6	9.22	0.045
	45	3.2	7.967	80.2	27.0	3.17	1.84	17.8	12.0	0.061
100	20	1.6	3.672	38.1	2.78	3.22	0.870	7.61	2.78	0.023
	20	2.3	5.172	51.9	3.64	3.17	0.839	10.4	3.64	0.040
	40	1.6	4.312	53.5	12.9	3.52	1.73	10.7	6.44	0.033
	40	2.3	6.092	73.9	17.5	3.48	1.70	14.8	8.77	0.047
	40	4.2	10.60	120	27.6	3.36	1.61	24.0	10.6	0.082
	50	1.6	4.632	61.3	21.1	3.64	2.13	12.3	8.43	0.036
	50	2.3	6.552	84.8	29.0	3.60	2.10	17.0	11.6	0.050
	50	3.2	8.927	112	30.8	3.55	2.06	22.5	15.2	0.069
	50	4.5	12.17	147	48.9	3.47	2.00	29.3	19.5	0.064

부표 9 직사각형 각형강관의 표준치수와 단면성능 (계속)

치수			A	단면성능						W
A	B	t		I_X	I_Y	r_X	r_Y	S_X	S_Y	
mm	mm	mm	cm²	cm⁴	cm⁴	cm	cm	cm³	cm³	kN/m
125	40	1.6	5.112	94.4	15.8	4.30	1.76	15.1	7.91	0.039
	40	2.3	7.242	131	21.6	4.25	1.73	20.9	10.8	0.056
	75	2.3	8.852	192	87.5	4.65	3.14	30.6	23.3	0.068
	75	3.2	12.13	257	117	4.60	3.10	41.1	31.1	0.093
	75	4.0	14.95	311	141	4.56	3.07	49.7	37.5	0.115
	75	4.5	16.67	342	155	4.53	3.04	54.8	41.2	0.129
	75	6.0	21.63	428	192	4.45	2.98	68.5	51.1	0.167
150	75	3.2	13.73	402	137	5.41	3.16	53.6	36.6	0.106
	80	4.5	19.37	563	211	5.39	3.30	75.0	52.9	0.149
	80	5.0	21.36	614	230	5.36	3.28	81.9	57.5	0.165
	80	6.0	25.23	710	264	5.31	3.24	94.0	66.1	0.194
	100	3.2	15.33	488	262	5.64	4.14	65.1	52.5	0.118
	100	4.5	21.17	658	352	5.58	4.08	87.7	70.4	0.163
	100	6.0	27.63	835	444	5.50	4.01	111	88.8	0.213
	100	9.0	39.67	1,330	595	5.33	3.87	151	119	0.305
200	100	4.5	25.67	1,330	455	7.20	4.21	133	90.9	0.197
	100	6.0	33.63	1,700	577	7.12	4.14	170	115	0.357
	100	9.0	48.67	2,350	782	6.94	4.01	235	156	0.375
	150	4.5	30.17	1,760	1,130	7.64	6.13	176	151	0.232
	150	6.0	39.63	2,270	1,460	7.56	6.06	227	194	0.305
	150	9.0	57.67	3,170	2,020	7.41	5.93	317	270	0.444

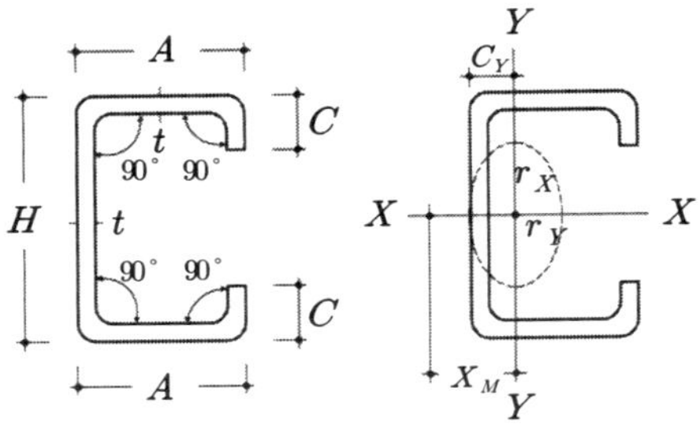

부 표 10 립ㄷ형강의 표준치수와 단면성능

치수				A	단면성능						C_Y	X_M	W
H	A	C	t		I_X	I_Y	r_X	r_Y	S_X	S_Y			
mm	mm	mm	mm	cm^2	cm^4	cm^4	cm	cm	cm^3	cm^3	cm	cm	kN/m
250	75	25	4.5	18.92	1,690	129	9.44	2.62	135	23.8	2.07	5.1	0.146
200	75	25	4.5	16.67	990	121	7.61	2.69	99.0	23.3	2.32	5.6	0.128
			4.0	14.95	895	110	7.74	2.72	89.5	21.3	2.32	5.7	0.114
			3.2	12.13	736	92.3	7.70	2.76	73.6	17.8	2.33	5.7	0.093
200	75	20	4.5	16.22	963	109	7.71	2.60	96.3	20.6	2.19	5.3	0.124
			4.0	14.55	871	100	7.74	2.62	87.1	18.9	2.19	5.3	0.111
			3.2	11.81	716	84.1	7.79	2.67	71.6	15.8	2.19	5.4	0.090
150	75	25	4.5	14.42	501	109	5.90	2.75	66.9	22.5	2.65	6.3	0.110
			4.0	12.95	455	99.8	5.93	2.78	60.6	20.6	2.65	6.3	0.100
			3.2	10.53	375	83.6	5.97	2.82	50.0	17.3	2.66	6.4	0.081
150	75	20	4.5	13.97	489	99.2	5.92	2.66	65.2	19.8	2.50	6.0	0.107
			4.0	12.55	445	91.0	5.95	2.69	59.3	18.2	2.51	5.8	0.096
			3.2	10.21	366	76.4	5.99	2.74	48.9	15.3	2.51	5.1	0.078
150	65	20	4.0	11.75	401	63.7	5.84	2.33	53.5	14.5	2.11	5.0	0.090
			3.2	9.567	332	53.8	5.89	2.37	44.3	12.2	2.11	5.1	0.073
			2.3	7.012	248	41.1	5.94	2.42	33.0	9.37	2.12	5.2	0.083
150	50	20	4.5	11.72	368	35.7	5.60	1.75	49.0	10.5	1.54	3.7	0.090
			3.2	8.607	280	28.3	5.71	1.81	37.4	8.19	1.54	3.8	0.066
			2.3	6.322	210	21.9	5.77	1.86	28.0	6.33	1.55	3.8	0.048
125	50	20	4.5	10.59	238	33.5	4.74	1.78	38.0	10.0	1.68	4.0	0.081
			4.0	9.548	217	33.1	4.77	1.81	34.7	9.38	1.68	4.0	0.073
			3.2	7.807	181	26.6	4.82	1.85	29.0	8.02	1.68	4.0	0.060
			2.3	5.747	137	20.6	4.88	1.89	21.9	6.22	1.69	4.1	0.044

부 표 10 립ㄷ형강의 표준치수와 단면성능 (계속)

치수				A	단면성능						C_Y	X_M	W
H	A	C	t		I_X	I_Y	r_X	r_Y	S_X	S_Y			
mm	mm	mm	mm	cm^2	cm^4	cm^4	cm	cm	cm^3	cm^3	cm	cm	kN/m
120	60	25	4.5	11.72	252	58.0	4.63	2.22	41.9	15.5	2.25	5.3	0.090
120	60	20	3.2	8.287	186	40.9	4.74	2.22	31.0	10.5	2.12	4.9	0.064
			2.3	6.092	140	31.3	4.79	2.27	23.3	8.10	2.13	5.1	0.047
120	40	20	3.2	7.007	144	15.3	4.53	1.48	24.0	5.71	1.32	3.4	0.054
100	50	20	4.5	9.469	139	30.9	3.82	1.81	27.7	9.82	1.86	4.3	0.073
			4.0	8.548	127	28.7	3.85	1.83	25.4	9.13	1.86	4.3	0.066
			3.2	7.007	107	24.5	3.90	1.87	21.3	7.81	1.86	4.4	0.054
			2.8	6.205	99.8	23.2	3.96	1.91	20.0	7.44	1.86	4.3	0.048
			2.3	5.172	80.7	19.0	3.95	1.92	16.1	6.06	1.86	4.4	0.040
			2.0	4.537	71.4	16.9	3.97	1.93	14.3	5.40	1.86	4.4	0.035
			1.6	3.672	58.4	14.0	3.99	1.95	11.7	4.47	1.87	4.5	0.028
90	45	20	3.2	6.367	76.9	18.3	3.48	1.69	17.1	6.57	1.72	4.1	0.049
			2.3	4.712	58.6	14.2	3.53	1.74	13.0	5.14	1.73	4.1	0.036
			1.6	3.352	42.6	10.5	3.56	1.77	9.46	5.80	1.73	4.2	0.026
75	45	15	2.3	4.137	37.1	11.8	3.00	1.69	9.90	4.24	1.72	4.0	0.032
			2.0	3.637	33.0	10.5	3.01	1.70	8.79	3.76	1.72	4.0	0.028
			1.6	2.952	27.1	8.71	3.03	1.72	7.24	3.13	1.72	4.1	0.023
75	35	15	2.3	3.677	31.0	6.58	2.91	1.34	8.28	2.98	1.29	3.1	0.028
70	40	25	1.6	3.032	22.0	8.00	2.69	1.62	6.29	3.64	1.80	4.4	0.023
60	30	10	2.3	2.872	15.6	3.32	2.33	1.07	5.20	1.71	1.06	2.5	0.022
			2.0	2.537	14.0	3.01	2.35	1.09	4.65	1.55	1.06	2.5	0.020
			1.6	2.072	11.6	2.56	2.37	1.11	3.88	1.32	1.06	2.5	0.016

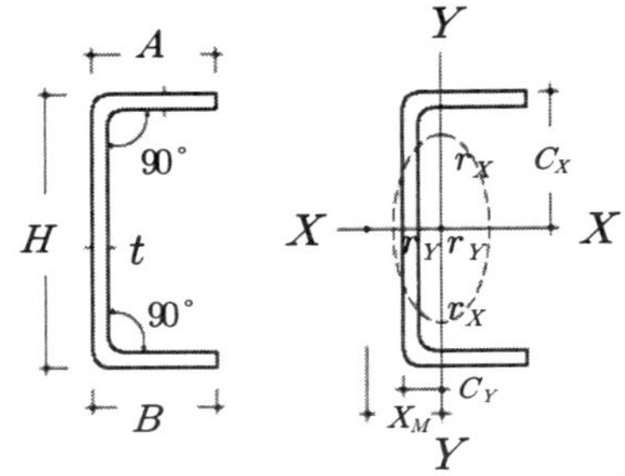

부 표 11 경ㄷ형강의 표준치수와 단면성능

치수				A	단면성능						C_Y	X_M	W
H	A	B	t		I_X	I_Y	r_X	r_Y	S_X	S_Y			
mm	mm	mm	mm	cm^2	cm^4	cm^4	cm	cm	cm^3	cm^3	cm	cm	kN/m
450	75	75	6.0	34.82	8,400	122	15.5	1.87	374	19.4	1.19	2.7	0.268
			4.5	26.32	6,430	94.3	15.6	1.89	286	14.8	1.13	2.7	0.203
400	75	75	6.0	31.82	6,230	120	14.0	1.94	312	19.2	1.28	2.9	0.245
			4.5	24.08	4,780	92.2	14.1	1.96	239	14.7	1.21	2.9	0.185
350	50	50	4.5	19.58	2,750	27.5	11.9	1.19	157	6.48	0.75	1.6	0.151
			4.0	17.47	2,470	24.8	11.9	1.19	141	5.81	0.73	1.6	0.134
300	50	50	4.5	17.33	1,850	26.8	10.3	1.24	123	6.41	0.82	1.8	0.133
			4.0	15.47	1,660	24.1	10.4	1.25	111	5.74	0.80	1.8	0.119
250	75	75	6.0	22.82	1,940	107	9.23	2.71	155	18.4	1.66	3.7	0.175
250	50	50	4.5	15.08	1,160	25.9	8.78	1.31	93.0	6.31	0.91	2.0	0.116
			4.0	13.47	1,050	23.3	8.81	1.32	83.7	5.66	0.88	2.0	0.104
200	75	75	6.0	19.82	1,130	101	7.56	2.25	113	17.9	1.87	4.1	0.153
200	50	50	4.5	12.83	666	24.6	7.20	1.38	66.6	6.19	1.03	2.2	0.099
			4.0	11.47	600	22.2	7.23	1.39	60.0	5.55	1.00	2.2	0.088
			3.2	9.623	490	18.2	7.28	1.40	49.0	4.51	0.97	2.3	0.071
150	75	75	6.0	16.82	573	91.9	5.84	2.34	76.4	17.2	2.15	4.6	0.129
			4.5	12.83	448	71.4	5.91	2.36	59.8	13.2	2.08	4.6	0.099
			4.0	11.47	404	64.2	5.93	2.36	53.9	11.8	2.06	4.6	0.088
150	50	50	4.5	10.58	329	22.8	5.58	1.47	43.9	5.99	1.20	2.6	0.081
			3.2	7.663	244	16.9	5.64	1.48	32.5	4.37	1.14	2.6	0.059
			2.3	5.576	181	12.5	5.69	1.50	24.1	3.20	1.10	2.6	0.043
120	40	40	3.2	6.063	122	8.43	4.48	1.18	20.3	2.75	0.94	2.1	0.047
100	50	50	3.2	6.063	93.6	14.9	3.93	1.57	18.7	4.15	1.40	3.1	0.047
			2.3	4.426	69.6	11.1	3.97	1.58	14.0	3.04	1.36	3.1	0.034
100	40	40	3.2	5.423	78.6	7.99	3.81	1.21	15.7	2.69	1.03	2.2	0.042
			2.3	3.966	58.9	5.96	3.85	1.23	11.8	1.98	0.99	2.2	0.030
80	40	40	2.3	3.506	34.9	5.56	3.16	1.26	8.73	1.92	1.11	2.4	0.027
60	30	30	2.3	2.586	14.2	2.27	2.34	0.94	4.72	1.06	0.86	1.8	0.020
			1.6	1.836	10.3	1.64	2.37	0.95	3.45	0.75	0.82	1.8	0.014
40	40	40	3.2	3.503	9.21	5.72	1.62	1.28	4.60	2.30	1.51	3.0	0.027
			2.3	2.586	7.13	3.54	1.66	1.17	3.57	1.39	1.46	3.0	0.020
38	15	15	1.6	1.004	2.04	0.20	1.42	0.45	1.07	0.18	0.40	0.8	0.008
19	12	12	1.6	0.6039	0.32	0.08	0.72	0.37	0.33	0.11	0.41	0.8	0.005

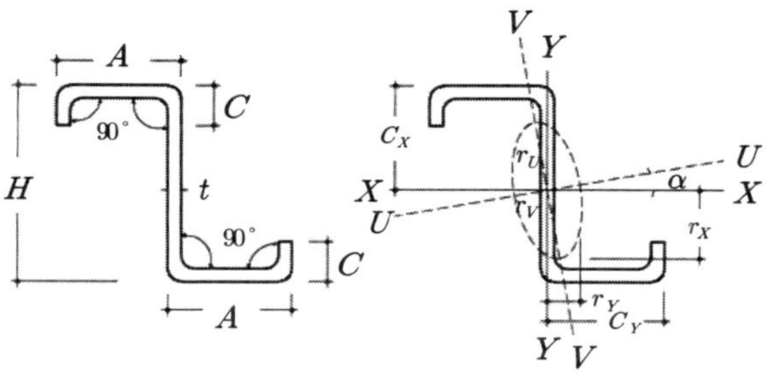

부 표 12 립Z형강의 표준치수와 단면성능

치수				A	단면성능										C_X	C_Y	X_M	Y_M	tan α	W
H	A	C	t		I_X	I_Y	I_U	I_V	r_X	r_Y	r_U	r_V	S_X	S_Y						
mm	mm	mm	mm	cm^2	cm^4	cm^4	cm^4	cm^4	cm	cm	cm	cm	cm^3	cm^3	cm	cm	cm	cm		kN/m
100	50	50	3.2	6.063	93.6	24.2	109	8.70	3.93	2.00	4.24	1.20	18.7	5.00	5.00	4.84	0	0	0.427	0.047
			2.3	4.426	69.9	17.9	81.2	6.53	3.97	2.01	4.28	1.21	14.0	3.66	5.00	4.88	0	0	0.423	0.034
75	30	30	3.2	3.983	31.6	4.91	34.5	2.00	2.82	1.11	2.94	0.71	8.42	1.73	3.75	2.84	0	0	0.313	0.031
60	30	30	2.3	2.586	14.2	3.69	16.5	1.31	2.34	1.19	2.53	0.71	4.72	1.28	3.00	2.88	0	0	0.430	0.020
40	20	20	2.3	1.666	3.86	1.03	4.54	0.35	1.52	0.79	1.65	0.46	1.93	0.55	2.00	1.88	0	0	0.443	0.013
75	40	30	2.3	3.161	26.8	6.15	30.6	2.39	2.91	1.40	3.11	0.87	6.68	1.69	3.49	3.13	0.05	1.38	0.394	0.024
75	30	20	2.3	2.701	20.7	2.25	21.9	1.08	2.77	0.91	2.85	0.63	5.10	0.84	3.44	2.09	0.03	1.86	0.245	0.021

참고문헌

1. 국토교통부 고시 제2016-317호 (2016), 건축구조기준, 국토교통부
2. 대한건축학회 (2016), 국토교통부 고시 건축구조기준 및 해설, 기문당
3. 문태섭 (1997), 구조역학, 기문당
4. 신태송 (2005), 철골구조설계, 기문당
5. 한국강구조학회 (2016), 2016개정판 강구조설계, 구미서관
6. American institute of steel construction (2011), the Steel Construction Manual, 14th edition
7. ANSI/AISC 360-10 (2010): An American National Standard, Specification for Structural Steel Buildings, AMERICAN INSTITUTE OF STEEL CONSTRUCTION
8. EN 1993-1-1 (2005) : Eurocode 3: Design of steel structures - Part 1-1: General rules and rules for buildings, EUROPEAN COMMITTEE FOR STANDARDIZATION
9. EN 1993-1-2 (2005) : Eurocode 3: Design of steel structures - Part 1-2: General rules -Structural fire design
10. EN 1993-1-3 (2005) : Eurocode 3 - Design of steel structures - Part 1-3: General rules- Supplementary rules for cold-formed members and sheeting
11. EN 1993-1-3 (2005) : Eurocode 3: Design of steel structures - Part 1-8: Design of joints
12. Theodore V. Galambos, Fung-Jen Lin, Bruce Gilbert Johnston (1996), Basic Steel Design with LRFD, Prentice Hall
13. James M. Gere (2004), Mechanics of Materials, 6th edition, Books/Cole
14. Louis F. Geschwindner, Robert O. Disque, Reidar Bjorhovde (1994), Load and resistance factor design of steel structures, Prentice Hall
15. J.Lindner (1997), Konstruktiver Ingenieurbau I (Teil Stahlbau), 7. Auflage, Technische Universität Berlin
16. J.Lindner (1998), Konstruktiver Ingenieurbau II (Teil Stahlbau), 8. Auflage, Technische Universität Berlin
17. J.Lindner; J.Scheer; H.Schmidt (1994), Sthalbauten, Erluterungen zu DIN 18800 Teil 1 bis Teil 4, Beuth Ernst & Sohn
18. Christian Petersen (1993), Stahlbau, 3. Auflage, Vieweg & Sohn, Braunschweig/Wiesbaden
19. Karlheinz Roik; Joachim Lindner (1972), Einführung in die Berechnung nach dem Traglastverfahren, Deutscher Ausschuß für Stahlbau, Stahlbau-Verlags-GmbH Köln
20. Charles G.Salmon; John E.Johnson (1996), Steel Structures Design and Behavior, 4th edition, HarperCollinsCollegePublishers.
21. Wiliam T.Segui (1999), LRFD steel design, 2nd edition, PWS Publishing.
22. Stahlbau Arbeitshilfe (1995), Brandschutz für Decken, Deutscher Stahlbau-Verbund DSTA, Köln.
23. Stahlbau Arbeitshilfe (1995), Korrosionsschutzgerechte gestaltung, 2. Auflage, Deutscher Stahlbau-Verbund DSTA, Köln.
24. Steel design guide series 1 (1991), Column base plates, American institute of steel construction
25. Wei-Wen Yu (2000), Cold-formed steel design, John wiley & sons, inc.
26. http://www.posco.co.kr
27. http://www.hyundai-steel.com

찾아보기

신태송

한양대 건축공학과 학사, 공학 석사
베를린공대 공학박사(Dr. –Ing.)
Lindner, Stucke, Gietzelt 구조심사 엔지니어링(주) 근무, 베를린
현재, 동명대학교 건축공학과 교수

강구조설계

2017년 2월 28일 1판 1쇄 발행
2019년 2월 28일 2판 1쇄 발행

저 자 신 태 송
발 행 인 강 해 작
발 행 처 기 문 당
주 소 서울시 성동구 무학봉 28길 4-1
전 화 02)2295-6171(代)~5
팩 스 02)2296-8188
출판등록 1976. 10. 7(1-44)
홈페이지 http://기문당
http://www.kimoondang.com
I S B N 978-89-6225-817-2 93540

정 가 18,000원